Rudolf Steiner

Die Welt der Tiere

Rudolf Steiner **Die Welt der Tiere**

Ausgewählte Texte

Herausgegeben und kommentiert
von Hans-Christian Zehnter
Mit einem Geleitwort von Ueli Hurter

RUDOLF STEINER
VERLAG

1. Auflage 2015

Einbandgestaltung: Bader.Kommunikation, Arlesheim
Umschlagfoto: © Charlotte Fischer
Satz: Satz für Satz. Barbara Reischmann, Leutkirch
Druck und Bindung: Druckhaus Nomos, Sinzheim

Printed in Germany
ISBN 978-3-7274-5369-4
www.steinerverlag.com

Inhalt

Anhang

Partnerschaft mit den Tieren

Ueli Hurter

Tierwesenserkenntnis fordert den Schritt vom Lebendigen zum Seelischen, das seinen differenzierten Ausdruck in der Morphologie, der Physiologie und dem Verhalten der einzelnen Tierarten findet. Jede Tierart ist hoch spezialisiert, insofern sich die seelisch bildende Kraft vorzugsweise in ein Organ oder Organsystem ergießt. «Das Tier wird von seinen Organen belehrt», sagt Goethe. Das Tier ist genial und bringt es zu höchsten Erscheinungen und Leistungen auf seinem Gebiet – ist dadurch aber gleichzeitig gefangen und beschränkt in seiner Spezialisierung.

Im Verhältnis dazu ist der Mensch ein Universalist. Das Seelische und sein leiblicher, funktionaler und sozialer Ausdruck stehen im Dienste einer individuell anwesenden Geistigkeit, dem Ich. Die universelle Konstitution des Menschen – der aufrechte Gang mit den freien Händen, die Sprachfähigkeit und ein durch das Denken bewusstes Verhältnis zu sich und der Welt – ist die Grundlage für das Menschlich-Menschheitliche.

Mit anderen Worten, der Mensch *ist* nicht, sondern er *wird* Mensch – biografisch, kulturgeschichtlich, evolutiv. Die Tiere haben diese Möglichkeit nicht, jede Tierart ist ein evolutiver Endpunkt. Aber Tier und Mensch gehören zusammen. Die Spezialisierung ist ein Opfer der Tiere, durch das der Mensch ein Werdender bleiben kann. Und das universalistisch veranlagte Wesen Mensch kann diesem Opfer seinen Dank in richtiger Weise abstatten, wenn es die Tierheit in sich fortwährend überwindet.

Das Verhältnis zum Tier scheint wie ein Prüfstein für die Befindlichkeit der eigenen Menschenwürde. Das Thema «Tier» fordert uns, gerade in seiner heutigen Aktualität, dazu auf, unser eigenes Seelisches zu klären, so dass es die Tiere überhaupt wesensgemäß erleben, erkennen und mit ihnen umgehen kann.

Die Selbstbesinnung kann zeigen, dass die Tiererlebnisse uns hauptsächlich über das Gefühl ansprechen. Es sind tiefe und starke Gefühle, die sich meiner bemächtigen beim Schmerz einer Kuh, bei der Kraft eines Pferdes. Ein Kind wird ganz Hase vis à vis des Hasen, es schlüpft gefühlsmäßig in das Tier hinein. Die Heftigkeit dieser Gefühle bezeugt, dass sie echt sind. Meine Seele ist ausgefüllt davon – und dadurch diesem Gefühl auch ausgeliefert. Die Betroffenheit kann gedanklich formuliert und argumentativ ausgedrückt werden oder in affektive Handlungen überschießen. All dies ist schnell passiert und passiert häufig sowohl beim einzelnen Menschen als auch auf gesellschaftlicher Ebene, zum Beispiel bei fanatischem Tierschutz oder bei der radikalen Abwendung vom Tier durch einen Teil der veganen Bewegung.

Damit werden wir unserer Stellung als Menschen den Tieren gegenüber jedoch nicht gerecht. Denn die beschriebenen Gefühle, die sich unmittelbar aus dem Erlebnis mit dem Tier ergeben, sind zwar echt und stark, aber sie sind naiv, sie sind ungeläutert, und sie führen zu Gedanken oder Handlungen, die stumpf sind. Es ist insbesondere die Empfindungsseele, die in unmittelbarem Austausch mit dem Astralleib lebt, die sich in dieser Art von Gefühlen ausdrückt.

Wie aber können die Gefühle geläutert und geweitet werden, damit sie nicht die Erschütterungen in unserem Astralleib ausdrücken, sondern Ausdruck werden von echten menschlichen Herzenskräften. Wie kann ich meine Gefühle schulen und entwickeln, dass die Tiere in meine Menschlichkeit aufgenommen werden und nicht ich in die Tierheit heruntergezogen werde?

«Zähme mich!», spricht der Fuchs zum kleinen Prinzen. Das Tier bittet darum, vom Menschen in seine Menschlichkeit aufgenommen und mitgenommen zu werden. Ein vertieftes Wissen über die Tiere und ihr Verhältnis zum Menschen ist dafür grundlegend. Rudolf Steiners Darstellungen zur Tierwelt, wie sie in diesem Buch in Auszügen exemplarisch zusammengestellt und kommentiert sind, bieten hier eine unabdingbare Wegleitung.

«Wie gehen wir würdig mit den Tieren in die Zukunft?», diese Leitfrage der Landwirtschaftlichen Tagung am Goetheanum 2015 stellt nicht nur eine Erkenntnis-, sondern auch eine Handlungsaufgabe. Dem täglichen, tätigen Umgang mit den Tieren ist die biodynamische Landwirtschaft seit neunzig Jahren verpflichtet. Doch die Akzeptanz für eine landwirtschaftlich relevante Nutztierhaltung ist heute am Schwinden. Als Tierhalter sind wir herausgefordert, unsere Arbeit mit den Tieren für uns und für unser Umfeld neu zu greifen und zu begreifen, auch im Praktischen. Meiner Meinung nach ist die landwirtschaftliche Ganzheit, die wir als landwirtschaftlichen Organismus und Individualität anstreben, eine aus der Zukunft gegebene Antwort auf diese Frage. Die Schicksals- und Handlungsgemeinschaft von Tier und Mensch wird hierbei auf eine ganzheitliche Grundlage im Sinne des landwirtschaftlichen Organismus gestellt. Die Rede von der «Kuh als Klimakiller» verkehrt sich dann in das Gegenteil: Über den Kuhmist wird Humusaufbau in den Böden möglich und damit wird CO_2 gebunden. Die Kuh erweist sich so als produktives, schöpferisches Glied eines harmonischen Ganzen. Denn die Tiere sind wie Organe in diesem Organismus, jede Tierart ein anderes, aber je als Herdengemeinschaft wie als generationenübergreifende Tieranwesenheit.

Das Tier braucht einen Bezugsrahmen. Denn es ist die seelische und leibliche Verkörperung eines Beziehungsgeflechtes, das in ihm zur Erscheinung kommt. Isolierung ist sein Tod, genauso wie Vermassung. Ein aus Einsicht und Erfahrung gewollter und gestalteter landwirtschaftlicher Organismus kann über längere Zeiträume nicht ohne das Tier leben; er ist die zeitgemäße Umgebung für die Haustiere, ohne die sie ihrerseits nicht leben können. Wie dieser Ansatz in Haltung und

Zucht, bezüglich Fütterung oder Düngung umzusetzen ist, wird an der Sektion für Landwirtschaft und an vielen anderen Orten der biodynamischen Bewegung aktiv und je neu erarbeitet. In dem existenziellen Bemühen um die Realisierung der landwirtschaftlichen Individualität, wie sie Rudolf Steiner bereits 1924 vorgeschlagen hat, gestaltet der Mensch in seiner Führungsaufgabe aus den Ich-Kräften heraus ein realgeistiges «Kulturbiotop» – dank der Tiere, mit den Tieren und für die Tiere.

Ueli Hurter
Co-Leiter der Sektion für
Landwirtschaft am Goetheanum

Dornach, im Dezember 2014

Einleitung

Das Lesen im Buch der Natur ist ein viel verwendeter Terminus, um auf ein anzustrebendes Ideal der Naturanschauung hinzuweisen. Hierbei geht es um die Übersetzung der zunächst rätselvollen sinnlichen Naturerscheinungen in eine dem Menschen verständliche Sprache. Jede Übersetzung bedarf eines sachgemäßen Bedeutungsrahmens. Paracelsus fasste die We sen der Natur – ob Pflanze, Tier oder Stein – als Buchstaben auf, die zusammengeschrieben das Wort «Mensch» ergäben. Der Mensch selbst ist der Schlüssel zum Verständnis der Natur. Umgekehrt gilt aber auch, dass der Mensch nur aus der ganzen Natur heraus verständlich wird. Makrokosmos und Mikrokosmos beleuchten sich gegenseitig, was Johann Wolfgang von Goethe zu Notaten wie dem folgenden veranlasste: «Der Mensch kennt nur sich selbst, insofern er die Welt kennt, die er nur in sich und sich nur in ihr gewahr wird.»

Selbst- und Welterkenntnis

Rudolf Steiners Naturanschauung fußt auf Goethes Erkenntnisart, deren Kern er u.a. darin sah, dass der Mensch zum Verständnis der Welt nicht umhin kann, ihre Offenbarungen anthropomorph auf sein eigenes Wesen zu beziehen. Es wundert daher nicht, dass Rudolf Steiner in seinen Ausführungen zur Tierwelt immer wieder Bezug auf den Menschen nimmt.

So sehr Steiner an Goethe anknüpft, so sehr geht er auch über Goethe hinaus. Für die Tierwelt gelang Goethe kein entsprechender Durchbruch wie für die Pflanzenwelt in Form der Metamorphose-Anschauung. Seine Entdeckung der sogenannten Urpflanze ist gleichsam die innere Voraussetzung für die Anwendung des Metamorphoseprinzips in der Betrachtung der äußeren Pflanzenwelt. Goethe sei hiermit ein Schritt in die imaginative Betrachtungsweise gelungen, so Rudolf Steiner. Zu einer vergleichsweise sicheren inspirativen Betrachtungsweise drang Goethe noch nicht vor. Einer solchen bedarf es aber in Rudolf Steiners geisteswissenschaftlichem Weltverständnis, um das Wesen der Tierwelt erfassen zu können. – Will also der Mensch dem Tier gerecht werden, muss er in seiner Selbsterkenntnis eine Stufe höher steigen als für die Pflanzenwelt. Er muss das Wesen des Tieres in sich selbst begreifen lernen.

Pflanze und Tier verwandeln sich in dieser Strebensrichtung zu Blickrichtungen respektive zu verschiedenen Schichten des menschlichen Inneren, des eigenen Mikrokosmos. – Unser oft so ambivalenter und – gelinde gesagt – unbeholfener Umgang mit dem Tier erscheint vor diesem Hintergrund wie der äußere Spiegel des offenbar mit der Tierstufe zu erlangenden Erkenntnisfortschrittes. Weder eine naive Schoßhündchen-Mentalität noch eine skrupellose industrielle Massentierhaltung, weder die gemütvolle Tierliebe noch die Nutzung des Tieres als Produktionsmaschine sind seinem Wesen angemessen. Wir müssen zuallererst in uns die Fähigkeit eines inspirativen Welterkennens ausbilden, um dem Tier gerecht werden zu können – ein auf Goethe folgender, offenbar anstehender Entwicklungsschritt, den die Menschheit zu leisten hat. Das Tier wird so gesehen zu einer Entwicklungsherausforderung – sowohl, was die Erkenntnis seines Wesens, als auch, was den praktischen Umgang mit den Tieren anbelangt.

Rudolf Steiners Darlegungen sind diesbezüglich eine unumgängliche Orientierungsvorgabe.

Rinderwahn, Epigenetik und darüber hinaus

Wie weit Rudolf Steiner seiner Zeit voraus war, zeigt sich wohl kaum eindrücklicher als durch seine prophetische «Warnung» vor dem Rinderwahn (BSE). Die Ochsen würden verrückt werden, wenn man sie anstelle von Pflanzen- mit Tiernahrung füttere. Oder: Noch vor knapp einem Jahrzehnt wäre Steiner mit seiner Auffassung, die Lebewesen würden erworbene Eigenschaften vererben, an den Pranger gestellt worden. Heute findet dieser Gedanke durch die sogenannte Epigenetik Eingang in den wissenschaftlichen Mainstream: Nicht die Gene bestimmen den Organismus, sondern selbiger bestimmt gleichsam rückwärts mit allen seinen Lebensäußerungen den Inhalt der Gene.

Aber auch über dieses von ihm selbst schon damals kritisierte Konzept einer Epigenetik geht Rudolf Steiner mit der Anschauung einer durch die Erfahrungen des einzelnen Tieres lernenden Gruppenseele weit hinaus. Auch wenn heutige Exponenten wie Rupert Sheldrake mit dem Konzept der morphogenetischen Felder in die Nähe dieser Anschauung kommen, Gruppenseelenwesen aus der Gemeinschaft der Engelhierarchien bleiben doch noch weit jenseits des gegenwärtigen Wissenschaftsbewusstseins.

Nur am Rande: Darwin

Rudolf Steiners Auseinandersetzung mit einer darwinistischen Evolutionsauffassung wäre ein eigenes Themenbuch wert. Auch wenn «Die Welt der Tiere» diese Thematik nur marginal berührt, sei hier doch auf eine recht wenig bekannte Aussage Steiners hingewiesen. In früheren, vor allem ägyptischen Mysterienstätten wurde den Initiaten vorgeführt, dass der Mensch in seiner heutigen Gestalt von göttlichen Vorfahren abstamme, die sich bildhaft als «Adler, Löwe und Stier» darstellten. Es waren Gruppenseelenwesen, aus deren Führung er sich herauslösen musste, um sich zu einem freien Ich-Wesen entwickeln zu können. Im Blick in die geistige Welt schaute er «Tiergestalten» als seine Vorfahren. Solche «Anschauungen sind wieder erwacht, nur ist der Mensch noch tiefer herabgestiegen in die materielle Welt. Er erinnert sich daran, dass ihm gesagt worden ist: Unsere Vorfahren waren Tiergestalten – aber er erinnert sich nicht, dass das Götter waren. Das ist der psychologische Grund, weshalb der Darwinismus auftauchte. Die Göttergestalten treten in materialistischer Form auf. So besteht ein intimer geistiger Zusammenhang zwischen der alten und der neuen, der dritten und der fünften Kulturperiode.» Ein karmisch-psychologischer Zusammenhang ist Ursache für die Verkehrung einer geistigen Initiaten-Anschauung in eine darwinistische Interpretation physischer Tatsachen. Im Gegensatz zu der Meinung nämlich, dass der Mensch vom Affen abstamme, geht Steiner davon aus, dass der Affe (und mit ihm alle anderen Tiere) vom Menschen abstamme.

Bruder Tier

Damit soll der Beschäftigung mit dem Darwinismus – nicht aber mit dem für ein wesensgemäßes Naturverständnis zentralen Thema der Evolution – in diesem Buch genüge getan sein, das ja primär dem Thema «Thier» gewidmet ist. «Thier», diese Schreibweise benutzte Rudolf Steiner – im Widerspruch zur damals bereits zweiten Rechtschreibreform –, um in seinen Notizbüchern Gedanken zum Tierwesen niederzulegen, so etwa «Mensch = ohne bestimmten Charakter; Thier = mit ausgesprochenem Charakter». Wie der Mensch ist das Tier durch den Atem-Hauch beseelt, es ist eben ein «T-h-ier». Es ist aber in seiner ganzen Gestalt festgelegt; ein ausgewachsener Löwe kann nicht – auch seelisch nicht – zu einer Schlange werden. Der Mensch kann sich fühlend und erkennend in die verschiedensten Tierformen einleben, sein Inneres ist nicht spezialisiert, er besitzt die allgemeine und alle Tierformen umfassende Seele. Der Mensch hat im Laufe der Evolution die verschiedenen Tierformen aus sich herausgesetzt, er steht geistig am Anfang der Schöpfung, um physisch zuletzt aufzutreten.

Solche Auffassungen werden leider allzu oft einseitig als überheblich und übertrieben anthropozentrisch aufgefasst: Der Mensch sei die «Krone», das A und O der Schöpfung. Sein umweltzerstörerisches und egoistisches Verhalten beweise das Gegenteil: Er sei doch «tierischer» als jedes Tier. Wer so urteilt, vergisst allerdings, dass gerade diese mit Recht kritisierte Kehrseite des Menschen dem – scheinbar so sachlichen – Materialismus entspringt und eben nicht der beanstandeten Auffassung, der Mensch sei Quell und Ziel der Evolution. Ganz im Gegenteil führt just letztere Auffassung zum Bild vom «Bruder Tier». Ja, diese Weltsicht führte zu einer (Demeter-)Landwirtschaft, die den Kühen ihre Hörner lässt und deren Produktionsweise nachweislich zu Bodenaufbau und Vitalisierung desselben führt, und nicht zu dessen Abbau, zu einseitiger Überdüngung oder Vergiftung.

Selbsterkenntnis des Weltengeistes

Das Projekt einer mit dem Bild des Heraussetzens gefassten Evolution ist, dass der in der Welt schöpferisch tätige Geist im Ich des Erden-Menschen zur Selbsterkenntnis gelangt und durch diese Individualisierung hindurch zu einer vom freien Wachbewusstsein getragenen zukünftigen Weltenevolution. Jede Erkenntnis beruht auf Distanznahme: Das leibliche Erlebnis muss zugunsten der zu erlangenden Einsicht zurückgedrängt – oder eben «herausgesetzt» – werden. Man muss Abstand nehmen, andernfalls geht man von einer Erfahrung zur anderen wie von einer Sensation zur nächsten. Sollen Erfahrungen aber zur Erkenntnis erhoben werden, so ist es unabdingbar, dass wir uns am eigenen Schopfe aus ihrer Unmittelbarkeit herausziehen, um sie betrachten zu können. Im Menschen kann der Weltengeist, aus dem alle Schöpfung hervorging, zu sich selbst und damit zur Selbsterkenntnis kommen – spätestens seit dem Zeitalter der Bewusstseinsseele (in dem wir uns aktuell befinden). «Die Kraft, welche in der Bewusstseinsseele das Ich offenbar macht, ist ja dieselbe wie diejenige, welche sich in aller übrigen Welt kundgibt. [...] Doch zeigt es sich da eben nur wie ein Tropfen aus dem Meere der alles durchdringenden Geistigkeit. Aber der Mensch muss diese Geistigkeit hier zunächst ergreifen. Er muss sie in sich selbst erkennen; dann kann er sie auch in ihren Offenbarungen finden. Was da wie ein Tropfen hereindringt in die Bewusstseinsseele, das nennt die Geheimwissenschaft den Geist. So ist die Bewusstseinsseele mit dem Geiste verbunden, der das Verborgene in allem Offenbaren ist.» Der Mensch geht auf Abstand, löst sich heraus, wird dadurch zeitweise abstrakt, um sich nun aber in Liebe und Freiheit der Welt erkennend wieder zuzuwenden.

Wozu der erwachsene Mensch, zumindest prinzipiell, zeitlebens in der Lage ist, nämlich sich in der Gegenüberstellung zur Welt als Ich zu erfahren, dies widerfährt, so Rudolf Steiner, dem Tier allein im Moment des Sterbens: Es erlebt im Loslösen, also Distanznehmen von sich selbst und in der Rückkehr zu seinem Gruppen-Ich – wenn auch vielleicht nur für Momente – sein Dasein als irdisches Wesen.

Die Naturreiche, insbesondere die Tiere, sind Organe eines makrokosmischen (und noch nicht im Menschen individualisierten) Ich. So zumindest können Äußerungen Rudolf Steiners verstanden werden, dass die Insekten und Vögel Sinnesorgane des Kosmos seien. Der menschliche Mikrokosmos wird in dieser Evolutionsauffassung zum Ausgangspunkt einer neuen «Schöpfung». Was die makrokosmische Vaterwelt vor ihn hinstellt, soll er in seiner Sohnesschaft durch Liebe und Freiheit in eine neue, geistige Zukunft führen. Der Mensch wird dadurch – im Wortlaut Rudolf Steiners – nicht allein zum «Schuldner» gegenüber seinem Bruder Tier, den er ja aus sich herausgesetzt hat, sondern er übernimmt auch die Verantwortung für dessen zukünftigen Werdegang. – Wie viel, im besten Sinne des Wortes, «verbindlicher» ist doch eine solche Anschauungsweise als das materialistische Bild einer Zufallsevolution aus einer «geistlosen» Materie!

Im Gegensatz aber zum Menschen kommt die Schöpfung in dem ihm seelisch so nah verwandten Tier noch nicht zur Selbsterkenntnis. Im Tier genießt sich der Weltengeist in seinem physischen Dasein. Er kommt noch nicht über sich hinaus. In jeder Tierart lebt sich ein bestimmter Seelen-Charakter aus; hierauf beschränkt sich das seelische Leben des Tieres. Daher ist der Blick in das Tierauge auch so schwer zu verstehen. Man stößt auf ein Seelisches, aber man stößt auf ein «eingeschränktes» Seelisches: Man stößt auf «Eule» oder «Kuh», auf «Geiß» oder «Kröte». Man stößt nicht auf ein individualisiertes «Du». Geist und Seele lassen sich beim Tier noch nicht wirklich trennen: Zur Bewunderung für die Weisheit der Gestalt eines Adlers oder einer Libelle gesellt sich im zweiten Moment ein Gefühl für das seelische Dasein. Dieses Dasein hat zum Inhalt primär seine eigene Art, seine eigene Gattung; es ist ausgewählt und begrenzt, ein Ausschnitt vom Weltengeist.

Gerade die Einheit von Seele und Geist beim Tier ist auch der Grund dafür, dass die Tiere viel mehr Leid ertragen müssen als der Mensch. Beim Tier schiebt sich noch kein Ich zwischen die Erfahrung und die Seele. Es ist immer ganz Erfahrung, es ist daher auch immer ganz Schmerz. Die Einheit von Seele und Geist gibt uns also doppelten Anlass: Anlass zur ehrfurchtsvollen Bewunderung der weisheitsvollen Gestalt; Anlass zu tiefstem Mitleid über die seelische Tragik, die mit dem Bruder-Tier-Dasein verbunden ist. Beide Momente mischen sich in der Begegnung mit einem Tier zu einer untrennbaren und daher rätselvoll anmutenden Einheit.

Goethes Blick in die Welt ist kein auf Abstand bedachtes, abstraktes, verstandesmäßiges Erklären, sondern ein neue Verbindungen schaffendes, die Welt für ihren Wesensgehalt durchsichtig machendes «Verklären». Die konkrete Anschauung und ihr Erlebnisgehalt verwandeln sich. Auch das Konzept vom «Bruder Tier» zielt darauf ab, den Blick in die Tierwelt, die nächste Begegnung mit einem Tier verbindlicher, vielleicht erschütternder, werden zu lassen: Im Tier begegne ich meinem Bruder, im Tier begegne ich dem Weltengeist in seelischer Ausprägung.

Angesichts der Fülle von Aussagen Rudolf Steiners zur Welt der Tiere musste für den vorgegebenen Rahmen eine Auswahl getroffen werden. Eine Vollständigkeit aller relevanten Textstellen ließe sich gleichwohl nicht erreichen, denn: Wo sollen die Grenzen gesetzt werden? Beispielsweise sind auch alle Darlegungen Rudolf Steiners zum Wesen des Menschen – nicht zuletzt in seinem schriftlichen Werk – hilfreich und erhellend für das Verständnis des Tierwesens. Auch im Vergleich mit Pflanze und Mineral tritt das Wesen des Tieres besonders deutlich zutage. «Vollständigkeit» kann also weder Ziel noch Auswahlkriterium für den hier unternommenen Versuch sein. Auf viele relevante Passagen konnte verzichtet werden, da im Rudolf Steiner Verlag in der Reihe der «Themenwelten» bereits einige sachverwandte Bücher erschienen sind, auf deren Zusammenstellungen hier explizit verwiesen sei:

Die Welt der Vögel
Die Welt der Bienen
Lichtwesen Schmetterling
Spirituelle Ökologie
Die Welt der Elementarwesen
Vom Geheimnis der Ernährung

Die in diesen Büchern behandelten Themen oder Wesen werden in *Die Welt der Tiere* nur untergeordnet behandelt, werden dennoch dort einbezogen, wo es das Verständnis oder eine gewisse Ehrfurcht vor den von Rudolf Steiner entworfenen Bildern gefordert erscheinen lassen. Dem Kenner der Materie werden einige unvermeidbare und hoffentlich doch verzeihliche Streichungen schmerzlich auffallen.

An dieser Stelle sei denjenigen, die dieses Buch finanziell unterstützt haben, namentlich und herzlich gedankt: Ursula Piffaretti (Verein zur Förderung anthroposophischer Institutionen in der Schweiz, Zug, Schweiz), Franz Lohri (Werkplatz Biosophie, Aarwangen, Schweiz), Sektion für Landwirtschaft am Goetheanum (Dornach, Schweiz). Der Dank geht insbesondere auch an die Internationale Gesellschaft für Anthroposophische Tiermedizin, hier namentlich Frau Dr. Irmgard Neunhöffer, deren umfangreiche Liste zu «Tiererwähnungen in Rudolf Steiners Werk» die Recherche nach relevanten Textstellen ausgesprochen erleichterte. Nicht zuletzt sei dem Verlag für die Anfrage zu dieser Herausgabe sowie der Lektorin Nana Badenberg für ihre konstruktive, stets ermutigende, speditive und sachkompetente Arbeit gedankt.

Dem Buch wünsche ich zum Wohl der Tiere eine breite und positive Rezeption.

Kapitel I: Die Geisteswissenschaft vom Tier

Die Geisteswissenschaft Rudolf Steiners erklärt die irdisch-sinnlichen Erscheinungen aus einer geistigen Welt von Schöpferwesen, die sich von elementarischen Naturgeistern bis hin zu den höchsten Engelhierarchien, ja schließlich bis hin zur göttlichen Dreifaltigkeit erstreckt. Die Zusammenhänge dieser übersinnlichen Wesenswelten mit den irdischen Erscheinungen werden unter Ausbildung sogenannter höherer Erkenntnisarten «geschaut». Hierbei erweist sich die gesamte Schöpfung als stufenweise gegliedert: die irdische Welt in die vier Naturreiche (Mineral-, Pflanzen-, Tier- und Menschenreich), die übersinnliche Welt – um eine von Rudolf Steiner oft verwendete theosophische Terminologie zu verwenden – in einen Astralplan, in ein unteres und ein oberes Devachan. So, wie sich in der irdischen Welt eine Fülle von Pflanzen- und Tiergestalten findet, so ist auch die übersinnliche Welt von Wesenheiten verschiedenster Stufen belebt. Der irdischen Welt am nächsten sind die Elementargeister (u.a. Gnomen, Undinen, Sylphen, Salamander), darüber steigt die Leiter der drei Engelhierarchien auf: Angeloi, Archangeloi, Archai als die dritte Hierachie; Exusiai, Dynamis, Kyriotetes als die zweite Hierarchie und schließlich die erste Hierarchie mit den Thronen, Cherubim und Seraphim. Diese Wesen brachten in einem großangelegten Schöpfungswerk, das Rudolf Steiner ausführlich in seiner *Geheimwissenschaft im Umriss* (GA 13) sowie in der *Akasha-Chronik* (GA 11) schriftlich niedergelegt hat, durch verschiedene «planetarische Entwicklungsstufen» die irdische Wesenswelt hervor und werden diese auch durch die zukünftigen Entwicklungsstufen weiterbegleiten. Unserer jetzigen Erde sind der alte Saturn, die alte Sonne sowie der alte Mond vorausgegangen; sie befindet sich heute zwischen den beiden Stufen Mars und Merkur. Darauf folgen noch Jupiter, Venus und Vulkan als zukünftige planetarische Stufen.

Die klassischen sieben Planeten gelten dabei als «Wohnsitze» der Hierarchien, ihr geistiger Ursprung findet sich im kosmischen Tierkreis. Das Zusammenwirken von Planten und Tierkreis führte zur Mannigfaltigkeit der heutigen Tierwelt.

Auch der Mensch zeigt dem übersinnlichen Schauen eine über den physischen Leib hinausgehende Organisation: den Lebens- oder Ätherleib, den Seelen- oder Astralleib, das Ich sowie den in der Zukunft noch zu ergreifenden geistigen Menschen bestehend aus Lebensgeist, Geistselbst und Geistesmensch.

Es zeigt sich dabei, dass dem Mineralreich der physische Leib, dem Pflanzenreich der Ätherleib und dem Tierreich der Astralleib zuzuordnen ist, dass also das Mineral und der physische Leib des Menschen, die Pflanzenwelt und der ätherische Leib des Menschen sowie die Tierwelt und der Seelenleib des Menschen in Beziehung zueinander stehen.

Aus seinen Einsichten in diesen geisteswissenschaftlichen Gerüstbau gehen bei Rudolf Steiner verschiedenste Ansätze hervor, das Reich der Tiere seinem Wesensgehalt nach zugänglich zu machen. In diesem Kapitel findet sich eine Auswahl davon: Adler, Löwe, Stier, Mensch; die vier Naturreiche; vier Ursache-Wirkungs-Zusammenhänge; die höheren Erkenntnisarten; die Welt der Farben.

Adler, Löwe, Stier – Mensch

Ein zentrales Motiv in den Darstellungen Rudolf Steiners zur Tierwelt ist das sogenannte Viergetier: Adler, Löwe, Stier und Mensch – ein aus der Kunst- und Religionsgeschichte bekanntes Konzept. Die vier Evangelisten wurden durch diese vier Symbole repräsentiert (Adler = Johannes; Löwe = Markus; Stier = Lukas; Mensch = Matthäus). Rudolf Steiners Forschungen decken ihren übersinnlichen Ursprung auf: Dem vorzeitlichen (atlantischen) Menschen erschienen sie noch als wesenhafte Ausrichtungen des Kosmos; er fand sich unter ihrer Leitung in Gruppen zusammen, ja bildete sogar ihnen gemäß seine Gestalt aus. Im Lichte der abendländischen Lehre der Engelhierachien sind diese Ausrichtungen als verschiedene Engel- bzw. Schöpferwesen zu verstehen. Wie der Mensch «heute vor uns steht, war er einstmals nicht. Damit er das werden konnte, musste er durch vier tierische Gruppenseelen hindurchgehen, musste er verkörpert werden in Körpern, die der heutigen Löwengestalt, der Stiergestalt, der Adler- und der Menschengestalt entsprechen. Dann stieg er höher herauf und wurde immer menschenähnlicher, und die Gestalt der früheren Gruppenseele verschwand. Die ist nicht mehr da, der Mensch ist menschenähnlich geworden.»

Die Menschen waren damals «unindividuelle We sen», ausgestattet mit Gruppenseelen, die durch einen Stier-, Löwen-, Adler- und einen Tiermenschenkopf symbolisiert wurden. Aus den Löwenmenschen entwickelte sich die Frau, aus den Stiermenschen der Mann; zurück blieben dabei Löwe und Stier in ihrer heutigen Gestalt.

Hier tönen gleich zwei weitere zentrale Konzepte im Tierverständnis Rudolf Steiners an: das psychologische Konzept der Gruppenseele, das in Kapitel III weiter ausgeführt wird, sowie das evolutive Konzept des «Heraussetzens», das in Kapitel II behandelt wird.

Als kosmische Ausrichtung sind Adler, Löwe, Stier und Mensch Ausgangspunkt des Tierkreises. Sie repräsentieren letztlich den gesamten kosmischen Ursprung der Tierwelt. Insofern der Mensch als Mikrokosmos aufgefasst werden kann, sind sie damit zugleich Ausgangspunkt für ein kosmisches Verständnis des Menschen: «Der Mensch trägt ätherisch das ganze Tierreich in sich. [...] Wenn wir das Tierreich anschauen, wie es auf der Erde verwirklicht ist, ist es in der Tat der ausgebreitete menschliche Ätherleib.»

Um zu einem Wesensverständnis der Tierwelt zu kommen, ist also der Bezug zum Menschen naheliegend. Wir gelangen damit zu einem grundlegenden Prinzip einer goetheschen Betrachtungsweise: «Der Mensch muss die Dinge aus seinem Geiste sprechen lassen, wenn er ihr Wesen erkennen will. Alles, was er über dieses Wesen zu sagen hat, ist den geistigen Erlebnissen seines Innern entlehnt. Nur von sich aus kann der Mensch die Welt beurteilen. Er muss anthropomorphisch denken.» Das bedeutet aber zugleich, die einzelnen Gestalten der Tierwelt durch eine künstlerische Betrachtungsweise als Metamorphosen der menschlichen Gestalt auffassen zu lernen.

In den nun folgenden Auszügen aus einem seiner wohl schönsten «Tierzyklen» – *Der Mensch als Zusammenklang des schaffenden, bildenden und gestaltenden Weltenwortes* – zeigt Rudolf Steiner zunächst die Wesensidentität des menschlichen Kopfes mit dem Adler, der menschlichen Brustregion mit dem Löwen sowie der menschlichen Stoffwechsel-Gliedmaßen-Organisation mit dem Stier auf, um dann seelisch Stück für Stück weiter in den Menschen bzw. in die Tierwelt, in den

Mikro- bzw. Makrokosmos einzudringen. Die Schmetterlinge werden als die Erinnerungsgedanken, die Vögel als die aktuellen Gedanken, der Löwe als die Gefühle, der Stier als die Willensimpulse, die Fledermäuse als die Träume des Kosmos dargestellt. Schließlich werden die Fische mit unseren Fortpflanzungsorganen gleichgesetzt, die Amphibien mit unseren Gedärmen und die Schlange mit einem Teil unseres Urogenitalsystems.

Von den untersten Formen des stofflichen Daseins bis hinauf zu den höchsten Formen des geistigen Daseins, bis zu der Welt der Hierarchien muss dasjenige gesucht werden, was dann zur wirklichen Menschenerkenntnis führen kann. Augenblicklich werden wir eine Art von Skizze entwerfen für eine solche Menschenerkenntnis in den Vorträgen, die ich jetzt vor Ihnen halten kann.

Es ist in unseren Betrachtungen öfter gesagt worden [...], dass der Mensch in seinem ganzen Bau, in seinen Lebensverhältnissen, eigentlich in allem, was er ist, eine kleine Welt darstellt, einen Mikrokosmos gegenüber dem Makrokosmos, dass er wirklich in sich enthält alle Gesetzmäßigkeit der Welt, alle Geheimnisse der Welt. [...]

Sehen wir auf [...] das Vogelgeschlecht [...], so finden wir uns natürlich nach allgemeinen, menschlich üblichen Ansichten genötigt, beim Vogel auch von Kopf und Gliedmaßen und dergleichen zu sprechen. Aber das ist eigentlich im Grunde eine recht unkünstlerische Betrachtungsweise. [...] Gewiss, äußerlich intellektualistisch betrachtet, kann man sagen: Der Vogel hat einen Kopf, einen Rumpf, der Vogel hat Gliedmaßen. [...] Gewiss, eine unkünstlerische Betrachtungsweise spricht einfach davon, die vorderen Gliedmaßen seien zu Flügeln umgestaltet. [...] Will man die Natur wirklich verstehen, will man in den Kosmos wirklich eindringen, so muss man die Dinge schon tiefer, vor allen Dingen in ihren Gestaltungs- und Bildungskräften betrachten. [...]

Vom ätherischen Vogel aus ist der Vogel nur Kopf; vom ätherischen Vogel aus begreift man sogleich, [...] dass er aufzufassen ist als ein bloßer Kopf, der eben umgestaltet ist, der als Kopf umgestaltet ist. So dass der eigentliche Vogelkopf nur Gaumen und die vorderen Partien, die Mundpartien darstellt, und dasjenige, was weiter nach rückwärts geht, alle die rippenähnlich und rückgratähnlich aussehenden Teile des Skeletts, das ist anzusehen als zwar metamorphosierter, umgestalteter, aber doch als Kopf. Der ganze Vogel ist eigentlich Kopf. [...]

Diejenigen Vögel, die frei in den Lüften wohnen, Adler, Geier, sind sehr alte Erdentiere. Während sie in früheren Erdperioden, Mondperioden, Sonnenperioden eben durchaus noch alles das an sich hatten, was dann in sie übergegangen ist von innen nach auswärts bis zur Haut, hat sich später im Vogelgeschlecht im Wesentlichen das ausgebildet, was Sie heute in den Federn sehen, was Sie im hornigen Schnabel sehen. [...] Dieses Gefieder ist dem Vogel zum Beispiel vom Mond und der Erde gegeben worden, während er seine übrige Natur aus viel früheren Zeiten hat.

Aber die Sache hat noch eine viel tiefere Seite. Schauen wir uns einmal den Vogel in den Lüften, sagen wir, den majestätisch dahinfliegenden Adler an, dem gewissermaßen wie ein äußeres Gnadengeschenk die Sonnenstrahlen mit ihrer Wirkung sein Gefieder gegeben haben [...], seinen hornigen Schnabel gegeben haben; schauen wir uns diesen Adler an, wie er in den Lüften fliegt. Da wirken auf ihn gewisse Kräfte. Die Sonne hat nicht nur jene physischen Licht- und Wärmekräfte, von denen wir gewöhnlich sprechen. Ich habe Sie aufmerksam gemacht, [...] dass von der Sonne auch geistige Kräfte ausgehen. Auf diese geistigen Kräfte müssen wir hinschauen. Sie sind es, welche den verschiedenen Vogelgeschlechtern ihre Vielfarbigkeit, die besondere Gestaltung ihres Gefieders geben. Wir begreifen, wenn wir dasjenige, was die Sonnenwirkungen sind, geistig durchschauen, warum der Adler gerade sein Gefieder hat. […]

Wenn wir das sehen, wie gleichsam diese Sonnenimpulse hinfluten über den Adler, schon bevor er aus dem Ei gekrochen ist, wie sie das Gefieder herauszaubern oder eigentlich, besser gesagt, hineinzaubern in seine Fleischesgestalt, und uns dann fragen: Was bedeutet denn das für den Menschen? – Ja, das bedeutet für den Menschen dasjenige, was sein Gehirn zum Träger der Gedanken macht. Und Sie sehen richtig hin in den Makrokosmos, in die große Natur, wenn Sie den Adler so ansehen, dass Sie sagen: Der Adler hat sein Gefieder, seine vielfarbigen, bunten Federn; in denen lebt dieselbe Kraft, die in dir lebt, indem sie dein Gehirn zum Gedankenträger macht. Dasjenige, was dein Gehirn faltet, was dein Gehirn fähig macht, jene innere Salzkraft aufzunehmen, die die Grundlage des Denkens ist, was dein Gehirn überhaupt dazu macht, dich zu einem Denker zu bilden, das ist dieselbe Kraft, die dem Adler in den Lüften sein Gefieder gibt. – So fühlen wir uns verwandt, indem wir denken, gewissermaßen den menschlichen Ersatz in uns fühlend für das Adlergefieder; unsere Gedanken strömen von dem Gehirn so aus, wie ausfluten von dem Adler die Federn.

Wenn wir von dem physischen Niveau heraufgehen in das astralische Niveau, dann müssen wir den paradoxen Satz aussprechen: Auf dem physischen Plan bewirken dieselben Kräfte die Federnbildung, die auf dem astralischen Plan die Gedankenbildung bewirken. Die Federnbildung geben sie dem Adler; das ist der physische Aspekt der Gedankenbildung. Dem Menschen geben sie die Gedanken; das ist der astralische Aspekt der Federnbildung. […]

Sehen wir […], um wieder einen Repräsentanten zu haben, ein solches Säugetier wie den Löwen an. Man kann eigentlich den Löwen nur verstehen, wenn man ein Gefühl dafür entwickelt, welche Freude, welche innere Befriedigung der Löwe hat, mit seiner Umgebung zu leben. Es gibt eigentlich kein Tier, welches nicht löwenverwandt ist, das eine so wundervolle, geheimnisvolle Atmung hat. Es müssen überall beim tierischen Wesen die Atmungsrhythmen zusammenstimmen mit den Zirkulationsrhythmen, nur dass die Zirkulationsrhythmen schwer werden durch den an ihnen hängenden Verdauungsapparat, die Atmungsrhythmen leicht werden dadurch, dass sie anstreben, hinauf in die Leichtigkeit der Gehirnbildungen zu kommen. […] Der Vogel hat ein so überwiegendes Leben in der Atmung, dass das andere, Blutzirkulation und so weiter, fast verschwindet. Alle Schwere der Verdauung, ja selbst die Schwere der Blutzirkulation ist eigentlich von dem In-sich-Fühlen beim Vogel weggefegt, ist nicht da.

Beim Löwen ist das so, dass eine Art von Gleichgewicht besteht zwischen dem Atmen und der Blutzirkulation. […] Beim Löwen, der einen verhältnismäßig sehr kurzen Verdauungsapparat hat und der ganz so gebaut ist, dass die Verdauung auch möglichst schnell sich vollzieht, ist das so, dass die Verdauung keine starke Belastung ist für die Zirkulation. Dagegen ist es wiederum so, dass nach der anderen Seite im Löwenkopf eine solche Entfaltung des Kopfmäßigen ist, dass die Atmung im Gleichgewichte mit dem Zirkulationsrhythmus gehalten ist. Der Löwe ist dasjenige Tier, das am allermeisten einen inneren Rhythmus des Atmens und einen Rhythmus des Herzschlages hat, die sich innerlich die Waage halten, die sich innerlich harmonisieren. Der Löwe hat deshalb auch, wenn wir, ich möchte sagen, auf sein subjektives Leben eingehen, diese eigentümliche Art, mit einer schier unbegrenzten Gier seine Nahrung zu verschlingen, weil er eigentlich froh ist, wenn er sie drunten hat. Er ist gierig auf die Nahrung, weil ihm natürlich der Hunger viel mehr Pein macht als einem anderen Tiere; [...] aber er ist nicht versessen darauf, ein besonderer Gourmand zu sein. Er ist gar nicht darauf versessen, viel zu schmecken, weil er ein Tier ist, das seine innere Befriedigung aus dem Gleichmaß von Atmung und Blutzirkulation hat. Erst wenn der Fraß beim Löwen übergegangen ist in das Blut, das den Herzschlag reguliert, und dieser Herzschlag in ein Wechselverhältnis kommt mit der Atmung, an der der Löwe wieder seine Freude hat, indem er den Atmungsstrom mit einer tiefen inneren Befriedigung in sich hereinnimmt, erst dann, wenn er in sich fühlt die Folge des Fraßes, dieses innere Gleichgewicht zwischen Atmung und Blutzirkulation, dann lebt der Löwe in seinem Elemente. Er lebt eigentlich ganz als Löwe, wenn er die tiefe innere Befriedigung hat, dass ihm sein Blut heraufschlägt, dass ihm seine Atmung hinunterpulsiert. Und in diesem gegenseitigen Berühren zweier Wellenschläge lebt der Löwe.

Sehen Sie sich ihn an, diesen Löwen, wie er läuft, wie er springt, wie er seinen Kopf hält, selbst wie er blickt, so werden Sie sehen, dass das alles zurückführt auf ein fortwährendes rhythmisches Wechselspiel von etwas Aus-dem-Gleichgewicht-Kommen und wieder Ins-Gleichgewicht-Kommen. Es gibt vielleicht kaum etwas, was so geheimnisvoll einen anmuten kann als dieser merkwürdige Löwenblick, der so viel aus sich herausschaut, der herausschaut aus sich etwas von innerlicher Bewältigung, von Bewältigung von entgegengesetzt Wirksamem. Das ist dasjenige, was der Löwenblick nach außen schaut: diese Bewältigung des Herzschlages durch den Atmungsrhythmus in einer schier ganz vollkommenen Weise.

Und wiederum, wer Sinn für künstlerische Auffassung von Gestaltungen hat, der schaue sich das Maul des Löwen an, diesen Bau im Maul des Löwen, der so zeigt: Der Herzschlag pulsiert herauf bis zu diesem Maul, aber die Atmung hält ihn zurück. Wenn Sie sich dieses Gegenseitig-sich-Berühren von Herzschlag und Atmung ausmalen, so kommen Sie auf das Löwenmaul.

Der Löwe ist eben ganz Brustorgan. Er ist wirklich das Tier, welches in seiner äußeren Gestalt, in seiner Lebensweise das rhythmische System ganz zum Ausdrucke bringt. Der Löwe ist so organisiert, dass sich dieses Wechselspiel von Herzschlag und Atmen auch in dem gegenseitigen Verhältnis von seinem Herzen und seiner Lunge zum Ausdrucke bringt.

So dass wir wirklich sagen müssen: Wenn wir am Menschen etwas suchen, was dem Vogel am ähnlichsten ist, was nur metamorphosiert ist, so ist es der Menschenkopf; wenn wir am Menschen etwas suchen, was dem Löwen am ähnlichsten ist, so ist es die menschliche Brustgegend, da, wo die Rhythmen sich begegnen, die Rhythmen der Zirkulation und der Atmung. [...]

Sehen wir uns das Rind an. Ich habe schon öfter in anderen Zusammenhängen darauf hingewiesen, wie reizvoll es ist, eine gesättigte Herde, hingelagert auf der Weide, zu betrachten, dieses Geschäft des Verdauens zu beobachten, das sich in der Lage wiederum, in dem Augenausdruck, in jeder Bewegung ausdrückt. Versuchen Sie es einmal, eine Kuh, die auf der Weide liegt, anzuschauen, wenn meinetwillen etwas da oder dort irgendein Geräusch gab. Es ist ja so wunderbar, zu sehen, wie die Kuh den Kopf hebt, wie in diesem Heben das Gefühl liegt, dass das alles schwer ist, dass man den Kopf nicht leicht heben kann, wie ein ganz Besonderes noch da drinnen liegt. Man kann, wenn man eine Kuh so in einer Störung auf der Weide den Kopf hochheben sieht, auf nichts anderes kommen, als sich sagen: Diese Kuh ist erstaunt darüber, dass sie den Kopf zu etwas anderem als zum Abgrasen heben soll. Warum hebe ich denn jetzt eigentlich den Kopf? Ich grase ja nicht, und es hat keinen Zweck, den Kopf zu heben, wenn ich nicht grase. – Sehen Sie nur, wie das ist! Das ist im Kopfheben des Tieres drinnen. […] Und geht man weiter, geht man auf die ganze Form des Tieres ein – es ist ja das ganze Tier der, ich möchte sagen: ausgewachsene Verdauungsapparat! Die Schwere der Verdauung lastet so auf der Blutzirkulation, dass das alles Kopf und Atmung überwältigt. Es ist ganz Verdauung, das Tier. […]

Es gehört zu diesem Verdauen bei der Kuh, eine wunderbare Astralität zu entwickeln. Die Kuh wird schön im Verdauen. Es liegt, astralisch angesehen, etwas ungeheuer Schönes darinnen in diesem Verdauen. Und wenn man […] sich sagt: Das Verdauungsgeschäft ist das niedrigste, dann wird man Lügen gestraft, wenn man von einer höheren Warte aus in geistiger Anschauung dieses Verdauungsgeschäft bei der Kuh anschaut. Das ist schön, das ist großartig, das ist etwas ungeheuer Geistiges.

Zu dieser Geistigkeit bringt es der Löwe nicht; der Vogel erst recht nicht. Beim Vogel ist das Verdauungsgeschäft fast etwas ganz Physisches. Man findet natürlich den Ätherleib im Verdauungsapparat des Vogels, aber man findet sehr wenig, fast gar nichts von Astralität in den Verdauungsvorgängen des Vogels. […] So dass wirklich das, was ich schaue hoch oben in den Lüften im Adler, was ich schaue da, wo das Tier sich unmittelbar an der Luft erfreut wie beim Löwen, was ich schaue dann, wenn das Tier verbunden ist mit den unterirdischen Erdenkräften, die weiterwirken in seinen Verdauungsorganen, wenn ich also statt in die Höhe, hinunter in die Tiefe schaue und verständnisvoll von da aus das Wesen der Kuh durchdringe, dann habe ich die drei Gestalten, die im Menschen zu einer Harmonie vereinigt sind und sich dadurch ausgleichen: die Metamorphose des Vogels im Menschenhaupt, die Metamorphose des Löwen in der Menschenbrust, die Metamorphose der Kuh in dem Verdauungs- und Gliedmaßenapparat des Menschen, natürlich im Gliedmaßenapparat wieder kolossal metamorphosiert, kolossal umgestaltet. [...]

Der Mensch ist dann die Zusammenfassung von Adler, Löwe, Stier oder Kuh. [...] Der Mensch hat in seinem Haupte die Träger seiner Gedanken, in seiner Brust die Träger seiner Gefühle, in seinem Stoffwechselapparat die Träger seines Willens. So dass also auch seelisch der Mensch ein Abbild ist der mit dem Vogelgeschlecht die Welt durchwebenden Vorstellungen, die sich im Gefieder der Vögel ausdrücken; der die Erde umkreisenden Gefühlswelt, die sich im inneren Ausgleichsleben zwischen Herzschlag und Atmung beim Löwen findet, die gemildert ist beim Menschen, die aber beim Menschen eben das innerliche Mutvolle – die griechische Sprache hatte das Wort mutvoll für die Herzenseigenschaften, für die Brusteigenschaften gebildet – darstellt. Und wenn er seine Willensimpulse finden will, die vorzugsweise in seinem Stoffwechsel sitzen, wenn er diese äußerlich gestaltet, schaut er hin auf dasjenige, was fleischlich in der Kuh gestaltet ist.

Beachten Sie einmal jene Metamorphose, die durchgemacht wird von dem Tiere, das dann ein Schmetterling wird. Sie wissen, der Schmetterling legt sein Ei. Aus dem Ei kommt die Raupe heraus. [...] Da müssen Sie eben ins Auge fassen, wie eigentlich diese Raupe nun in der sonnendurchleuchteten Luft lebt. Das müssen Sie dann studieren, wenn Sie, sagen wir, des Nachts im Bette liegen, die Lampe angezündet haben und eine Motte nach der Lampe fliegt, dem Lichte zufliegt und den Tod findet im Lichte. Dieses Licht wirkt auf die Motte so, dass sie sich unterwirft dem Tod-Suchen. Damit haben wir schon die Wirkung des Lichtes auf das Lebendige. [...]

Die Raupe sucht ebenso die Flamme, jene Flamme, die ihr entgegenkommt von der Sonne. Aber sie kann sich nicht in die Sonne werfen; der Übergang ins Licht und in die Wärme bleibt bei ihr etwas Geistiges. Die ganze Sonnenwirkung geht auf sie über als eine geistige. Sie verfolgt jeden Sonnenstrahl, diese Raupe, sie geht bei Tag mit dem Sonnenstrahl mit. Geradeso wie sich die Motte einmal ins Licht stürzt und ihre ganze Mottenmaterie hingibt dem Lichte, so webt die Raupe ihre Raupenmaterie langsam in das Licht hinein [...] und spinnt und webt um sich herum den ganzen Kokon. Und im Kokon, in den Kokonfäden haben wir darinnen dasjenige, was aus ihrer eigenen Materie die Raupe, indem sie fortspinnt im strömenden Sonnenlicht, aus sich heraus webt. Jetzt hat die Raupe, die zur Puppe geworden ist, sich die Sonnenstrahlen, die sie nur verkörperlicht hat, aus ihrer eigenen Raupensubstanz um sich herumgewoben. [...] Wenn Sie den Kokon des Seidenspinners nehmen und sehen ihn an: Das ist gewobenes Sonnenlicht, nur dass das Sonnenlicht verkörpert ist durch die Substanz der seidenspinnenden Raupe selber. Damit aber ist der Raum innerlich abgeschlossen. Das äußere Sonnenlicht ist überwunden gewissermaßen. [...] Und jetzt hat die Sonne, während sie früher die physische Gewalt ausübte und die Raupe zum Spinnen ihres eigenen Kokons veranlasste, Gewalt über das Innerliche, schafft aus dem Innerlichen heraus den Schmetterling, der nun auskriecht. Und der Kreislauf beginnt von neuem. [...]

Schaue ich meine augenblicklichen Gedanken an, die ich mir an der Außenwelt bilde, und schaue zum Adler auf, dann sage ich: In dem Gefieder des Adlers sehe ich außer mir die verkörperten Gedanken; in mir werden es Gedanken, aber es werden die augenblicklichen Gedanken. Sehe ich auf dasjenige, was ich in mir trage als meine Erinnerungen, so geht ein komplizierterer Prozess vor sich. Unten im physischen Leib geschieht, auf eine allerdings geistige Art, eine Art Eibildung, die allerdings etwas ganz anderes ist im Ätherischen, etwas, was äußerlich physisch der Raupenbildung ähnlich ist, im astralischen Leib, was innerlich ähnlich ist der Puppenbildung, der Kokonbildung; und dasjenige, was, wenn ich eine Wahrnehmung habe, in mir einen Gedanken auslöst, hinunterschiebt, das ist so, wie wenn der Schmetterling ein Ei legt. Die Umwandlung ist etwas Ähnliches wie das, was mit der Raupe vor sich geht: Das Leben im Ätherleib opfert sich hin dem geistigen Lichte, umwebt gewissermaßen den Gedanken mit innerem, astralem Kokongewebe, und da schlüpfen die Erinnerungen aus. Wenn wir das Vogelgefieder sehen in den augenblicklichen Gedanken, so müssen wir den Schmetterlingsflügel, den in Farben schillernden Schmetterlingsflügel, auf geistige Art zustande gekommen sehen in unseren Erinnerungsgedanken.

DER SCHMETTERLING SCHAUT gar nicht so aus, wie er da erscheint, sondern er ist ein Lichtwesen, das da herumflattert, und das im Wesentlichen eigentlich aus der Freude an dem Farbenspiel besteht, an jenem Farbenspiel, das an dem Schmetterlingsflügel entsteht, indem die irdische Staubmaterie vom Farbigen durchdrungen wird und dadurch auf der ersten Stufe der Vergeistigung hinaus ins geistige Weltenall, in den geistigen Kosmos ist.

Sehen Sie, da haben Sie, ich möchte sagen, zwei Stufen: den Schmetterling, den Bewohner des Lichtäthers in unserer Erdenumgebung; den Vogel, den Bewohner des Wärmeäthers in unserer Erdenumgebung.

Und nun die dritte Sorte. [...] Diejenigen Tiere, welche zwar ihrer Abstammung gemäß noch in der Luft leben müssen, aber die Erdenschwere nicht überwinden können, weil sie nicht hohle Knochen haben, sondern markerfüllte Knochen, weil sie auch nicht solche Luftsäcke haben wie die Vögel; diese Tiere sind die Fledermäuse.

Die Fledermäuse sind ein ganz merkwürdiges Tiergeschlecht. Die Fledermäuse überwinden gar nicht durch das Innere ihres Körpers die Schwere der Erde. Sie sind nicht lichtleicht wie der Schmetterling, sie sind nicht wärmeleicht wie der Vogel, sie unterliegen schon der Schwere der Erde und fühlen sich auch schon in ihrem Fleisch und Bein. Daher ist den Fledermäusen dasjenige Element, aus dem zum Beispiel der Schmetterling besteht, in dem der Schmetterling ganz und gar lebt, dieses Element des Lichtes, unangenehm. Sie lieben die Dämmerung. Sie müssen die Luft benützen, aber sie haben die Luft am liebsten, wenn die Luft nicht das Licht trägt. Sie übergeben sich der Dämmerung. Sie sind eigentlich Dämmerungstiere. Die Fledermäuse können sich nur dadurch in der Luft halten, dass sie, ich möchte sagen, die etwas karikaturhaft aussehenden Fledermausflügel haben, die ja gar nicht wirkliche Flügel sind, sondern ausgespannte Häute, zwischen den verlängerten Fingern ausgespannte Häute, Fallschirme. Dadurch halten sie sich in der Luft. Dadurch überwinden sie, indem sie der Schwere selber etwas, was mit dieser Schwere zusammenhängt, als Gegengewicht entgegenstellen, die Schwere. Aber sie sind dadurch ganz in den Bereich der Erdenkräfte hereingespannt. Man kann niemals eigentlich nach den physikalisch-mechanischen Konstruktionen den Schmetterlingsflug so ohne weiteres konstruieren, auch den Vogelflug nicht. Es wird niemals vollständig stimmen. Man muss da etwas hineinbringen, das andere Konstruktionen noch enthält. Aber den Fledermausflug, den können Sie durchaus mit irdischer Dynamik und Mechanik konstruieren.

Die Fledermaus liebt nicht das Licht, die lichtdurchdrungene Luft, sondern höchstens die vom Lichte etwas durchspielte Dämmerungsluft. Die Fledermaus unterscheidet sich dadurch von dem Vogel, dass der Vogel, wenn er schaut, eigentlich immer das im Auge hat, was in der Luft ist. Selbst der Geier, wenn er das Lamm sieht, empfindet das so, dass das Lamm etwas ist, was am Ende des Luftkreises ist, wenn er von oben sieht, was wie an die Erde angemalt ist. Und außerdem ist es kein bloßes Sehen, es ist ein Begehren, was Sie wahrnehmen werden, wenn Sie den Geierflug, der auf das Lamm gerichtet ist, wirklich ansehen, der eine ausgesprochene Dynamik des Wollens, des Willens, des Begehrens ist. [...]

Wenn Sie den Schmetterling flattern sehen, dann müssen Sie sich eigentlich vorstellen: Die Erde, die beachtet er nicht, die ist ein Spiegel. Die Erde spiegelt ihm dasjenige, was im Kosmos ist. Der Vogel sieht nicht das Irdische, aber er sieht das, was in der Luft ist. Die Fledermaus erst fängt an, dasjenige wahrzunehmen, was sie durchfliegt, oder an dem sie vorbeifliegt. Und da sie das Licht nicht liebt, so ist sie eigentlich von all dem, was sie sieht, unangenehm berührt. Man kann schon sagen, der Schmetterling und der Vogel sehen auf eine sehr geistige Art. Das erste Tier von oben herunter, das auf irdische Art sehen muss, ist unangenehm von diesem Sehen berührt. Die Fledermaus hat das Sehen nicht gerne, und sie hat daher etwas, ich möchte sagen, wie verkörperte Angst vor dem, was sie sieht und nicht sehen will. Sie möchte so vorbeihuschen an den Dingen: Sehen müssen und nicht sehen wollen – da möchte sie sich so überall vorbeidrücken. Deshalb, weil sie sich so vorbeidrücken möchte, möchte sie auf alles so wunderbar hinhören. Die Fledermaus ist tatsächlich ein Tier, das dem eigenen Flug fortwährend zuhört, ob dieser Flug nicht irgendwie gefährdet wird.

Sehen Sie sich die Fledermausohren an. Sie können es den Fledermausohren ansehen, dass sie auf Weltenangst gestimmt sind. [...] Das sind ganz merkwürdige Gebilde, sie sind richtig aufs Hinschleichen durch die Welt, auf Weltenangst gestimmt. [...]

Die Erde ist umwoben von den Schmetterlingen: Sie sind die kosmische Erinnerung; und von dem Vogelgeschlechte: Es ist das kosmische Denken; und von der Fledermaus: Sie ist der kosmische Traum, das kosmische Träumen.

Geradeso wie der Adler und die Schmetterlinge dem Kopf zugeordnet sind, wie der Löwe der Brust zugeordnet ist, die Kuh dem Unterleib zugeordnet ist, aber, ich möchte sagen, als das Tier, das zu gleicher Zeit alles Obere in sich hineinwachsen lässt in der späteren Evolution, so sind Amphibien und Reptilien, also Kröten, Frösche, Schlangen, Eidechsen und so weiter, zugeteilt, wenn ich mich des Ausdrucks bedienen darf, nur dem menschlichen Unterleibe, dem menschlichen Verdauungsapparat. Da sind reine Verdauungsapparate als Tiere entstehend.

Schmetterling	Vogel; Löwe	Kuh; Reptilien, Amphibien; Fische
Saturn	Sonne	Mond
Kopf	Kopf, Brust	Kopf, Brust, Unterleib

Sie entstehen auch während der zweiten Mondenzeit in einer höchst plumpen Form, sind eigentlich wandelnde Magen und Gedärme, wandelnder Magen und Darmschlauch. Erst später während der Erdenzeit bekommen sie die ja auch noch nicht besonders vornehm aussehenden Kopfteile. Sehen Sie sich die Frösche und Kröten oder die Schlangen an! Sie entstehen eben durchaus in einer Spätzeit als Verdauungstiere, da, wo der Mensch gewissermaßen sich nur noch anhängen kann seine Verdauungsapparate an das, was er früher schon gehabt hat.

In der Erdenzeit, wenn der Mensch sich seine Gliedmaßen ausbildet unter der Schwere und dem Erdmagnetismus, da strecken allerdings auch – meinetwillen nehmen wir die Schildkröte als Repräsentanten – die Schildkröten ihren Kopf heraus über ihren Panzer mehr wie ein Gliedmaßenorgan als einen Kopf. So können wir auch verstehen, wie bei den Amphibien und Reptilien dieser Kopf ungeschlacht gestaltet ist. Er ist eigentlich wirklich so gestaltet, dass man durchaus das Gefühl hat, wie es auch richtig ist:

Da kommt man aus dem Mund sogleich in den Magen hinein. Da ist nicht viel Vermittlung. [...]

Und tatsächlich, man kann sagen: So wie der Mensch die Produkte seiner Verdauung in seinen Gedärmen herumträgt, so trägt der Kosmos auf dem Umweg durch die Erde die Kröten, Schlangen und Frösche gewissermaßen in dem kosmischen Gedärm herum, das er sich bildet in dem wässrig-irdischen Element der Erde. Dagegen dasjenige, was dann mehr zusammenhängt mit der menschlichen Fortpflanzung, was sich überhaupt erst in der allerletzten Mondenzeit in der allerersten Anlage bildet und erst während der Erdenmetamorphose herauskommt, mit dem sind die Fische verwandt, die Fische und noch niedrigere Tiere. So dass wir die Fische anzusehen haben als Spätlinge der Evolution, als solche Wesen, die sich in der Evolution erst da hinzugesellen zu den anderen Tieren, wenn sich beim Menschen die Fortpflanzungsorgane zu den Verdauungsorganen hinzugesellen. Die Schlange ist im Wesentlichen der Vermittler zwischen Fortpflanzungsorgan und Verdauungsorgan. Richtig hineingesehen in die menschliche Natur, was stellt die Schlange dar? Die Schlange stellt nämlich den sogenannten Nierenkanal dar; sie ist in derselben Zeit der Weltenevolution entstanden, in der sich beim Menschen der Nierenkanal ausgebildet hat.

Das Kreuz der Naturreiche

Wie eingangs dieses Kapitels geschildert, gliedert sich die irdische Welt in die vier Naturreiche. Den nun folgenden vier Unterkapiteln liegt diese Gliederung zugrunde. Das erste Unterkapitel weist auf die christologische Bildsprache der Naturreiche hin; im zweiten wird der Wesenszusammenhang der Naturreiche mit den höheren Erkenntnisarten aufgedeckt, wobei sich das Tier als «lebendige Inspiration» erweist; im dritten werden die unterschiedlichen Qualitäten der Naturreiche mit dem Prinzip von Ursache und Wirkung erschlossen und im vierten wird dazu ein künstlerischer Ansatz gewählt, indem den Naturreichen verschiedene Farbreiche zugeordnet werden.

In diesem Ansatz zeigt sich auch, welche Schwierigkeit mit der Tierwesenserkenntnis verbunden ist. Rudolf Steiner muss offenbar einen weiten Umweg durch die Welt der Farben machen, um erst ganz zuletzt zur Farbe des Tieres zu kommen. Diese Schwierigkeit wird auch dadurch deutlich, dass Steiner auf die Grenzen der goetheschen Betrachtungsweise zu sprechen kommt. Er anerkennt zutiefst Goethes Leistung, für den Bereich des Lebendigen eine metamorphotische oder auch imaginative, bildhafte Betrachtung als Erkenntnisweise entwickelt zu haben. Man kann das *Leben* einer Pflanze (eines Tieres, eines Menschen) eben nur als ein Sich-Entwickelndes und Verwandelndes begreifen, in dem die je aktuelle sinnliche Erscheinung *Bild* einer übersinnlichen Ganzheit ist. Will man aber über die Stufe des Lebens bzw. der Pflanze hinaus zur Erkenntnis des Seelischen oder auch Astralen in der Welt kommen, so müssen wir über Goethe hinausgehen und zu einer inspirativen Betrachtungsweise kommen. Es geht dann nicht mehr um das *Bild* des Wesens, sondern um dessen *Charakter*, um dessen inneren, d.h. übersinnlichen Gehalt. Dieser übersinnliche Gehalt ist nun zeitlich vor seiner sinnlichen Erscheinung zu denken. Das Tier ist – um eine Formel zu prägen – zuerst, also vor seinem sinnlichen Bild da. Es lebt (s)eine vorirdische Daseinsweise in einem irdischen Kleide und verbleibt damit auch auf Erden in seiner ihm eigenen Welt (kosmischen Ursprungs). Daher sind die Tiere – wie in Kapitel V noch ausführlicher dargelegt – auch «nur» Gäste auf Erden. Ihr Ich befindet sich als Gruppen-Seele oder Gruppen-Ich im planetarischen Umkreis der Erde. Damit setzt sich der Schluss des ersten Kapitels (S. 63–72) auseinander.

Der Mensch ist die umgekehrte Pflanze. Sie hat die Geschlechtswerkzeuge der Sonne zugekehrt, den Kopf nach unten. Beim Menschen ist es genau umgekehrt: Er trägt den Kopf nach oben, den höheren Welten zugewandt, um den Geist aufzunehmen, die Geschlechtsorgane hat er nach unten. Das Tier steht mitten darinnen, steht zwischen Pflanze und Mensch. Es hat die halbe Wendung erst gemacht und bildet so gewissermaßen einen Querriegel zu der Richtungslinie von Pflanze und Mensch. Es trägt sein Rückgrat in horizontaler Richtung, dadurch die Linie, die durch Pflanze und Mensch gebildet wird, in Kreuzesform durchschneidend. Denken Sie sich das Pflanzenreich nach unten wachsend, das Menschenreich nach oben und das Tierreich so waagerecht wachsend, dann haben Sie aus Pflanzen-, Tier- und Menschenreich das Kreuz gebildet.

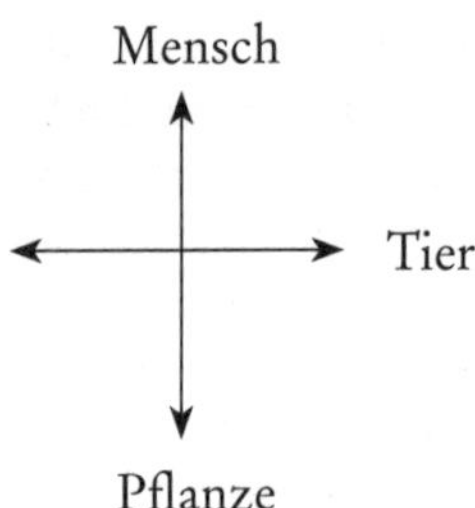

Das ist das Kreuzsymbol. […]

Das Tierreich steht wie eine Art von Stauung zwischen dem Pflanzen- und dem Menschenreich, und die Pflanze ist eine Art Gegenbild des Menschen. […]. Das Tierreich stellt eine Stauung, eine Zurückstauung dar. Es unterbricht daher in Kreuzesform den Fortgang der Entwicklung, um einen neuen Ansatz zu beginnen.

Tiere als lebendige Inspirationen

Wir haben als die nächste Umgebung des Kosmos das zu verzeichnen, was uns als die physische Welt erscheint. Aber diese physische Welt tritt uns eigentlich nur da entgegen, wo sie Mineralreich ist; wenigstens tritt sie uns nur da in ihrer ureigenen Form entgegen. Wir können, wenn wir innerhalb des Mineralreiches im weiteren Sinne, zu dem wir natürlich auch Wasser und Luft, die Wärmeerscheinungen, die Erscheinungen des Wärmeäthers rechnen, wir können innerhalb des mineralischen Reiches die Kräfte, das Wesenhafte der physischen Welt studieren. Diese physische Welt äußert ihre Wirkungen zum Beispiel in der Schwere, in den Erscheinungen, sagen wir des chemischen, des magnetischen Verhaltens und so weiter. Aber wir können doch eigentlich die physische Welt nur innerhalb der mineralischen Welt studieren; sobald wir in das Pflanzenreich heraufgehen, können wir mit den Ideen und Begriffen, die wir uns von der physischen Welt machen, nicht mehr zurechtkommen. Keiner empfand das eigentlich in der neueren Zeit in einer so intensiven Weise wie Goethe. [...] Er trat der Wissenschaft von den Pflanzen, in der Form, wie sie Linné ausgebildet hatte, entgegen. Dieser große schwedische Naturforscher hat ja die Pflanzenlehre so ausgebildet, dass er vor allen Dingen darauf gesehen hat, welche Formen im Äußeren und auch im Genaueren die einzelnen Pflanzenarten und Pflanzengattungen haben. Nach diesen Formen hat er ein Pflanzensystem aufgestellt, in dem die ähnlichen Pflanzen zu Gattungen zusammengestellt sind, so dass die Pflanzengattungen und -arten gleichsam nebeneinanderstehen, wie wir sonst die Gegenstände der mineralischen Natur nebeneinanderstellen. Deshalb war eben gerade Goethe von dieser Linné'schen Art, die Pflanzen zu behandeln, abgestoßen, weil die einzelnen Pflanzenformen nebeneinanderstanden. So, sagte sich Goethe, sieht man die Mineralien an, das, was in der mineralischen Natur ist; bei den Pflanzen muss man eine andere Anschauungsweise anwenden. Bei den Pflanzen, sagte Goethe, müsse man zum Beispiel so vorgehen: Da ist, sagen wir, eine Pflanze, welche Wurzeln entwickelt, dann einen Stengel entwickelt (Abb. 1), an dem Stengel Blätter und so weiter.

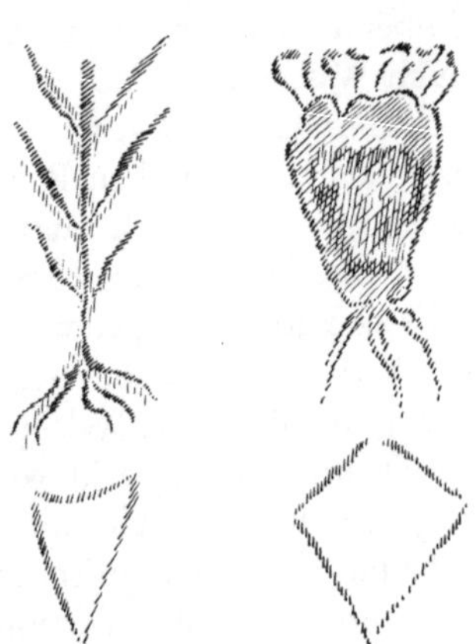

Abb. 1 Abb. 2

Aber das muss nicht gerade so bei der Pflanze sein, sagte sich Goethe, sondern es kann zum Beispiel auch so sein (Abb. 2). Hier ist die Wurzel; aber die Kraft, welche sich bei dieser Pflanzenform (Abb. 1) gleich an der Wurzel zu entwickeln beginnt, die bleibt hier (Abb. 2) noch in sich beschlossen und entwickelt nicht einen dünnen Stamm, der sich gleich in Blätter teilt, sondern bildet einen dicken Stamm. Dadurch geht die Kraft der Blätter in diesem dicken Stamm auf, und es bleibt nur noch wenig Kraft, um dann Blätteransätze und daran vielleicht die Blüte zu entwickeln. Es kann aber auch so sein, dass die Pflanze nur ganz spärlich ihre Wurzel entwickelt. Von der Kraft der Wurzel bleibt noch etwas übrig. Das entwickelt sich so (Abb. 3), und dann entwickeln sich daran spärliche Blatt- und Stengelansätze. Das alles ist aber innerlich dasselbe [...]. Die Idee ist in allen drei Pflanzen dieselbe, aber man muss die Idee innerlich beweglich halten, um von einer Form in die andere hinüberzukommen. Ich muss hier (Abb. 1) diese Form ausbilden: schmächtige Stengel, einzelne Blätter; «Blätterkraft zusammennehmen»: in dieser Idee (Abb. 2)

Abb. 3

bekomme ich die andere Form; «Wurzelkraft zusammennehmen»: in dieser Idee bekomme ich wieder eine andere Form, die dritte. Und so muss ich einen beweglichen Begriff bilden, und aus dem beweglichen Begriff wird mir das ganze Pflanzensystem eine Einheit.

Während Linné die verschiedenen Formen nebeneinander zusammengestellt und sie beobachtet hat wie mineralische Formen, wollte Goethe das ganze Pflanzensystem als eine Einheit mit beweglichen Ideen fassen, so dass er gewissermaßen aus einer Pflanzenform mit dieser Idee herausschlüpft und, indem er diese Idee selber verändert, in die andere Pflanzenform hineinschlüpft und so weiter.

Diese Art der Betrachtungen, diese Art, mit beweglichen Ideen zu betrachten, das war bei Goethe durchaus der Ansatz zu imaginativer Betrachtungsweise. [...]

Das heißt mit anderen Worten, Goethe sagte sich: Wenn ich eine Pflanze anschaue, dann ist es gar nicht das Physische, was ich sehe, was ich wenigstens sehen soll, sondern dieses Physische ist unsichtbar geworden, und das, was ich sehe, muss ich mit anderen Ideen erfassen, als es diejenigen des Mineralreiches sind. [...] Im mineralischen Reiche ist rings um uns herum äußerlich sichtbar die physische Natur. Im Pflanzenreich ist die physische Natur unsichtbar geworden. Natürlich wirkt die Schwere, alles, was in der physischen Natur ist, wirkt noch auf das Pflanzenreich; aber es ist unsichtbar geworden, und sichtbar geworden ist eine höhere Natur, ist dasjenige, was innerlich fortwährend beweglich ist, was innerlich lebendig ist. Es ist die ätherische Natur in der Pflanze das eigentlich Sichtbare. Und wir tun nicht gut, wenn wir sagen: Der physische Leib der Pflanze ist sichtbar. Der physische Leib der Pflanze ist eigentlich unsichtbar geworden; und das, was wir sehen, das ist die ätherische Form. [...]

Die Pflanze ist ausgefüllt mit dem Physischen, aber sie löst das Physische auf durch das Ätherische. [...] Diese ätherische Form ist das, was wir eigentlich sehen, das Physische ist sozusagen nur das Mittel, damit wir das Ätherische sehen. So dass eigentlich die ätherische Form der Pflanze ein Beispiel ist für eine Imagination, nur für eine solche Imagination, die nicht unmittelbar in der geistigen Welt sichtbar wird, sondern die durch physische Einschlüsse sichtbar wird.

Fragen Sie also: Was sind Imaginationen?, so kann man Ihnen antworten: Die Pflanzen sind alle Imaginationen. Nur sind sie als Imaginationen bloß dem imaginativen Bewusstsein sichtbar; dass sie dem physischen Auge auch sichtbar sind, das rührt davon her, dass die Pflanzen ausgefüllt sind mit physischen Teilchen, und dadurch wird das

Ätherische auf eine physische Art dem physischen Auge sichtbar. [...] Wir sehen in der Pflanze eine richtige Imagination. Sie haben also die Imaginationen rings um sich herum in den Formen der Pflanzenwelt.

Steigen wir jetzt herauf von der Pflanzenwelt zu der tierischen, da genügt es nicht mehr, dass wir uns an das Ätherische wenden. Da müssen wir einen Schritt weitergehen. Sehen Sie, bei der Pflanze können wir sagen: Sie vernichtet gewissermaßen das Physische und «west» das Ätherische – «wesen» als Verbum gebraucht.

Die Pflanze: vernichtet das Physische,
west das Ätherische.

Wenn wir zum Tierischen heraufschreiten, dann dürfen wir auch nicht mehr bloß an dem Ätherischen festhalten, sondern da müssen wir uns die tierische Bildung so vorstellen, dass nun auch das Ätherische vernichtet wird. So dass wir sagen können: Das Tier vernichtet das Physische – das tut auch schon die Pflanze –, es vernichtet aber auch das Ätherische und es west in demjenigen, was dann sich geltend machen kann, wenn das Ätherische vernichtet wird. Wenn das Physische vernichtet wird durch die Pflanze, kann sich das Ätherische geltend machen. Wenn nun auch das Ätherische nur gewissermaßen, grob gesprochen, Ausfüllendes, Körniges ist, dann kann dasjenige, was nun nicht mehr im gewöhnlichen Raume ist, sondern im gewöhnlichen Raume wirkt, dann kann das Astralische wesen. Wir müssen also sagen: Im Tiere west das Astralische. Wenn wir das Tier ansehen, so west in ihm das Astralische.

Das Tier: vernichtet das Physische,
vernichtet das Ätherische,
west das Astralische.

[…] Beim Tiere müssen wir uns sagen: Da ist etwas im Tiere, was sich nicht an die Oberfläche heraustreibt. […] Das Tier bewegt sich frei. Da ist etwas in ihm, was nicht an die Oberfläche heraustritt und sichtbar wird. Das ist das Astralische in dem Tiere. […] Wollen wir das Astralische erfassen, dann müssen wir weitergehen, dann müssen wir sagen: In das Ätherische, da geht noch etwas herein, und das, was da drinnen ist, das würde von innen heraus zum Beispiel die Form knollig machen und vergrößern können (Abb. 2). Bei der Pflanze müssen Sie immer im Äußeren die Veranlassung suchen, warum die Form anders wird. Sie müssen mit Ihrer Idee beweglich sein. Aber dieses bloße Beweglichsein genügt nicht, um das Tier zu erfassen. Da müssen Sie in die Begriffe noch etwas anderes hineinbekommen. […]

Wir könnten niemals die Idee, den Begriff eines Tieres bilden, wenn wir nicht selber herumlaufen könnten. Wir müssen selber herumlaufen können, wenn wir den Begriff eines Tieres bilden wollen. Warum?

Ja, wenn Sie, sagen wir, diesen Begriff der Pflanze haben (siehe Abb. 1) und ihn umformen in diesen zweiten, dann haben Sie selber diesen Begriff umgeformt. Wenn Sie aber laufen, dann wird Ihr Begriff durch das Laufen ein anderer. Sie selber müssen Leben hineinbringen in den Begriff. Das ist es, was einen bloß imaginierten Begriff zu einem inspirierten macht. Bei der Pflanze können Sie sich vorstellen, dass Sie selber innerlich ganz ruhig sind und die Begriffe nur verändern. Wenn Sie sich einen tierischen Begriff vorstellen wollen – die meisten Menschen tun es ja ganz gewiss nicht gern, weil der Begriff innerlich lebendig werden muss, es krabbelt in einem –, da nehmen Sie die Inspiration, die innere Lebendigkeit auf, nicht nur das äußere Sinnesweben von Form zu Form, sondern die innere Lebendigkeit. Sie können ein Tier nicht totaliter vorstellen, ohne dass Sie diese innere Lebendigkeit in den Begriff hineinnehmen.

Das war etwas, was Goethe eben nicht mehr erreichte. Er erreichte, dass er sich sagen konnte: Die Pflanzenwelt ist eine Summe von Begriffen, von Imaginationen. Aber bei den Tieren muss man in den Begriff etwas hineinnehmen, da muss man den Begriff selber innerlich lebendig machen. [...] Das Tier ist der wandelnde Begriff, der lebendige Begriff, und da muss man die Inspiration aufnehmen, und durch die Inspiration erst dringt man zum Astralischen vor.

Und wenn wir zum Menschen aufsteigen, so müssen wir sagen: Er vernichtet das Physische, er vernichtet das Ätherische, er vernichtet das Astralische und er west das Ich.

Der Mensch: vernichtet das Physische,
vernichtet das Ätherische,
vernichtet das Astralische,
west das Ich.

Bei dem Tier müssen wir uns sagen: Wir sehen eigentlich nicht das Physische, sondern wir sehen eine physisch erscheinende Inspiration. Daher wird auch sehr leicht die menschliche Inspiration, die Atmung, wenn sie irgendeiner Störung unterliegt, zur tierischen Form. Versuchen Sie nur einmal, sich zu erinnern an manche Alptraumgestalten: Was Ihnen da für tierische Formen erscheinen! Die tierischen Formen sind durchaus inspirierte Formen.

Das menschliche Ich können wir erst durch Intuition erfassen. [...] Beim Tiere sehen wir also die Inspiration, beim Menschen sehen wir eigentlich das Ich, die Intuition. Wir reden falsch, wenn wir beim Tiere sagen: Wir sehen den physischen Leib. – Wir sehen gar nicht den physischen Leib. Der ist aufgelöst, der ist vernichtet, der veranschaulicht uns bloß die Inspiration, ebenso der ätherische Leib. Wir sehen beim Tier eigentlich äußerlich durch das Physische und Ätherische den astralischen Leib. Und beim Menschen sehen wir schon das Ich. Was wir da sehen, ist nicht der physische Leib, der ist gerade unsichtbar; ebenso der ätherische Leib; ebenso der astralische Leib. Was wir beim Menschen sehen, ist – äußerlich geformt, auf physische Weise geformt – das Ich. Daher erscheint auch zum Beispiel für die Augenwahrnehmung, für die Sichtbarkeit, der Mensch nach außen in seinem Inkarnat in einer Farbe, die sonst nicht vorhanden ist, wie auch das Ich sonst nicht in den anderen Wesenheiten vorhanden ist. Wir müssten also, wenn wir uns richtig ausdrücken wollen, sagen: Den Menschen können wir nur dann ganz erfassen, wenn wir ihn bestehend denken aus physischem Leib, Ätherleib, astralischem Leib und Ich. Das, was wir vor uns sehen, ist das Ich, und unsichtbar darinnen ist der astralische Leib, der Ätherleib und der physische Leib.

Das Tier ist zuerst da

Ich möchte nun beginnen, zu Ihnen über die Bedingungen und Gesetze des menschlichen Schicksals zu sprechen, das man ja gewohnt worden ist, das Karma zu nennen. Dieses Karma ist aber nur zu verstehen, zu durchschauen, wenn man sich darauf einlässt zunächst, die verschiedenen Arten der Weltgesetzmäßigkeit überhaupt erkennen zu lernen. [...]

Wir sprechen, wenn wir sowohl die Erscheinungen der Welt umfassen wollen, wie auch, wenn wir die Erscheinungen im Menschenleben selber ins Auge fassen wollen, von Ursachen und Wirkungen. [...]

Zunächst können wir uns die sogenannte leblose Na tur ansehen, die uns ja am deutlichsten im mineralischen Reiche entgegentritt, in allem dem, was im Gestein in oft so wunderbaren Gestalten uns entgegentritt, aber auch in allem dem, was, man möchte sagen, zu Pulver zerrieben, dann wiederum zusammengebacken im formlosen Gestein uns entgegentritt. [...]

Wenn wir das Leblose, ausnahmslos das Leblose betrachten, dann finden wir nämlich, dass wir die Ursachen [...] überall innerhalb dieses Leblosen selber suchen können. Wo Lebloses ist als Wirkung, da können wir in demselben Reiche des Leblosen auch die Ursachen suchen. Und man verfährt wirklich nur erkenntnisgemäß, wenn man das tut; wenn man also für die Vorgänge des Leblosen auch die Ursachen innerhalb des leblosen Reiches sucht.

Wenn Sie einen noch so schön geformten Kristall vor sich haben, so sollen Sie die (Ursachen der) Formen dieses Kristalls im leblosen Reiche selber suchen. Und damit erweist sich dieses leblose Reich als etwas in sich Abgeschlossenes.

Und gehen wir jetzt weiter. Betrachten wir das Pflanzenreich. Da kommen wir in die Sphäre des Lebendigen. [...] Wenn man das Pflanzliche untersuchen will, so kann man es nicht verstehen, wenn man nicht das ganze Weltenall zu Hilfe nimmt [...]. Alles, was da in der Pflanze geschieht, ist Wirkung des weiten Weltenalls. Es muss erst die Sonne zu einer bestimmten Position kommen im weiten Weltenall, damit irgendwelche Wirkungen im Pflanzenreiche auftreten. Es müssen andere Kräfte aus dem weiten Weltenall wirken, damit die Pflanze ihre Form, damit die Pflanze ihre inneren Triebkräfte und so weiter bekommt. [...]

[Wir müssen zur Erkenntnis der Pflanzenwelt] von einer gewöhnlichen physischen Welt in eine Ätherwelt übergehen, und [dazu,] dass in den Weiten der Welt überall der Weltenäther mit seinen Kräften wirkt, und dass er eben aus den Weiten hereinwirkt. [...] Wir müssen also tatsächlich zu einem zweiten Reiche der Welt übergehen, wenn wir für das Pflanzenreich zu den Wirkungen die Ursachen suchen wollen.

Ich will Ihnen dafür ein Schema aufschreiben. Wir können sagen:

> Mineralreich: Gleichzeitigkeit des Physischen für Ursachen und Wirkungen.

[…] Sie werden sagen: Ja, für manches, was im Physischen geschieht, sind ja die Ursachen der Zeit nach früher gelegen. – Das ist nicht in Wirklichkeit der Fall. Wenn Wirkungen entstehen sollen im Physischen, müssen die Ursachen andauern, müssen fortwirken. Wenn die Ursachen aufhören, treten keine Wirkungen mehr ein. Also wir können durchaus dieses Diktum hinschreiben:

> Mineralreich: Gleichzeitigkeit der Ursachen im Physischen.

Kommen wir aber in das Pflanzenreich […], dann haben wir es zu tun mit Gleichzeitigkeit im Physischen und Überphysischen.

> Pflanzenreich: Gleichzeitigkeit der Ursachen im Physischen und Überphysischen.

Nun treten wir an das Tierreich heran. Beim Tierreiche werden wir ganz vergeblich dasjenige, was als Wirkungen auftritt, solange das Tier lebt, im Tier selber suchen können. Wenn das Tier auch nur kriecht, um seine Nahrung aufzusuchen, in den chemischen, physischen Vorgängen, die sich innerhalb des tierischen Leibes finden, werden wir ganz vergeblich suchen nach den Ursachen. Wir werden auch ganz vergeblich suchen in den Weiten des Ätherraumes, wo wir die Ursachen für das Pflanzliche finden, wir werden da auch vergeblich suchen nach den Ursachen der tierischen Bewegung und der tierischen Empfindung. […]

Ich werde manches auch im Tier, was pflanzengleich ist, aus dem Ätherweltenall erklären können, aber nimmermehr das, was in dem Tier als Bewegungen auftritt, und nimmermehr das, was auftritt in dem Tier als Empfindung.

Wenn ich am 20. Juni ein Tier betrachte in Bezug auf seine Empfindungen, dann werde ich in allem dem, was irdisch ist und außerirdisch ist im Raume, die Ursachen für die Empfindungen nicht am 20. Juni finden. Gehe ich weiter zurück, werde ich sie auch nicht finden. Ich werde sie nicht im Mai, nicht im April und so weiter finden.

Das spürt auch die moderne Anschauung. Daher erklärt diese moderne Anschauung das, was sich so nicht erklären lässt, wenigstens vieles davon, durch Vererbung, das heißt durch ein Wort: Es ist «vererbt», es stammt von den Vorfahren. – Natürlich nicht alles, weil das doch zu grotesk wäre, aber vieles. Es ist vererbt. [...]

Und wie man sich auch windet – es gibt ja da viele Theorien, Evolutionstheorien, Epigenesistheorien und so weiter –, es ist immer nichts anderes, als dass man doch sich vorstellen muss: Dieser Eikeim, das kleine Ei, ist etwas furchtbar Kompliziertes. Wie alles zurückgeführt wird auf Moleküle, die in komplizierter Weise sich aus Atomen aufbauen, so stellen manche die erste Anlage dieses Eikeimes als ein kompliziertes Molekül dar. [...]

Das Eigentümliche des Eikeimes ist [...] gar nicht, dass er kompliziert ist, sondern dass er die ganze Materie ins Chaos zurückwirft. Gerade der Eikeim ist etwas, was im Muttertiere nicht ein komplizierter Aufbau ist, sondern ein vollständig pulverisiertes, durcheinandergeschmissenes Materielles. [...] Und niemals würde eine Fortpflanzung entstehen, wenn nicht die unorganisierte, die leblose Materie, die ins Kristallinische, ins Gestaltige strebt, wenn nicht diese in sich ins Chaos gerade im Ei zurückfiele. [...] Und aus diesem kleinen Chaos, das da als Eikeim besteht zunächst, könnte ewig kein Ochse werden, wirklich nicht, denn er ist eben ein Chaos, dieser Eikeim.

Warum wird dann dennoch ein Ochse daraus? Weil im mütterlichen Organismus die ganze Welt nun auf diesen Eikeim wirkt. Gerade weil er bestimmungslos geworden ist, weil er Chaos geworden ist, kann die ganze Welt auf ihn wirken. Und die Befruchtung hat kein anderes Ziel in der Welt, als die Materie ins Chaos, ins Unbestimmte, ins Bestimmungslose zurückzuführen. So dass nicht etwas anderes, sondern nur das Weltenall wirkt.

Aber nun, wenn wir in die Mutter schauen, da sind nicht die Ursachen; wenn wir außerhalb in den Äther schauen, da sind auch im gleichzeitigen Geschehen nicht die Ursachen. Wir müssen zurückgehen bis bevor das Tier entstanden ist, wenn wir die Ursachen finden wollen für das, was da keimt als die Anlage zum empfindungs- und bewegungsfähigen Wesen. Wir müssen zurückgehen bis bevor das Leben angefangen hat! Das heißt, für das Empfindungs- und Bewegungsfähige liegt nicht in der Gleichzeitigkeit, sondern vor der Entstehung dieses Wesens die Ursachenwelt.

Das ist das Eigentümliche: Wenn ich eine Pflanze anschaue, dann muss ich in dasjenige hinausgehen, was gleichzeitig ist, dann finde ich die Ursache – allerdings im weiten Weltenall. Wenn ich aber für das, was als Empfindung oder als Bewegungsfähigkeit im Tier wirkt, die Ursache finden will, so kann ich nicht ins Gleichzeitige gehen, sondern da muss ich in dasjenige gehen, was dem Leben vorangeht; die Sternkonstellation, mit anderen Worten, muss sich geändert haben, muss eine andere geworden sein. Nicht die Sternkonstellation im Weltenall, die mit dem Tiere gleichzeitig ist, hat ihren Einfluss auf das eigentlich Tierische, sondern die dem Leben vorangehende Konstellation der Sterne. [...]

Sprechen wir also vom tierischen Reich, dann können wir nicht von der Gleichzeitigkeit der Ursachen im Physischen und Überphysischen sprechen, sondern dann müssen wir von vergangenen überphysischen Ursachen zu gegenwärtigen Wirkungen im Physischen sprechen.

Tierreich: Vergangene überphysische
Ursachen zu gegenwärtigen Wirkungen.

[...] Wir können nebeneinanderstellen in Bezug auf dieses Verursachen den menschlichen physischen Leib in seiner Leblosigkeit mit der leblosen Natur; den menschlichen Ätherleib in seinem Leben und in seinem Hinausgehen nach dem Tode in die Ätherwelten mit dem Ätherleben der Pflanzen, das auch aus den Ätherwelten hereinkommt, aber aus den gleichzeitigen Konstellationen des Überphysischen, des Überirdischen; und wir können zusammenstellen die menschliche astralische Organisation mit dem, was draußen im Tierischen ist.

Und wir schreiten dann fort von dem mineralischen zu dem pflanzlichen, zu dem tierischen Reiche, kommen herauf zu dem eigentlichen Menschenreiche. [...] Die Gestalt, die er hat als aufrecht gehendes Wesen, diese Gestalt hat er dadurch, dass er außer der physischen, ätherischen, astralischen Organisation eben noch die Ich-Organisation hat. Und erst von diesem Wesen, das auch noch die Ich-Organisation hat, können wir sprechen als dem Menschen, dem Menschenreich.

Indem man das Tier begreift, muss man schon in der Zeit weitergehen. Nun muss man diese Denkweise nicht wiederum abstrakt fortsetzen, sondern konkret fortsetzen. [...] Wir stehen zunächst im Raume. Der Erdenraum bleibt drinnen, wir schreiten hinaus zum Weltenraum. Das ist uns noch nicht genug, wir schreiten hinaus in die Zeit. Jetzt könnte einer sagen: Nun ja, jetzt schreiten wir immer weiter und weiter. – Nein, jetzt kommen wir wieder zurück! [...] Das heißt, wenn wir die vergangenen überphysischen Ursachen gesucht haben in der Zeitenweite, müssen wir wieder ins Physische zurückkommen.

Was heißt denn aber das? Das heißt, wir müssen wieder

aus der Zeit herunter, aus der Zeit wieder auf die Erde herunter. Wenn wir also für den Menschen die Ursachen suchen wollen, dann müssen wir sie wieder auf der Erde suchen. Nun sind wir zurückgeschritten in der Zeit. Wenn wir, indem wir in der Zeit zurückschreiten, wieder auf die Erde herunterkommen, dann kommen wir in ein voriges Menschenleben hinein, selbstverständlich. Wir kommen in ein voriges Menschenleben hinein. Beim Tiere schreiten wir weiter; das löst sich in Bezug auf die Zeit geradeso auf, wie sich unser Ätherleib auflöst bis an die Grenze. Der Mensch löst sich da nicht auf, sondern wir kommen auf die Erde wieder zurück bis an sein voriges Erdenleben.

So dass wir für den Menschen sagen können: Vergangene physische Ursachen zu gegenwärtigen Wirkungen im Physischen.

Mineralreich:	Gleichzeitigkeit der Ursachen im Physischen.
Pflanzenreich:	Gleichzeitigkeit der Ursachen im Physischen und Überphysischen.
Tierreich:	vergangene überphysische Ursachen zu gegenwärtigen Wirkungen.
Menschenreich:	vergangene physische Ursachen zu gegenwärtigen Wirkungen im Physischen.

BEIM TIER KANN sich der Mensch, wenn ihm auch der Wille des Tieres, die ganze innere Aktivität des Tieres zunächst etwas Geheimnisvolles schon ist, dennoch sagen: Dieser Wille ist eben da, und aus diesem Willen heraus ist dann die Gestalt, sind die Äußerungen des Tieres eine Folge.

ES MUSS ALSO das Tier schon da sein durch Luft und Wärme, wenn es Erde und Wasser verarbeiten soll. *So* lebt das Tier im Bereiche der Erde und im Bereiche des Wassers.

Das blaue Tier

NIEMAND WIRD VERFEHLEN, wenn er irgendwo eine Ahnengalerie sieht in einem alten Schlosse [...] zu sagen: Das sind nur die Bilder der Ahnen, das sind nicht die wirklichen Ahnen. [...] Auch wenn wir das Grün der Pflanze sehen, so haben wir nicht das Wesen der Pflanze, gerade so wenig wie wir in den Ahnenbildern die Ahnen haben. Wir haben in dem Grün, was da vor uns auftritt, nur das Bild der Pflanze. Und nun bedenken Sie einmal, dass die Grünheit eben der Pflanze eigentümlich ist, dass die Pflanze unter allen Wesen eben das eigentliche Wesen des Lebens ist. Nicht wahr, das Tier hat Seele, der Mensch hat Geist und Seele. Die Mineralien haben kein Leben. Die Pflanze ist das Wesen, welches gerade dadurch charakteristisch ist, dass es Leben hat. Die Tiere haben noch dazu die Seele. Die Mineralien haben noch nicht die Seele. Der Mensch hat dazu den Geist. [...] Bei der Pflanze ist das Wesen das Leben; die grüne Farbe ist das Bild. So dass ich eigentlich ganz im Objektiven drinnenbleibe, wenn ich sage: Grün stellt dar das tote Bild des Lebens. [...]

Nehmen wir diese Farbe hier, das Pfirsichblüt. Genauer will ich lieber sprechen von der Farbe des menschlichen Inkarnates, das ja natürlich bei den verschiedenen Menschen nicht ganz gleich ist, aber wir kommen da zu einer Farbe, die ich eigentlich im Grunde meine, wenn ich von Pfirsichblüt spreche (...). Pfirsichblüt: also menschliches Inkarnat, menschliche Hautfarbe. [...] Sonst finden wir es ja eigentlich nicht an äußeren Gegenständen. [...] Es ist das lebendige Bild der Seele. Die Seele, die sich erlebt, erlebt sich im Inkarnat. Es ist nicht tot, wie das Grün der Pflanze, denn wenn der Mensch die Seele zurückzieht, so wird er grün: Dann kommt er bis zum Toten. Aber ich habe in dem Inkarnat das Lebendige. Also: Pfirsichblüt stellt dar das lebendige Bild der Seele. [...]

Und nun nehmen wir […] das Blau, dann werden wir uns sagen: Dieses Blau können wir zunächst nicht eigentümlich finden einem solchen Wesen, wie es die Pflanze ist, der das Grün eigentümlich ist; wir können nicht so über das Blau sprechen, wie wir sprechen konnten über das pfirsichblütartige Inkarnat beim Menschen. Bei den Tieren finden wir nicht solche Farben, die so ureigentümlich sind den Tieren, wie die Menschen und die Pflanzen ureigentümlich haben Inkarnat und Grünheit. Also mit dem Blau können wir zunächst nicht in dieser Weise der Natur gegenüber etwas anfangen. Aber wir wollen doch vorschreiten, wir wollen doch einmal sehen, ob wir vielleicht noch weiter im Aufsuchen des Wesens der Farbe kommen können. […]

Nehmen wir gerade dasjenige, was uns bekannt ist als das Weiß. […] Wenn wir das Weiße vor uns haben und es dem Lichte aussetzen, wenn wir das Weiße einfach beleuchten, so haben wir die Empfindung: Dieses Weiße hat eine gewisse Verwandtschaft zum Lichte. Aber das bleibt zunächst eine Empfindung. […] Wir werden zunächst durch das Weiße zum Lichte als solchem geführt. […]

Wir selbst, wenn wir des Morgens aufwachen und vom Lichte durchstrahlt und überstrahlt werden, dann fühlen wir uns in unserem eigentlichen Wesen, wir fühlen eine innige Verwandtschaft des Lichtes mit unserem eigentlichen Wesen. Und wenn wir in der Nacht in tiefer Finsternis aufwachen, fühlen wir: Da können wir nicht zu unserem eigentlichen Wesen kommen, da sind wir wohl gewissermaßen in uns zurückgezogen, aber wir sind durch die Verhältnisse etwas geworden, was sich selber nicht in seinem Elemente fühlt. Und wir wissen auch: Das, was wir vom Lichte haben, es ist ein Zu-uns-Kommen. […] Wir haben in dem Lichte […] dasjenige, was uns eigentlich durchgeistigt, was uns zu unserem eigenen Geiste bringt. Es hängt unser Ich, das heißt unser Geistiges, mit diesem Durchleuchtetsein zusammen. […]

Das Ich ist geistig, es muss sich aber seelisch erleben; es erlebt sich seelisch, indem es sich durchleuchtet fühlt. Und das jetzt in eine Formel gefasst, werden Sie sehen: Weiß oder Licht stellt dar das seelische Bild des Geistes. […]

Grün stellt dar das tote Bild des Lebens, Pfirsichblüt stellt dar das lebende oder lebendige Bild der Seele, Weiß oder das Licht stellt dar das seelische Bild des Geistes. […]

Und jetzt gehen wir zum Schwarz oder zur Finsternis. […] Nehmen wir also jetzt das Schwarz. Sie brauchen nur die Kohle sich anzusehen. […] Leben wird aus der Pflanze vertrieben, indem sie zur Kohle wird. Also das Schwarze zeigt schon, dass es dem Leben fremd ist, dass es dem Leben feindlich ist. An der Kohle zeigt sich das; denn die Pflanze, indem sie verkohlt, wird schwarz. Also Leben? Da ist nichts zu machen im Schwarzen. Seele? Es vergeht uns die Seele, wenn das grausige Schwarz in uns ist. Aber der Geist blüht, der Geist kann durchdringen dieses Schwarze, der Geist kann sich da drinnen geltend machen.

Und wir können sagen: Im Schwarzen […], da bringen Sie eigentlich, indem Sie auf die weiße Fläche das Schwarz daraufmalen, den Geist in diese weiße Fläche hinein. Gerade in dem schwarzen Strich, in der schwarzen Fläche durchgeistigen Sie das Weiße. […] Schwarz stellt dar das geistige Bild des Toten.

Wir haben jetzt einen merkwürdigen Kreislauf bekommen für die objektive Wesenheit der Farben. […] Farbe ist unter allen Umständen nichts Reales, sondern Bild. Und wir haben einmal das Bild des Toten, einmal das Bild des Lebens, das Bild der Seele, das Bild des Geistes. Wir bekommen also, indem wir so herumgehen: Schwarz, das Bild des Toten; Grün, das Bild des Lebens; Pfirsichblüt, das Bild der Seele; Weiß, das Bild des Geistes. Und will ich das Eigenschaftswort dazu haben, das Adjektiv, dann muss ich immer von dem Vorhergehenden ausgehen: Schwarz ist das geistige Bild des Toten; Grün ist das tote Bild des

Lebens; Pfirsichblüt ist das lebende Bild der Seele; Weiß ist das seelische Bild des Geistes.

Nehmen wir das Gelbe. […] Das Gelbe muss strahlen, das Gelbe muss durchaus in der Mitte gesättigt sein und strahlen, es muss sich verbreiten und im Verbreiten muss es weniger satt, muss es schwächer werden. Das ist, möchte ich sagen, das Geheimnis des Gelben. […] Es will strahlen.

Nehmen wir dagegen das Blaue. […] Das Blaue fordert durch seine innere Wesenheit das genaue Gegenteil vom Gelben. Es fordert nämlich, dass es vom Rande nach innen einstrahlt. Es fordert, am Rande am gesättigtsten und im Inneren am wenigsten gesättigt zu sein. Dann ist das Blaue in seinem ureigenen Elemente, wenn wir es am Rande gesättigter und im Inneren weniger gesättigt machen. […] Das Blau, das staut sich an seinen Grenzen und rinnt in sich selber, um so einen Stauwall um ein helleres Blau herum zu machen. Dann offenbart es sich in seiner ureigenen Natur, dieses Blau.

Wir können das Rote durchaus als irgendeine Fläche fassen. Wir fassen es am besten, wenn wir es unterscheiden von dem Pfirsichblüt […]. Nehmen Sie die beiden Nuancen nebeneinander, das annähernde Pfirsichblüt und das Rote. Wenn Sie das Rote seinem Wesen nach wirklich auf die Seele wirken lassen, wie ist Ihnen da? Es ist Ihnen so, dass Sie sich sagen: Dieses Rote wirkt auf mich als ruhige Röte. Das ist beim Pfirsichblüt nicht der Fall. […] Das Pfirsichblüt strebt auseinander, das will eigentlich immer dünner und dünner werden, bis es sich verflüchtigt hat. Das Rote bleibt, aber es wirkt durchaus als Fläche; es will weder strahlen noch sich inkrustieren, es will weder strahlen noch sich stauen, es bleibt; es bleibt in ruhiger Röte; es will sich nicht verflüchtigen, es behauptet sich.

Rot, Gelb und Blau haben im Gegensatz zu diesen Farben, die Bildcharakter haben, einen anderen Charakter […]. Ich habe die Farben Schwarz, Weiß, Grün und Pfirsichblüt Bilder, Bildfarben genannt. Ich nenne die Farben Gelb, Rot und Blau: Glanze, Glanzfarben. Schwarz, Weiß, Grün, Pfirsichblüt entstehen als Bilder. In Gelb, Blau und Rot erglänzen die Dinge; sie zeigen ihre Oberfläche nach außen, sie erglänzen. Das ist das Wesen, und das ist der Unterschied im Farbigen […]

Gelb, Blau, Rot: das ist die Außenseite des Wesenhaften. Grün, Pfirsichblüt, Schwarz, Weiß sind immer hingeworfene Bilder, sind immer etwas Schattiges.

Wir können nicht die Farbigkeit des Leblosen irgendwie erklären, wenn wir nicht wissen, dass dieses Farbige zusammenhängt mit demjenigen, was sich die Erdenkörper als innere Kräfte zurückbehalten haben, indem die anderen Planeten sich aus dem Erdenwesen herausgezogen haben.

Was wir zu erklären haben zum Beispiel als das Rötliche bei irgendeinem Mineralischen, das haben wir zu erklären durch das Zusammenwirken der Erde mit irgendeinem Planeten, zum Beispiel mit dem Mars oder mit dem Merkur. Was wir zu erklären haben als das Gelbliche in dem Mineralischen, das haben wir zu erklären durch das Zusammenwirken der Erde etwa mit dem Jupiter oder mit der Venus und so weiter. Daher wird die Farbigkeit des Mineralischen immer ein Rätsel bleiben, solange man sich nicht wiederum entschließen wird, die Erde, gerade um sie auch in Farbigkeit zu verstehen, in Zusammenhang zu denken mit dem Außerirdischen im Kosmos. […]

Und jetzt werden Sie finden, dass wir wieder in das Tierreich heraufgehen können. Sehen Sie, wenn Sie eine Landschaft malen wollen, in der das Tierreich besonders wirkt – wiederum, es kann nur in der Empfindung dieses erfasst werden –, wollen Sie tierisches Wesen in die Landschaft hineinbringen, dann müssen Sie die Farbe, die die Tiere sonst haben, etwas heller malen, als sie wirklich ist, und Sie müssen darüber ein leises bläuliches Licht verbreiten. Sie müssen also, wenn Sie eventuell irgendwelche, sagen wir, rote Tiere – es mag ja selten vorkommen –, rote Tiere malen wollen, so müssten Sie dann einen leise bläulichen Schimmer darüber haben, und Sie müssten überall da, wo Sie an das Tier herankommen aus der Vegetation heraus, den gelblichen Schimmer in den bläulichen herüberführen.

Sie müssten das im Übergang motivieren; dann werden Sie die Möglichkeit gewinnen, das Tierische zu malen, sonst nicht, sonst wird es immer den Eindruck des unlebendigen Bildhaften machen. So dass wir sagen können: Wenn wir das Unlebendige malen, so muss es ganz Glanz sein, es muss von innen heraus leuchten. Wenn wir das Lebendige, das Pflanzliche malen, dann muss es erscheinen als Glanzbild. Wir malen zuerst das Bild, malen sogar so stark, dass wir, sagen wir, abweichen von der natürlichen Farbe. Wir geben also den Bildcharakter, indem wir etwas dunkler malen, bringen dann den Glanz darüber: Glanzbild. Malen wir das Beseelte oder auch das Tierische, dann müssen wir den Bildglanz malen. Wir müssen nicht zum vollständigen Bild übergehen. Wir erreichen das dadurch, dass wir heller malen, also das Bild in den Glanz herüberführen, aber darüber geben wir dasjenige, was in gewissem Sinne die reine Durchsichtigkeit trübt. Dadurch erreichen wir den Bildglanz.

Und gehen wir in das Durchgeistigte herauf, gehen wir bis zum Menschen, dann müssen wir uns aufschwingen, das reine Bild zu malen.

Unlebendiges:	Glanz
Pflanzliches:	Glanzbild
Beseelt, Tierisches:	Bildglanz
Durchgeistigt, Mensch:	Bild

Tiere – Geschöpfe der Engelhierarchien

WENN WIR UNS VORSTELLEN, dieser Kreis sei der alte Sonnenball, so streben nach allen Seiten hinaus von diesem alten Sonnenball in den Weltenraum die Erzengel, es verbreitet sich geistig das Wesen der Erzengel in das Universum. Zu Hilfe kam den Erzengeln bei dieser Ausbreitung der Umstand, dass ihnen Wesen aus dem Universum entgegenkamen. So wie früher bei dem alten Saturn eingeströmt sind aus dem Universum die Feuerelemente der Throne, so kommen jetzt den Erzengeln, die da hinausgehen, andere Wesenheiten entgegen, Wesenheiten, die noch höher sind als die Throne; und sie helfen ihnen, so dass sie länger da draußen in der geistigen Welt bleiben können, als sie es sonst hätten können.

Diese Wesenheiten, die den Erzengeln aus dem geistigen Raum entgegengekommen sind und die Erzengel aufgenommen haben, nennen wir Cherubim. [...] Wie, wenn ich den Vergleich gebrauchen darf, unsere Erde von ihrer Atmosphäre umgeben ist, so ist die alte Sonne umgeben gewesen von dem Reich der Cherubim zur Wohltat der Erzengel. Diese Erzengel schauten also, wenn sie hinausgingen in den Weltenraum, sie schauten ihre großen Helfer an.

Und wie kamen ihnen diese großen Helfer entgegen, wie sahen sie aus? [...] Und unsere Vorfahren, die noch ein Bewusstsein gehabt haben durch ihre Tradition von dieser bedeutungsvollen Tatsache, die haben die Cherubim abgebildet als jene eigentümlich geflügelten Tiere mit den verschieden gestalteten Köpfen: den geflügelten Löwen, den geflügelten Adler, den geflügelten Stier, den geflügelten Menschen. Denn in der Tat: Von vier Seiten haben sich zunächst genähert die Cherubim. Und sie nahten sich in solchen Gestalten, dass sie in der Tat nachher so abgebildet werden konnten, wie sie uns als die Gestalten der Cherubim bekannt geworden sind. Und deshalb haben die Schulen der ersten Eingeweihten der nachatlantischen Zeit diese von vier Seiten an die alte Sonne heranrückenden Cherubim mit Namen bezeichnet, die dann geworden sind zu den Namen Stier, Löwe, Adler, Mensch.

> Bedingt durch das Aufziehen von rauchigen und nicht allein warmen und leuchtenden Zuständen ergab sich auf der alten Sonne ein Wechsel von Phasen, die unseren heutigen Tag- und Nachtzeiten vergleichbar sind. Bei «Tag» konnten die Cherubim auf die Erzengel in «normaler Weise» einwirken, bei Nacht aber führte deren Wirkung zur Bildung einer «Tierwelt». Die Tiere erweisen sich dadurch schließlich als Opfer, das die Weltentwicklung bringt, um die Erzengel und mit ihnen das Licht der Sonne in eine höhere Daseinsform zu transformieren.

Wenn also diese Cherubim nicht auf die Erzengel in normaler Weise einwirken konnten, dann wirkten sie herein auf den dunklen Rauch der Sonne, auf das dunkle Gas. Während also auf dem alten Saturn Wirkungen geübt wurden auf die Wärme, wurden jetzt vom Weltenraum herein Wirkungen geübt auf die verdichtete Wärme, auf das Gas der alten Sonne. Dieser Wirkung ist es zuzuschreiben, dass auf der alten Sonne aus dem Sonnennebel heraus sich die erste Anlage bildete zu demjenigen, was wir heute das Tierreich nennen. So wie auf dem alten Saturn die erste Anlage des Menschenreiches im physischen Menschenleib entstanden ist, so wird auf der Sonne aus dem Rauch, aus dem Gas die erste Anlage des Tierreiches gebildet. [...]

Die Formen unserer Tiere, wenn sie heute auch zu Karikaturen verzerrt sind, sind heruntergeholt aus dem Umkreis des Universums, aus der Gestalt des Tierkreises, die damals vorhanden war. Nun kann es Ihnen auffallen, dass hier zunächst nur vier Namen des Tierkreises hingeschrieben sind. Das sind eben nur die hauptsächlichsten Ausdrücke für die Cherubim, denn im Grunde genommen hat jede solche Cherubimgestalt nach links und rechts eine Art Nachkommen oder Begleiter. Denken Sie sich jede der vier Cherubimgestalten mit zwei Begleitern ausgestattet, dann haben Sie zwölf Kräfte und Mächte im Umkreis der Sonne [...].

Jedes Mal, wenn im Universum eine Erhöhung eintritt, muss auch, um den entsprechenden Ausgleich zu schaffen, eine Erniedrigung eintreten. Damit bei Tag die Erzengel die Gelegenheit finden, ihr geistiges Dasein auszudehnen, müssen die Cherubim in der Nacht fortwirken und die unter der Menschheit stehenden tierischen Wesenheiten, tierische Formen in dem zum Nebel, zum Rauch, zum Gas verdichteten Wärmestoff zum Ausdruck bringen. [...]

Was man heute so materiell den Tierkreis nennt, ist zurückzuführen auf den Reigen der Cherubim, die vom Weltenumkreis herunterwirkten auf die alte Sonne, die ihre Kraft als Leuchtekraft in dieses Universum hinausstrahlte.

RICHTEN WIR NUN EINMAL den Blick auf den Kreis des Tierreiches, so finden wir innerhalb der tierischen Welt die mannigfaltigsten Formen, die sehr weit voneinander verschieden sind [...]. Woher rührt denn das? [...]

Da zeigt uns der okkulte Blick, dass das, was die Verschiedenheit der tierischen Arten bewirkt, nicht bloß von der Erde herrührt, dass die tierischen Arten vielmehr ihre Formen vom Himmelsraum herunter erhalten, und zwar so, dass die Kräfte, welche zu der einen Art führen, von einem anderen Ort des Himmelsraumes sind als die Kräfte, welche zu der anderen Art führen. Die Kräfte, welche die verschiedenen tierischen Formen bilden, strömen nämlich auf unseren Erdplaneten her von den anderen Planeten unseres Planetensystems. Wir können das ganze Tierreich eigentlich einteilen in sechs bis sieben verschiedene Hauptgruppen, und diese Hauptgruppen haben die obersten Gruppen-Iche. Diese obersten Gruppen-Iche haben ihre Wirkungsimpulse innerhalb der sechs bis sieben zu unserem Planetensystem gehörigen Hauptplaneten, so dass geistig die Kräfte, welche die Hauptgruppen der Tiere bilden, von den Planeten her wirken. Damit aber haben wir zugleich real angegeben, was es denn eigentlich heißt, bei den Tieren von Gruppen-Ichen zu sprechen. Es heißt, dass im Tiere geistige Kräfte leben, deren Wesenheit wir gar nicht auf der Erde selber zu suchen haben, sondern deren Wesenheit wir zu suchen haben außerhalb der Erde im Himmelsraum, und zwar zunächst in der planetarischen Welt. Gleichsam die Regenten der Gruppenhauptformen der Tiere leben auf unseren Planeten [...]. Nun sehen Sie, wenn die Planeten nur solche Kräfte herniederströmen ließen auf unsere Erde, dann würden wir in der Tat nicht eine solche Mannigfaltigkeit des Tierreichs haben, wie wir sie jetzt haben, sondern wir würden sieben Hauptformen haben. Es gab auch einmal in einer sehr fernen Urzeit nur sieben Hauptformen des Tierreichs. Aber diese sieben Hauptformen waren sehr beweglich, bestimmbar, so dass sie gleichsam in ihrer Bildung weich, plastisch waren, leicht umgebildet werden konnten, die eine Form zu einer solchen speziellen Form, die andere zu einer anderen, und das wurde in einer späteren Zeit auch zustande gebracht. Die sieben Hauptformen liegen weit, weit zurück. Dann aber traten andere Kräfte, die gleichsam unterstützend oder hemmend wirkten auf die Kräfte der Planeten, hinzu. [...]

Wenn wir nach irgendeiner gewissen Richtung den Blick in den Raum hinein lenken, dann ist für den okkulten Blick etwas ganz anderes wahrzunehmen, als wenn man nach einer anderen Richtung des Raumes den Blick lenkt. Der Raum ist durchaus keine homogene Sache, nicht et was, was nach allen Seiten hin gleich ist, sondern von den verschiedenen Richtungen des Raumes wirken aus dem Weltenall wiederum verschiedene Kräfte herein. Der ganze Weltenraum ist mit geistigen Wesenheiten der verschiedenen Hierarchien ausgefüllt, welche aus den verschiedenen Richtungen her auf die Erde verschieden wirken. [...] Wenn ich zu einer bestimmten Tageszeit den Blick nach der einen Richtung gegen den Himmel richte, dann kommen gewisse Kräfte mir entgegen, und auf einer anderen Seite finde ich andere Kräfte. Und die [früheren] Menschen nahmen auch wahr, dass von gewissen Punkten aus besonders präzise und bestimmte Kräfte herkamen aus dem Himmelsraum, die für die Erde ganz besonders wichtig waren. Die liegen alle angeordnet in dem Sternenkreise am Himmelsraum, den man seit alten Zeiten den Tierkreis genannt hat. [...] Daraus entsteht eine ganze Menge von Möglichkeiten für verschiedene Tierformen. Und wenn Sie daran denken, wie dazu noch kommt, dass zum Beispiel der Mars bestimmend wirken kann, indem er sich über den Löwen stellt, so dass er den Löweneinfluss verdrängt in Bezug auf die Erde, oder dass er von der anderen Seite her sich bestimmend stellt, indem die Erde zu stehen kommt zwischen die Sonne und den Mars, so gibt es eine noch größere Anzahl von Möglichkeiten. Das alles sind Kräfte, die zusammengewirkt haben, um die sieben Hauptgruppen des Tierreichs weiter zu differenzieren. So ist die ganze Mannigfaltigkeit unserer Tierformen auf der Erde dadurch entstanden, dass die Kräfte der Planeten eigentlich die Sitze der Gruppenseelen, der Gruppen-Iche der Tiere sind und dass diese Gruppen-Iche ihre Aufgabe erfüllen von diesen Sitzen aus, weil sie nur von dort aus diese Aufgabe erfüllen können. [...]

Wenn wir diese Tatsache, die wir eben hingestellt haben, damit in Zusammenhang bringen, dass man heute so häufig die Impulse der tierischen Formen in irgendwelchen

Prinzipien der Erde selbst sucht, zum Beispiel im Kampf ums Dasein, in irgendeiner natürlichen Zuchtwahl und dergleichen, dann erscheinen wahrhaftig auf der einen Seite die Tatsachen, die zustande gekommen sind durch diese Bestrebungen, wie sie zum Beispiel Darwin angeführt hat, großartig, insoweit Darwin bei den Tatsachen stehengeblieben ist. Denn unbewusst hat der Darwinismus geschildert, wie die Beweglichkeit der tierischen Formen besteht, wie in der Tat da geschaffen wird aus den Grundformen heraus. [...]

Wenn wir uns nun fragen [...], welcher Art diese Geister sind, die wir jetzt als Gruppenseelen der Tiere angesprochen haben und die ihren Wohnsitz auf den verschiedenen Planeten haben. Da zeigt sich, dass diese Gruppen-Iche der Tiere Nachkommen sind jener Kategorie von geistigen Wesenheiten, die angeführt worden sind von mir im Laufe dieser Vorträge als die Geister der Bewegung. Also wir müssen die Gruppen-Iche der Tiere als Nachkommen der Geister der Bewegung auffassen.

Tief verkettet mit unserem ganzen menschlichen Schicksal sind diese Sympathien und Antipathien. Sie leben in der Welt, in der jetzt nicht die dritte, sondern die zweite Hierarchie, Exusiai, Dynamis, Kyriotetes leben. Dasjenige, was irdisches Abbild ist der hohen, herrlichen Gestaltungen dieser zweiten Hierarchie, das lebt im Tierreich.

Das Ich der Tiere findet sich übersinnlich in der astralischen Welt

Ebenso wenig wie man bei der Venusfliegenfalle oder irgendeiner anderen Pflanze von einem der tierischen Seele ähnlichen Seelenwesen sprechen kann, ebenso wenig kann man bei unbefangenem Blicke bei irgendeinem Tiere davon sprechen, dass das Tier ein Ich hat. Das Tier hat innerhalb dessen, was uns auf dem physischen Plan entgegentritt, kein Ich. [...] Wenn [der Hellseher] das [Ich] beim Tier sucht, dann findet er es auch, nur nicht in der Welt, wo physischer Leib, Ätherleib und astralischer Leib des Tieres vorhanden ist, sondern in einer übersinnlichen Welt [...]. Und von diesem tierischen Ich muss man wiederum sa gen: [...] So, wie zu unseren beiden Händen, zu unseren zehn Fingern, zu unseren Füßen eine Seele gehört, die ein Ich in sich hat, so gehört zu einer Gruppe gleichgeformter Tiere ein solches Ich, das wir nicht in unserer physischen Welt finden; es verrät sich nur in der physischen Welt. [...] Ich möchte nur diejenigen, die zum Beispiel die Vorstellung Wolf für einen Begriff halten, der keiner Realität entsprechen soll, auf folgendes Experiment aufmerksam machen:

Nehmen Sie eine Anzahl von Lämmern – der Wolf frisst bekanntlich Lämmer – und füttern Sie damit den Wolf so lange, bis es dem entspricht, was die Naturwissenschaft herausgebracht hat, dass tatsächlich die ganze physische Materie sich umgewandelt hat, so dass der Wolf, während der Zeit, während welcher sich die physische Körperlichkeit ersetzt, nur Lämmer gefressen hat. Nun hat der Wolf lauter Lämmer in sich. Was Sie am Wolf allein sehen können, die physische Materie, rührt von lauter Lämmern her. Versuchen Sie dann das Ergebnis zu ziehen, ob der Wolf ein Lamm geworden ist. Wenn er kein Lamm geworden ist, dann haben Sie kein Recht, zu sagen, dass das, was Sie als Begriff des Wolfes haben, sich erschöpft in demjenigen, was physisch wahrgenommen werden kann, sondern es ist ein Übersinnliches darin. Dieses findet man nicht eher, als bis man in das Übersinnliche kommt. Dort stellt es sich so dar, dass ebenso, wie unsere zehn Finger zu der einen Seele, so alle Wölfe zu dem einen Gruppen-Ich gehören. Und die Welt, in der wir das Gruppen-Ich der Tiere finden, die bezeichnen wir zunächst ganz konkret als die astralische Welt.

Zum Verständnis der Naturreiche und zur qualitativen Unterscheidung ihres je eigenen Wesens respektive ihrer je eigenen Würde erweist es sich als entscheidende Hilfe, ihre sinnliche-übersinnliche Organisation differenziert verstehen zu lernen. Das Mineralreich hat zwar einen physischen, sinnlich wahrnehmbaren Leib. Seine «höheren» Leiber aber sind durchweg übersinnlicher Natur. Für die Pflanze finden wir in der physischen Welt den physischen und den ätherischen Leib. «Eben deshalb, weil die Pflanze in dieser physischen Welt nur physischen und Ätherleib hat, schreit sie nicht, wenn man sie verletzt.» Die Astralleiber der Pflanzen aber finden sich dort, wo das Gruppen-Ich der Tiere zu finden ist: auf dem astralischen Plan. Ihr Ich findet sich im unteren Devachan. Dementsprechend findet sich nun der Ätherleib des Minerals auf dem Astralplan, sein Astralleib im unteren Devachan und schließlich sein Ich im oberen Devachan.

So hängt auch alles Mineralische mit dem Lebendigen zusammen, nur ist dieses Lebendige erst auf dem astralischen Plan zu finden, und so hat auch die Pflanze eine «Seele», nur ist diese erst im übersinnlichen Astralplan zu finden. Daraus erklärt sich die Schwierigkeit, die wir oft beim Umgang mit Pflanzen haben: Wir bemerken, wie sie seelisch offen ist für die Stimmung und Atmosphäre, die um sie herum lebt – allein ihre Seele findet sich nicht inkarniert, sondern übersinnlich. Nehmen wir seelische Regungen an einer Pflanze wahr, so befinden wir uns mit solchen Beobachtungen bereits im Übersinnlichen. Ähnliches gilt für das Tier: Wer einem Tier – etwa einer Kuh oder auch einer Eule – ins

> Auge schaut, stößt nicht auf ein individualisiertes Ich. Gleichsam «widerstandslos» gleitet der eigene Blick durch das Auge des Tieres hindurch in eine große kosmische Weite und Weisheit. Hier erst, auf dem übersinnlichen Astralplan finden wir das Ich des Tieres.

Wir haben ausgeführt, dass der Mensch auf dem physischen Plan die vier Glieder seiner Wesenheit wirksam hat, den physischen, den ätherischen, den astralischen Leib und das Ich. Wir haben dann weiter geltend gemacht, dass für das Tier im Wesentlichen die drei Glieder, physischer, ätherischer und astralischer Leib, wirksam sind auf dem physischen Plan, das Gruppen-Ich dagegen auf dem astralischen Plan. Wir haben weiterhin gesehen, dass für die Pflanzen auf dem physischen Plan wirksam sind der physische und ätherische Leib, auf dem astralischen Plan der astralische Leib und auf dem devachanischen Plan das Gruppen-Ich. Dann haben wir für das Mineral den physischen Leib allein auf dem physischen Plan gefunden, den ätherischen Leib auf dem astralischen Plan, den astralischen Leib auf dem Devachanplan, und das, was wir als einen höheren Devachanplan bezeichnen wollen, das bewohnt das Gruppen-Ich des Minerals.

	Mensch	Tier	Pflanze	Mineral
Höhere devachanische Welt				Ich
Devachanische Welt			Ich	Astrall.
Astralwelt		Ich	Astrall.	Ätherl.
Physische Welt	Ich Astrall. Ätherl. Phys. L.	Astrall. Ätherl. Phys. L.	Ätherl. Phys. L.	Phys. L.

Es fällt dem unbefangenen Betrachter gar nicht ein, die menschlichen Seelenkräfte als solche der Tierheit abzusprechen. Ja, wir sind auf dem Gebiete des Okkultismus sogar überzeugt, dass Verstand und Vernunft bei der Tierheit viel sicherer, viel präziser, viel irrtumsfreier wirken als im Menschen. Das Wesentliche, um das es sich handelt, ist, dass beim Menschen in der physischen Welt alle diese Seelenkräfte bezogen sind auf ein Ich [...].

Kapitel II: Die Evolution der Tiere

«Evolution» umgreift bei Rudolf Steiner den weiten Bereich von der planetarischen Weltentwicklung über die irdische Menscheits- bis hin zur biografischen Entwicklung des individuellen Menschen einschließlich Reinkarnation und Karma. In diesem Ganzen steht das Ereignis von Golgatha als zentraler Wendepunkt, durch das dem Menschen – nachdem er zuvor noch unindividualisiert und unfrei durch die Welt der göttlichen Hierarchien geführt und geleitet wurde – einerseits Freiheit und Liebe, andererseits aber auch die Verantwortung für die weitere Weltenevolution angetragen wird. Die gesamte aus der Vergangenheit kommende Schöpfung wartet darauf, durch den Menschen in die zukünftige Sphäre der Freiheit gehoben zu werden. Was bis zum Ereignis von Golgatha eine allmähliche Verdichtung aus dem Geistigen ins Physische darstellte, soll durch den Menschen wieder vergeistigt werden. Rainer Maria Rilke formulierte diese Zukunftsvision in seiner neunten Duineser Elegie:

«Erde, ist es nicht dies, was du willst: *unsichtbar*
in uns erstehn? – Ist es dein Traum nicht,
einmal unsichtbar zu sein? – Erde! unsichtbar!
Was, wenn Verwandlung nicht, ist dein drängender
Auftrag?»

Eine solche umfassende Sichtweise geht weit über die gegenwärtig vorherrschende, darwinistisch ausgerichtete Evolutionsauffassung hinaus. Wie schon in der Einleitung zu diesem Buch erwähnt, weichen gerade die mit Rudolf Steiners Evolutionsanschauung verbundenen Konzepte deutlich von den heute gängigen ab, dann etwa wenn Steiner den Menschen als den Anfang und das Ende der Schöpfung, als ihren Ausgangs- und Zielpunkt beschreibt.

Methodisch verfolgt Rudolf Steiner dabei allerdings nur konsequent die goethesche Weltanschauung, die im menschlichen Inneren, das Innere der Natur findet. Was der Mensch in der Welt an Vorgängen und Tatsachen beobachtet, muss er – anthropomorphisch – auf sich beziehen, um sie ihrem Wesen nach verstehen zu können. Was er in seinem eigenen Inneren *erfahren*, *erleben* kann, das ist Maßstab für den inneren Gehalt der Welt. Rudolf Steiner kennzeichnet diese Vorgehensweise – in Anlehnung an einen Briefwechsel von Goethe und Schiller – als einen «rationellen Empirismus». Dabei werden die objektiven Vorgänge der Welt «zusammengehalten [...] von einem Gewebe von Begriffen (Gesetzen), das unser Geist in ihnen entdeckt. Die sinnenfälligen Vorgänge in einem nur dem Denken fassbaren Zusammenhange, das ist rationeller Empirismus.»

Weder also allein die Erfahrung der sinnlich-physischen Tatsachen (bloßer Empirismus), noch das abstrakte theoretische Denken (bloßer Rationalismus) führen zum Wesensgehalt der Welt, sondern das, was geistig – angesichts der sinnlichen Vorgaben – erfahren werden kann. Was der Mensch in der eigenen Denkanschauung angesichts der sinnlichen Phänomene erleben kann, ist die Richtschnur, an der sich eine Evolutionsanschauung zu orientieren hat.

Oder anders formuliert: Die Prozesse der Evolution müssen *denkbar* sein. Undenkbar ist, dass das feste, tote Mineralreich (oder irgendeine «stofflich» gedachte Materie) Ausgangspunkt der Evolution sei; denkbar ist vielmehr, dass das Feste – wie das Eis gegenüber dem Wasser – ein Geronnenes, ein Gefrorenes darstellt, das aus einem vorhergehenden Flüssigen herausgefallen ist. Und so wie aus der Luft Wasser kondensiert, so ist auch das Flüssige unserer Erde aus dem Luftigen hervorgegangen. Im Aufstieg vom Festen übers Flüssige zum Luftigen nimmt der Wärmegehalt zu. Die Wärme ist der durchgehende Hintergrund, in der als dem ursprünglichsten Prinzip die ganze Entwicklung ihren Ausgangspunkt nimmt. Die Weltentwicklung stellt sich damit bis heute als ein zunehmender Verdichtungsprozess heraus.

Undenkbar ist es auch, dass eine tote Materie aus sich heraus Leben hervorbringt; denkbar ist vielmehr, dass aus dem Leben das Tote herausfällt. Und genauso kann sich aus dem Leben kein Seelisches und aus dem Seelischen nicht einfach ein Ich bilden.

Eine weitere «Beunruhigung» besteht in Rudolf Steiners Konzept des «Heraussetzens»: Stück für Stück setzte der Mensch die anderen Naturreiche und damit auch die Tierwelt aus sich heraus, um zu seiner jetzigen sinnlichen Erscheinungsform kommen zu können. Der Mensch wird dabei als ein geistiges Wesen betrachtet, das als Zielkonzept von Beginn an der Evolution unterlegt ist, der als (im Geiste) «Erstgeborener» doch zuletzt auf Erden erscheint – ein Zielkonzept, das sich auf dem Weg zu seiner Inkarnation Schritt für Schritt bereinigt, um in einer Gestalt erscheinen zu können, die seinem Wesen am meisten entspricht. Der Prozess ist vergleichbar mit einem Gedanken, dessen Gehalt man zwar geistig vor sich hat, den man aber erst durch viele Anläufe und Versuche in solche Worte zu bringen vermag, die ihm als solchen am meisten entsprechen. Gerade in ihrem Bezug zu dem errungenen Ziel behalten die Versuche ihren Wert, denn: Die endlich erreichte Wortwahl verdankt den vielen Versuchen ihre Klarheit. In dieser Weise ist – in der Evolutionsanschauung Rudolf Steiners – das Verhältnis der Mitgeschöpfe zum Menschen zu denken. Rudolf Steiner betrachtet demgemäß die Erdengeschöpfe als solche «Versuche». Der Mensch verdankt der ihn umgebenden Erdennatur sein ganzes Dasein – er ist seinem Bruder Tier zu tiefstem Dank verpflichtet.

Der Mensch hat bis zuletzt gewartet, zuletzt erst hat er seine geistig-göttliche Muttersubstanz verlassen und ist herabgestiegen als dichte Masse in fleischliche Gestalt. Die Tiere sind früher herabgestiegen und daher stehengeblieben. [...] Was ist also eine Tiergestalt? Eine Gestalt, die, wenn sie mit dem Geist, aus dem sie hervorgegangen ist, verbunden geblieben wäre, sich bis zur heutigen Menschheit heraufentwickelt hätte. So aber sind sie stehengeblieben, so haben sie den geistigen Keim verlassen, sie haben sich abgespalten und [...] stellen dar einen Zweig des großen Menschheitsbaumes. Der Mensch hat gleichsam die Tierheit in sich gehabt in alten Zeiten, hat sie aber als Seitenzweige herausgespalten. Alle Tiere in ihren verschiedenen Formen stellen nichts anderes dar als zu früh verdichtete einzelne menschliche Leidenschaften. Was der Mensch heute noch geistig hat in seinem Astralleib, das stellen die Tiergestalten einzeln physisch dar. [...]

Es muss uns klar sein, dass diese Absonderung der Tiergestalten tatsächlich für den Menschen notwendig war. Jede Tiergestalt, die sich in der verflossenen Zeit vom allgemeinen Strom abgesondert hat, bedeutet, dass der Mensch um ein Stück weitergeschritten ist. Denken Sie sich, dass alle Eigenschaften, die in der Tierheit zerstreut sind, im Menschen waren. Er hat sich davon gereinigt. Dadurch konnte er sich höherentwickeln. [...] Dadurch, dass der Mensch diese Tiergestalten als seine älteren Brüder aus seiner Entwicklungsreihe hinausgeworfen hat, ist er zu seiner jetzigen Höhe gekommen.

IM LAUFE MEINER MENSCHWERDUNG bin ich durchgegangen durch das, was mir heute entgegentritt in Löwen und Schlangen; in all diesen Formen habe ich gelebt, weil mein eigenes Inneres die Eigenschaften, die in diesen Tiergestalten ausgebildet sind, durchgemacht hat. Diejenigen Menschenwesen, die fähig geworden sind, über all das zu immer höheren Stufen emporzusteigen, die sich ihr inneres Zentrum bewahrt haben, haben einen Ausgleich gefunden, so dass in ihnen nur noch die Möglichkeiten zu diesen Leidenschaften liegen, dass diese Leidenschaften nur ein Seelenwesen sind und keine äußere Gestalt annehmen. Das bedeutet die Höherentwicklung des Menschen. In den Tieren sehen wir unsere eigene Vergangenheit – allerdings nicht in derselben Gestalt, in der die Tiere damals waren [...]. Nehmen wir an, Leidenschaften, die Sie heute im Löwen finden, haben sich damals in der äußeren Form dieses Menschen gezeigt, in der Löwengestalt; dann hat diese Gestalt sich verhärtet, das Löwengeschlecht ist entstanden. [...]

Nun dürfen wir uns aber nicht vorstellen, dass alle diese Tiergestalten, die da um uns herum sind und gewisse Verhärtungszustände darstellen, deshalb schlimme menschliche Leidenschaften waren. Es waren notwendige Leidenschaften; der Mensch musste durch sie hindurchgehen, damit er alles, was brauchbar war, aus ihnen aufnehmen konnte in seine heutige Wesenheit.

Eine um wie vieles existenziellere und moralisch engere Bindung ergibt sich hieraus, als durch ein materialistisches Evolutionskonzept, in welchem die ganze Schöpfung nur ein Zufallsprodukt der Materie sein soll! Weiß ich um das, was die Tierwelt für uns Menschen erbracht hat, so weiß ich auch um meine Zukunftsaufgabe, nämlich den Tieren durch Liebe und Mitleid wieder auszugleichen, was sie für uns geopfert haben.

Was anfänglich vielleicht allzu anthropozentrisch wirkt, führt letztlich zu einer tief berührenden Überzeugung der Verwandtschaft von Mensch und Tier – und der damit verbunden Verantwortung des Menschen gegenüber der Schöpfung.

Nicht also der Mensch stammt vom Affen ab, sondern der Affe vom von Beginn an vorhandenen Menschenwesen – dies eine weitere pointierte und von Rudolf Steiner immer wieder vorgebrachte Konsequenz seiner Evolutionsanschauung.

Es stammt der Mensch gar nicht [...] vom Affen ab, sondern der Mensch war da, und alle Säugetiere entstanden eigentlich aus dem Menschen heraus von denjenigen Menschenformen, in denen der Mensch unvollkommen geblieben ist. So dass man vielmehr sagen kann, der Affe stammt vom Menschen ab, als der Mensch stammt vom Affen ab. Das ist nun schon so, und man muss sich über diese Dinge ganz klar sein. [...] Alles dasjenige, was an Tieren da draußen in der Welt lebt, das stammt von einem Urwesen ab, das weder Tier noch Mensch war, sondern das dazwischen liegt. Die einen sind unvollkommen geblieben, die anderen sind vollkommener geworden, sind Menschen geworden.

Wie die planetarische Evolution ausgehend vom alten Saturn (Wärme) über die alte Sonne (Licht und Luft), den alten Mond (Wasser) zur heutigen Erde (Festes) eine zunehmende Verdichtung darstellt, so auch die organismische Evolution auf dem Weg zur Menschheit. Der Makrokosmos der Schöpfung und der Mikrokosmos des Menschen gehen in ihrer Entwicklung parallel und lassen einander dadurch gegenseitig verständlich werden. Rudolf Steiner schildert, dass der begangene Weg aber keineswegs geradlinig verlief, sondern das geistige Verführermächte dafür sorgten, dass der Mensch zu schnell in die Verhärtung geriet, und mit ihm auch seine Tierbrüder. Die gesamte Natur – und mit ihr der Mensch – hätte sich nicht weiterentwickeln können, wäre nicht das Ereignis von Golgatha eingetreten.

Die Wesen des warmblütigen Tierreiches, der sich verholzenden Pflanzen, also der rinden- und holzbildenden Pflanzen, und das Menschenreich, die sind so, dass sie in der Gestalt, wie sie jetzt leben, nicht ihren Ursprung offenbaren. [...]

Wer ist an alledem schuld? [...] Der Mensch ist an alledem schuld! Und die Schuld des Menschen besteht eben in dem Erliegen der luziferischen Versuchung [...], in dem, was am Ausgangspunkt der biblischen Darstellung die Erbsünde, die Erbschuld genannt wird. [...] Der Mensch hat mit sich gezogen die Entwicklung der Pflanzen, so dass sie nicht zu Ende kommen können mit ihrer Entwicklung [...]. Der Mensch hat es dahin gebracht, dass neben den kaltblütigen Tieren noch die warmblütigen sind, das heißt solche, die mit ihm gleichen Schmerz erleiden können. Also die warmblütigen Tiere hat der Mensch mit sich hereingezogen in die Sphäre, in die er selbst sich gezogen hat dadurch, dass er der luziferischen Versuchung verfallen ist. [...]

Was würde geschehen mit der Erdenentwicklung, nachdem sie durch die Menschen heruntergesunken ist, wenn das Mysterium von Golgatha nicht einen neuen Impuls gegeben hätte? So wahr, wie eine Pflanze sich nicht fortentwickeln kann, wenn man den Fruchtknoten abreißt, so wahr hätte die Erde nicht ihre Entwicklung finden können, wenn das Mysterium von Golgatha nicht da gewesen wäre!

Was durch diese Tat des Christus erneut veranlagt wurde – die Entwicklungsfähigkeit –, muss der Mensch nun eigenständig ergreifen, damit diese Tat letztlich nicht doch noch ungeschehen bleibt. Entscheidend hierfür ist die Ausbildung einer lebendigen Naturanschauung, die nicht in einer atomistisch gedachten Materie den Ausgangspunkt und Gehalt der Natur sieht, sondern in einer geistig wesenhaften Welt. Um zu einer solchen Erkenntnisanschauung der Erdennatur zu gelangen, muss der Weg aus dem «Grab» des materialistischen Denkens herausführen hin zu einem lebendigen Denken, wie es zum Beispiel die goethesche Betrachtungsweise veranlagt hat. Rudolf Steiner hat diese Methode zur Erkenntnis von Reinkarnation und Karma weiterentwickelt. Und gerade diesbezüglich zeigt sich ein Hauptunterschied zwischen Mensch und Tier: Nur für den individuell gewordenen Menschen, für den mit einem Ich begabten Menschen kann von Reinkarnation und Karma gesprochen werden. Der Mensch kann für sich selbst Verantwortung übernehmen, für seine eigene Entwicklung, über verschiedene Menschenleben hinweg. Das kann das einzelne Tier nicht. Der Mensch kann sein Ich dem Schmerz entgegenstellen, das einzelne Tier ist diesem Schmerz hilflos ausgeliefert. Der Mensch ist mitschuldig an dem Leiden des Tieres und er kann erst dann Verantwortung für diese Schuld übernehmen, wenn er eine dem Tier gemäße Vorstellung von dessen Evolution und Wesen erwirbt.

Steiner bezieht sich in seinen Ausführungen mehrfach auf den Römerbrief des Apostel Paulus, in dem es u.a. heißt: «Rings um uns her wartet alle Kreatur mit großer Sehnsucht darauf, dass in der Menschheit die Söhne Gottes zu leuchten beginnen. Die Kreatur ist der Vergänglichkeit unterworfen, nicht um ihrer selbst willen, sondern um dessentwillen, der sie in die Vergänglichkeit mit hineingerissen hat, und so ist in ihr alles von Zukunftssehnsucht erfüllt. Denn auch durch die Kreatur soll der Atem der Freiheit hindurchgehen; die Tyrannei der Vergänglichkeit soll aufhören. Im Hellwerden der Geistsphäre wird die Unfreiheit abgelöst von der Freiheit.»

Den Tieren verdanke ich, was ich bin. Was ich den einzelnen tierischen Wesen nicht mehr geben kann, welche von einem Einzeldasein in ein Schattendasein hinuntergegangen sind, was ich sozusagen einstmals an den Tieren verschuldet habe, das muss ich jetzt an den Tieren wiedergutmachen durch die Behandlung, welche ich ihnen angedeihen lasse! [...] Eine Behandlung der Tiere wird kommen, durch welche der Mensch die Tiere, die er hinuntergestoßen hat, wieder heraufzieht.

Was hier nur in groben Zügen, skizzenhaft und konzeptionell, zusammengefasst wurde, schildert Rudolf Steiner in seinem schriftlichen und Vortragswerk in detaillierter und differenzierter Weise: von den Stufen der planetarischen Entwicklung (mit ihren Ruhepausen oder auch Pralaya-Zuständen und planetarischen Abspaltungen) bis hin zu den verschiedenen Epochen der Erdentwicklung. Dabei macht jeder der sieben planetarischen Entwicklungszustände je sieben sogenannte Runden durch. Jede Runde macht sieben sogenannte Formzustände, jeder Formzustand macht sieben Hauptzustände mit ihren zugehörigen Wurzelrassen durch. Gegenwärtig befinden wir uns im 172. Formzustand mit den aufeinanderfolgenden polarischen, hyperboräischen, lemurischen, atlantischen Zeitaltern sowie drei nachatlantischen Zeitaltern. Das erste dieser drei ist unsere heutige Welt.

Die folgende – auf das Tier bezogene – Textauswahl mag von der Differenziertheit der evolutiven Schau Steiners ein andeutendes Bild geben. Die Auswahl schreitet dabei vom Allgemeinen zum Besonderen, von der planetarischen zur Erdenevolution, von den noch unbestimmten Tiervorfahren zu den heutigen Tiergestalten.

Vom Lebendigen ins Tote

DENKEN WIR UNS EINMAL, wie es einst im Erdenwerden war. Heute wandeln wir auf einer festen Erde umher; aber das war nicht immer so. Wenn wir die Erde in ihrer Entwicklung zurückverfolgen, so finden wir, dass sie immer weicher wird, zuletzt flüssig und sogar dampfförmig. Alles, was heute Festes, Mineralisches ist, hat sich herauskristallisiert aus der einst flüssigen Erde. Damit der Mensch auf dieser Erde wandeln könne, musste sich verfestigen, was weich und flüssig war. Zum Menschendasein war notwendig, dass die Erde in ihrem mineralischen Wesen Unendliches durchgemacht hat an Schmerz, denn unendlicher Schmerz war verknüpft mit diesem Festwerden der Erdenmasse. Deshalb sagt Paulus mit Bezug auf diese Tatsache: «Alle Kreatur seufzet unter Schmerzen, der Annahme an Kindesstatt harrend.» Das heißt, es musste unter Schmerzen sich die Erde verfestigen, der Mineralgrund sich bilden, damit der Mensch in Gottes Kindschaft angenommen werden konnte. […] In einem solchen Worte: «Alle Kreatur seufzet unter Schmerzen», liegen Weltengeheimnisse verborgen.

SO WIE WIR ZURÜCKGEHEN müssen beim Leichnam auf dasjenige, was der Mensch war, bevor er gestorben ist, so müssen wir zurückgehen bei alledem, was Erde ist und unsere Umgebung, auf dasjenige, was einmal in all dem heute

Toten gelebt hat, bevor eben die Erde im Großen gestorben ist. Und ehe die Erde nicht im Großen gestorben war, konnte es keine Menschen geben. […] Die ganze Erde hat einmal gelebt, hat gedacht – alles Mögliche war sie. Und erst, als sie Leichnam wurde, konnte sie das Menschengeschlecht schaffen. […] Dasjenige, was heute festes Gestein ist, wo Pflanzen herauswachsen und so weiter, das war ursprünglich durchaus nicht so, wie es heute ist, sondern wir haben es ursprünglich zu tun mit einem lebendigen, denkenden Weltkörper […]!

Was liegt nun allem zugrunde, was irgendwie stofflich ist? Denken Sie, ich habe einen Bleiklumpen in der Hand, ein Stück Blei. Das ist fester Stoff, richtiger fester Stoff. Ja, aber wenn ich auf ein glühendes Eisen oder auf irgendetwas Glühendes, auf Feuer, dieses Blei lege, so wird es flüssig. Und wenn ich es noch weiter mit Feuer bearbeite, so verschwindet mir das ganze Blei, es verdunstet dann, ich sehe nichts mehr davon. So ist es aber bei allen Stoffen. Wovon hängt es denn ab, dass ich einen festen Stoff habe? Es hängt davon ab, welche Wärme in ihm ist. Wie er ausschaut, hängt nur davon ab, welche Wärme in einem Stoffe ist. […]

Also, was ist denn das Ursprüngliche, was macht, dass irgendetwas fest oder flüssig oder luftförmig ist? Das macht die Wärme! Und ohne dass die Wärme zunächst da ist, kann überhaupt nichts fest oder flüssig sein. Wärme muss irgendwie tätig sein. Daher können wir sagen: Dasjenige, was ursprünglich allem zugrunde liegt, ist die Wärme oder das Feuer. […]

Also, ich will annehmen einen ursprünglichen Weltenkörper, Wärme, die gelebt hat. Ich habe in meiner «Geheimwissenschaft im Umriss» diesen ursprünglichen Zustand […] so genannt, wie er vor alten Zeiten genannt worden ist: Saturnzustand. […]

Nun, das erste, was eingetreten ist mit dem, was da ein warmes Weltenwesen war, das war ja Abkühlung. Abkühlen tun sich ja die Dinge fortwährend. Und was entsteht, wenn sich irgendetwas, in dem man noch nichts unterscheiden kann als nur Wärme, abkühlt? Da entsteht Luft. Die Luft ist das Erste, was entsteht – Gasiges. Denn wenn wir einen festen Körper immer weiter erhitzen, bildet sich in der Wärme das Gas; wenn aber etwas, was noch nicht Stoff ist, von oben herunter sich abkühlt, so bildet sich zunächst die Luft. So dass wir also sagen können: Das Zweite, was sich da bildet, ist Luftiges, richtiges Luftiges. Und da drinnen, also in dem, was sich gewissermaßen als zweiter Weltenkörper gebildet hat, da ist alles aus Luft. [...]

Jetzt haben wir schon den zweiten Zustand, der sich im Laufe der Zeit gebildet hat. [...] Ich habe aber doch in meiner «Geheimwissenschaft» das Sonne genannt, eine Art Sonnenzustand, weil es ein warmer Luftnebel war. [...] So also bekommen wir einen zweiten Weltenkörper, der sich aus dem ersten heraus bildet; der Erste ist bloß warm, der Zweite ist schon luftförmig.

Nun aber, in der Wärme kann der Mensch als Seele leben. Wärme macht auf die Seele den Eindruck der Empfindung, aber sie zerstört die Seele nicht. Sie zerstört aber das Körperliche. Wenn ich also ins Feuer geworfen werde, so wird mein Körper zerstört. Meine Seele wird dadurch, dass ich ins Feuer geworfen werde, nicht zerstört. [...] Deshalb konnte auch der Mensch als Seele schon leben, als nur dieser erste Zustand, der Saturnzustand da war. Da konnte der Mensch schon leben. [...] Das Tier konnte da noch nicht leben, weil beim Tiere, wenn das Körperliche zerstört wird, das Seelische mit beeinträchtigt wird. Beim Tier hat das Feuer auf das Seelische einen Einfluss. So dass wir bei diesem ersten Zustande annehmen: Der Mensch ist schon da, das Tier noch nicht. – Als diese Umwandlung (Sonnenzustand) stattgefunden hat, waren Mensch und Tier da. Das ist eben das Merkwürdige, dass nicht eigentlich die Tiere ursprünglich da waren und der Mensch aus ihnen entstanden ist, sondern dass der Mensch ursprünglich da war und nachher die Tiere, die sich gebildet haben aus demjenigen, was nicht Mensch werden konnte. Der Mensch war natürlich nicht so als ein Zweifüßler herumgehend da, als nur Wärme da war, selbstverständlich nicht. Er lebte in der Wärme, war ein schwebendes Wesen, lebte nur im Wärmezustand. Dann, als sich das umwandelte und ein luftförmiger Wärmekörper entstand, da bildeten sich neben dem Menschen die Tiere, da traten die Tiere auf. Also die Tiere sind schon verwandt mit dem Menschen, aber sie entstehen eigentlich erst später, als der Mensch entstehen kann, im Lauf der Weltentstehung.

Was tritt jetzt weiter ein? Weiter tritt das ein, dass die Wärme noch mehr abnimmt. Und wenn die Wärme noch mehr abnimmt, dann bildet sich nicht nur Luft, sondern auch Wasser. So dass wir also einen dritten Weltenkörper haben. Ich habe ihn – aus dem Grunde, weil er ähnlich sieht unserem Mond, aber doch nicht dasselbe ist – Mond genannt. [...] Da haben wir also einen wässrigen Körper, einen richtig wässrigen Körper. Natürlich bleiben Luft und Wärme dabei, aber was da noch nicht vorhanden war beim zweiten Weltenkörper, das Wasser, das tritt jetzt auf. Und jetzt, weil Wasser auftritt, kann da sein: der Mensch, der schon früher da war, das Tier, und aus dem Wasser heraus schießen die Pflanzen auf, die ursprünglich nicht in der Erde wuchsen, sondern im Wasser wuchsen. Also da schießen heraus Mensch, Tier und Pflanze. [...]

So müssen Sie sich die ursprünglichen Pflanzen vorstellen wie die heutigen Wasserpflanzen – sie schwammen im Wasser drinnen –, wie Sie sich auch die Tiere vorstellen müssen mehr als schwimmende Tiere, und gar [...] im zweiten Zustand, mehr als fliegende Tiere.

Von allem, was ursprünglich da war, ist eben etwas zurückgeblieben. Weil ursprünglich, als der Sonnenzustand da war, als nur Mensch und Tier da war, alles nur fliegen konnte – denn es war ja nichts zum Schwimmen da, es konnte nur alles fliegen –, und weil die Luft zurückgeblieben ist, auch jetzt noch, haben diese fliegenden Wesen Nachkommen gefunden. Unser heutiges Vogelgeschlecht, das sind die Nachkommen der ursprünglichen Tiere, die da entstanden sind im Sonnenzustand. Nur waren sie dazumal nicht so wie heute. Dazumal waren sie nur aus Luft bestehend; luftartige Wolken waren diese Tiere.

Nun, schauen wir uns jetzt nicht das Vogelgeschlecht an, sondern schauen wir uns das Fischgeschlecht an. Das Vogelgeschlecht war für die Luft entstanden, das Fischgeschlecht, das ist fürs Wasser entstanden. Erst als dieser Zustand da war, den ich da den Mondenzustand nenne, erst da bildeten sich gewisse frühere luftartige Vogelwesen so um, dass sie durch das Wasser fischähnlich wurden. [...] Die Fische sind, ich möchte sagen, verwässerte Vögel, vom Wasser aufgenommene Vögel. Wir können daraus ablesen, dass die Fische später entstanden sind wie die Vögel; sie sind erst entstanden, als schon das wässrige Element da war. Die Fische entstehen also während der alten Mondenzeit.

Und jetzt werden Sie sich auch gar nicht mehr verwundern: Was überhaupt da wässrig herumschwamm während der alten Mondenzeit, das schaute alles fischähnlich aus. Die Vögel schauten ja früher auch, trotzdem sie in der Luft flogen, fischähnlich aus, nur dass sie eben leichter waren. Und alles schaute fischähnlich aus in der alten Mondenzeit.

Vom planetarischen Ursprung der Tierwelt

Der Mensch ist das älteste Geschöpf innerhalb unserer Erdenentwicklung. Erst während der Sonnenzeit ist die Tierheit dazugekommen, während der Mondenzeit die Pflanzenheit; und das mineralische Reich, wie wir es heute haben, ist eigentlich erst ein Erdenergebnis, ist erst während der Erdenentwicklung dazugekommen.

Nun wollen wir einmal den Menschen in seiner heutigen Gestalt ansehen und uns fragen: Was ist denn entwicklungsgeschichtlich am Menschen selber der älteste Teil? Das ist das menschliche Haupt. Dieses menschliche Haupt hat seine erste Anlage empfangen in der Zeit, als die Erde eben noch in der Saturnmetamorphose war. Allerdings, die Saturnmetamorphose war lediglich aus Wärmesubstanz bestehend, und das menschliche Haupt war eigentlich wallende, webende, wogende Wärme, hat dann luftförmige Form angenommen während der Sonnenzeit, hat flüssige Form angenommen, war also ein flüssig verrinnendes We sen während der Mondenzeit, und hat die feste Gestalt mit dem Knocheneinschluss erhalten während der Erdenzeit, so dass wir also sagen müssen: Ein Wesen, von dem heute allerdings mit äußeren Erkenntnissen schwer eine Vorstellung zu gewinnen ist, war vorhanden in der alten Saturnzeit, ein Wesen, dessen Nachkomme das menschliche Haupt ist. [...] Mit dieser Hauptesanlage des Menschen sind während der alten Saturnzeit die Anlagen entstanden zu dem Schmetterlingswesen. [...] So dass wir die Entwicklung von der alten Saturnzeit bis heute, bis in das Erdendasein verfolgen können und dann sagen müssen: Da bildet sich in einer feinen substanziellen Form der Menschenkopf in seiner Anlage; da bildet sich alles das, was die Luft durchschwirrt als Schmetterlingswesen. – Beide Evolutionen gehen weiter. Der Mensch verinnerlicht sich, so dass er immer mehr und mehr ein Wesen wird, welches die Offenbarung eines Seelischen ausdrückt, das von innen nach au ßen geht […]. Das Schmetterlingswesen dagegen, das ist ein Wesen, an dessen Außenseite der Kosmos, ich möchte sa gen, all seine Schönheiten ablädt. Ein Wesen ist der Schmetterling, das gewissermaßen mit seinem Flügelstaub angeflogen bekommen hat alles, was an Schönheit und Majestät im Kosmos in der Art vorhanden ist […]. Wir müssen also das Schmetterlingswesen uns so vorstellen, dass es gewissermaßen ein Spiegelbild der Schönheiten des oberen Kosmos ist. Während der Mensch in sich aufnimmt, in sich verschließt das, was oberer Kosmos ist, innerlich seelisch wird, seelisch wie die Konzentration des Kosmos, die dann nach außen ausstrahlt und sich im Menschenhaupt die Form gibt, so dass wir im Menschenhaupt etwas von innen nach außen Gebildetes haben, haben wir im Schmetterlingswesen das von außen nach innen Gebildete. […] Um deine eigenen Haupteswunder kennenzulernen, studiere die Wunder, wie der Schmetterling draußen in der Natur wird: Das ist etwa die große Lehre, welche der sehermäßigen Beobachtung der Kosmos gibt. […]

Gleichzeitig aber entsteht schon in der letzten Saturn- und in der ersten Sonnenzeit dasjenige, für das wir nun den Repräsentanten zu sehen haben im Adler. Es entsteht das Vogelgeschlecht in der ersten Sonnenzeit, und es entstehen in der zweiten Sonnenzeit die ersten Anlagen derjenigen Tiergeschlechter, welche eigentliche Brusttiere sind, wie der Löwe zum Beispiel – als Repräsentant der Löwe, aber auch andere Brusttiere. So dass die ersten Anlagen dieser Tiere zurückgehen bis in die alte Sonnenzeit. […]

Beim Menschen ist das Erste, dass sich in der Evolution das Haupt ausbildet. Das übrige werden Anhangsorgane, die sich gewissermaßen an die Hauptesbildung anhängen. Der Mensch wächst in der kosmischen Evolution von seinem Haupte aus nach unten. Der Löwe dagegen ist zum Beispiel während der alten Sonnenzeit, während des zweiten Teiles der alten Sonnenzeit ein Tier, welches zunächst als Brusttier entsteht, als kräftiges Atmungstier mit einem noch sehr kleinen, verkümmerten Kopf. Erst als die Sonne dann in späteren Zeiten von der Erde sich trennt und von außen wirkt, erst dann entsteht aus der Brust heraus der Kopf. Es wächst also der Löwe so, dass er von der Brust nach aufwärts sich entwickelt, der Mensch, indem er vom Kopf nach unten sich entwickelt. Das ist ein gewaltiger Unterschied in der Gesamtevolution.

Indem wir weiterschreiten bis zur Mondenmetamorphose der Erde [...] bildet sich die Anlage des Verdauungssystems. Während der alten Sonnenzeit, während man nur lichtdurchwelltes, lichtdurchglänztes Luftiges hat, braucht der Mensch auch zu seiner Ernährung nur einen Atmungsapparat, der nach unten abgeschlossen ist; der Mensch ist Kopf- und Atmungsorgan. Jetzt während der Mondenzeit gliedert er sich das Verdauungssystem an. Damit aber kommt der Mensch also dazu, Kopf, Brust und Unterleib zu werden. Und da alles im Monde noch wässrige Substanz ist, hat der Mensch während dieser Mondenzeit Auswüchse, die ihn schwimmend durch das Wasser tragen. Von Armen und Beinen kann erst während der Erdenzeit gesprochen werden [...].

Wiederum ist es so, dass jetzt zu den Nachkommen von Schmetterlingen, Vögeln und von solchen Geschlechtern, von denen der Löwe ein Repräsentant ist, hinzukommen diejenigen Tiere, die vorzugsweise nach der Verdauung hinneigen. Wir haben also da hinzukommend während der Mondenzeit zum Beispiel das, was wir durch die Kuh repräsentiert haben.

Aber wie ist nun im Gegensatze zum Menschen das Wachstum der Kuh? Das ist so, dass die Kuh zunächst während dieser alten Mondenzeit hauptsächlich den Verdauungsapparat ausbildet; dann, nachdem der Mond sich abgetrennt, wachsen aus dem Verdauungsapparat die Brustorgane und der eigentümlich gestaltete Kopf erst heraus. Während der Mensch beim Kopf anfängt sich zu entwickeln, dann daran schließt die Brust, die Brustmetamorphosierungen, dann daran schließt die Verdauungsorgane; während der Löwe mit den Brustorganen anfängt, den Kopf daran schließt, und mit dem Menschen zugleich die Verdauungsorgane bekommt während der Mondenzeit, haben wir bei denjenigen Tieren, deren Repräsentant die Kuh ist, als erste Anlage zunächst die Verdauungsorgane, und dann, aus diesen weiterwachsend, haben wir Brust- und Kopforgane gebildet. Also Sie sehen, der Mensch wächst vom Kopf nach unten, der Löwe von der Brust nach oben und unten; die Kuh wächst von den Verdauungsorganen ganz in die Brust und in den Kopf erst hinein, wächst sozusagen, wenn wir es mit dem Menschen vergleichen, ganz nach aufwärts, wächst gegen Herz und Kopf zu.

Das Leben auf dem alten Mond

Ihre Vergangenheit beziehungsweise ihr Werdegang begegnet uns auch heute noch in den Tieren: In ihrem jeweiligen Charakter spiegelt sich ihre Entwicklung. Wer das Seelenwesen des Tieres verstehen will, muss unvermeidbar auch dessen Evolution einbeziehen (siehe hierzu Kapitel III). Das gilt auch für die Beziehung der Organismen untereinander (siehe Kapitel V). Wenn Rudolf Steiner ausführt, dass das Verhältnis zwischen Pflanze und Tier nur aus ihrem Wesen heraus, «naturintim», zu verstehen ist, so zeigen sich in den folgenden Darstellungen die evolutiven Hintergründe dieser engen Verflechtung. Hierbei fällt auf, dass Steiner immer wieder von Mischformen berichtet, von Wesen, die etwa halb Mineral, halb Pflanze oder auch halb Pflanze, halb Tier waren. Das kann unseren Blick zum Beispiel auf heutige Meeresorganismen wie Polypen, Korallen, Medusen etc. lenken, deren Anmutung zwischen Pflanze und Tier changiert. Und wenn Steiner von Tieren spricht, deren Gliedmaßen halb Flosse, halb Arm waren, um sich in einem eher schlammigen Medium bewegen zu können, so erinnert das zum Beispiel an den Quastenflosser, der wohl nicht von ungefähr gerne als rezentes Fossil beschrieben wird (wenn auch die Ausmaße der damaligen Tiere unvergleichlich größer gewesen sein müssen). Was uns als Betrachter im Ernstnehmen solcher Anmutungen widerfährt, gleicht wohl einer Art (meist unbewusster) Zeitreise in frühere Erden- oder planetarische Zustände. Auf dem alten Mond finden sich laut Rudolf Steiner solche Mischwesen; er ist eine Abspaltung des damaligen Sonnenkörpers. Zusammen mit dem Monde treten zugleich alle die Wesen, deren Entwicklung nun beschrieben wird, aus der Sonne heraus.

Wenn nun der Mensch, wie er sich auf der Sonne entwickelt hat, Pflanzenmensch genannt wurde, so kann derjenige des Mondes Tiermensch genannt werden. Dass sich ein solcher entwickeln kann, setzt voraus, dass auch die Umwelt sich ändert. Es ist gezeigt worden, dass sich der Pflanzenmensch der Sonne nur entwickeln konnte dadurch, dass neben dem Reiche dieses Pflanzenmenschen sich ein Mineralreich als selbständig entfaltete. Während der beiden ersten Mondenzeitalter […] treten nun diese beiden früheren Reiche, Pflanzenreich und Mineralreich, wieder aus dem Dunkel hervor. Sie zeigen sich nur darin verändert, dass sowohl das eine wie das andere etwas derber, dichter geworden ist. Während des dritten Mondenzeitalters spaltet sich nun aus dem Pflanzenreich ein Teil ab. Er macht den Uebergang in die Derbheit nicht mit. Dadurch liefert er den Stoff, aus dem die tierische Wesenheit des Menschen sich bilden kann. Eben diese tierische Wesenheit gibt in ihrer Verbindung mit dem höher gebildeten Ätherleib und dem neuentstandenen Astralleib die [...] dreifache Wesenheit des Menschen.

Es kann sich nicht die ganze Pflanzenwelt, die sich auf der Sonne herausgebildet hat, zur Tierheit entfalten. Denn tierische Wesen setzen zu ihrem Dasein die Pflanze voraus. Eine Pflanzenwelt ist die Grundlage einer tierischen. Wie der Sonnenmensch sich nur zur Pflanze erheben konnte dadurch, dass er einen Teil seiner Genossen in ein derberes Mineralreich hinunterstieß, so ist es jetzt beim Mond-Tiermenschen der Fall. Er lässt einen Teil der Wesen, die noch auf der Sonne mit ihm gleicher pflanzlicher Natur waren, auf der Stufe der derberen Pflanzlichkeit zurück. So wie nun aber der Mond-Tiermensch nicht ist wie das gegenwärtige Tier, sondern zwischen jetzigem Tier und jetzigem Menschen mittendrinnen steht, so ist das Mondmineral zwischen dem gegenwärtigen Mineral und der gegenwärtigen Pflanze. Es hat etwas Pflanzliches. Die Mondfelsen sind nicht Steine in dem heutigen Sinne, sie tragen einen belebten, sprossenden, wachsenden Charakter. Ebenso ist die Mondpflanze mit einem gewissen Charakter der Tierheit behaftet.

Der Mond-Tiermensch hat noch nicht feste Knochen. Sein Gerüste ist noch knorpelartig. Seine ganze Natur ist gegenüber der jetzigen weich. Demgemäß ist auch seine Beweglichkeit noch eine andere. [...] Wie aber in der Welt alles in Übergangsstufen vorhanden ist, so bildete sich auch schon in den letzten Mondzeiträumen bei einzelnen Tiermenschenwesen die Zweigeschlechtlichkeit aus als Vorbereitung für den späteren Zustand auf der Erde.

Austritt der Sonne

Es soll nunmehr die Akasha-Chronik zurückverfolgt werden bis in die urferne Vergangenheit, in welcher die gegenwärtige Erde ihren Anfang genommen hat. [...] Man hat es [...] in dem Zeitpunkt, von dem hier gesprochen werden soll, mit einer Art von Erdenkeim zu tun. Dieser hat in sich die Kräfte enthalten, welche zu der heutigen Erde führten. Diese Kräfte sind durch die früheren Zustände erworben worden.

Nun folgt ein wichtiges kosmisches Ereignis. Die Sonne scheidet sich aus. Es gehen damit gewisse Kräfte aus der Erde einfach fort. Diese Kräfte sind zusammengesetzt aus einem Teil dessen, was im Lebensäther, chemischen und Lichtäther bisher auf der Erde vorhanden war. Diese Kräfte wurden damit aus der bisherigen Erde gleichsam herausgezogen. Eine radikale Änderung ging dadurch mit allen Gruppen der Erdenwesen vor sich, die in sich diese Kräfte vorher enthalten hatten. Sie erlitten eine Umbildung. Das, was oben Pflanzenwesen genannt wurde, erlitt zunächst eine solche Umbildung. Ein Teil ihrer Lichtätherkräfte wurde ihnen entzogen. Sie konnten dann sich als Lebewesen nur entfalten, wenn die ihnen entzogene Kraft des Lichtes von außen auf sie wirkte. So kamen die Pflanzen unter die Einwirkung des Sonnenlichtes. – Ein Ähnliches trat auch für die Menschenleiber ein. Auch ihr Lichtäther musste fortan mit dem Sonnenlichtäther zusammenwirken, um lebensfähig zu sein. – Es wurden aber nicht nur diejenigen Wesen betroffen, welche unmittelbar Lichtäther verloren, sondern auch die anderen. Denn in der Welt wirkt alles zusammen. Auch die Tierformen, die nicht selbst Lichtäther enthielten, wurden ja früher von ihren Mitwesen auf der Erde bestrahlt und entwickelten sich unter dieser Bestrahlung. Auch sie kamen jetzt unmittelbar unter die Einwirkung der außen stehenden Sonne. – Der Menschenleib aber im Besonderen entwickelte Organe, die für das Sonnenlicht empfänglich waren: die ersten Anlagen der Menschenaugen.

Für die Erde war die Folge des Heraustretens der Sonne eine weitere stoffliche Verdichtung. Es bildete sich fester Stoff aus dem flüssigen heraus; ebenso schied sich der Lichtäther in eine andere Lichtätherart und in einen Äther, der den Körpern das Vermögen gibt, zu erwärmen. Damit wurde die Erde eine Wesenheit, die Wärme in sich entwickelte. Alle ihre Wesen kamen unter den Einfluss der Wärme. Wieder musste im Astralischen ein ähnlicher Vorgang stattfinden wie früher; die einen Wesen bildeten sich höher auf Kosten von anderen. Es schied sich ein Teil von Wesen aus, der geeignet war, die derbe, feste Stofflichkeit zu bearbeiten. Und damit war für die Erde das feste Knochengerüst des *mineralischen Reiches* entstanden. Zunächst wa ren alle höheren Naturreiche noch nicht auf diese feste mineralische Knochenmasse wirksam. Man hat daher auf der Erde ein Mineralreich, das hart ist, ein Pflanzenreich, das als dichteste Stofflichkeit Wasser und Luft hat. In diesem Reiche hatte sich nämlich durch die geschilderten Vorgänge der Luftleib selbst zu einem Wasserleib verdichtet. Daneben bestanden Tiere in den mannigfaltigsten Formen, solche mit Wasser- und solche mit Luftleibern. Der Menschenleib selbst war einem Verdichtungsprozess anheimgefallen. Er hatte seine dichteste Leiblichkeit bis zur Wässerigkeit verdichtet. Dieser sein Wasserleib war durchzogen von dem entstandenen Wärmeäther. Das gab seinem Leib eine Stofflichkeit, die man etwa gasartig nennen könnte [...]. Der Mensch war in diesem Leibe von Feuernebel verkörpert.

Damit ist die Betrachtung der Akasha-Chronik bis dicht vor jene kosmische Katastrophe vorgeschritten, welche durch den Austritt des Mondes von der Erde bewirkt worden ist.

Die Schlammerde

NUN, WENN WIR UNS eine Vorstellung bilden wollen, was für Wesen dazumal gelebt haben, dann müssen wir zuerst diejenigen Wesen aufsuchen, welche in dem dicklichen Wasser [des vormaligen Mondes] gelebt haben. [...] Die Wesen, die darinnen waren, die konnten nicht schwimmen, wie die heutigen Fische schwimmen, weil eben das Wasser zu dick war; aber sie konnten auch nicht gehen, denn gehen muss man auf einem festen Boden. Und so können Sie sich vorstellen, dass diese Wesen eine Organisation hatten, einen Körperbau hatten, der zwischen dem, was man braucht zum Schwimmen: Flossen, und dem, was man braucht zum Gehen: Füße, mitten drinnen liegt. Sehen Sie, wenn Sie Flossen haben [...], die haben solche stachelige, ganz dünne Knochen, und dasjenige, was dazwischen ist an Fleischmasse, das ist vertrocknet. So dass wir eine Flosse haben mit fast gar keiner Fleischmasse daran, mit stacheligen, zu Stacheln umgebildeten Knochen – das ist eine Flosse. Gliedmaßen, die dazu dienen, auf Festem sich fortzubewegen, also zu gehen oder zu kriechen, die lassen die Knochen ins Innere zurücktreten und die Fleischmasse bedeckt sie äußerlich. So dass wir solche Gliedmaßen eben so auffassen können, dass sie Fleischmasse außen haben, die Knochen nur im Inneren; da ist die Fleischmasse das Hauptsächlichste. Das [Letztere] gehört zum Gehen, das [Erstere] gehört zum Schwimmen. Aber weder Ge hen noch Schwimmen gab es dazumal, sondern etwas, was dazwischen liegt. [...] Wenn Sie heute noch manche Schwimmtiere anschauen, mit der Schwimmhaut zwischen den Knochen, dann ist das der letzte Rest dessen, was einstmals in höchstem Maße vorhanden war. Da waren Tiere vorhanden, welche ihre Gliedmaßen eben so ausstreckten, dass sie mit der Fleischmasse, die da ausgespannt war, getragen wurden von der dicklichen Flüssigkeit. Und sie hatten schon Gelenke an den Gliedern – nicht so wie die Fische heute, wo man keine Gelenke sieht –, sie hatten Gelenke. Dadurch konnten sie ihr halbes Schwimmen und ihr halbes Gehen dirigieren. [...]

Diese Tiere waren ganz darauf veranlagt, den Körper so auszubilden, dass diese Riesengliedmaßen entstehen konnten. Alles Übrige war schwach ausgebildet bei diesen Tieren. Sehen Sie, dasjenige, was heute noch vorhanden ist an Kröten oder an solchen Tieren, die im Sumpfigen, also Dicklich-Flüssigen schwimmen, wenn Sie das nehmen, so haben Sie eben schwache, verkümmerte zaghafte Nachbildungen von Riesentieren, die einmal gelebt haben, die plump waren, aber verkleinerte Köpfe hatten wie die Schildkröte.

Und in der verdicklichten Luft lebten andere Tiere. Unsere heutigen Vögel haben ja dasjenige annehmen müssen, was sie brauchen, weil sie eben in der dünnen Luft leben; daher mussten sie schon etwas von Lungen ausbilden. Aber die Tiere, die dazumal lebten in der Luft, die hatten keine Lungen, denn in dieser verdicklichten, schwefeligen Luft ging es nicht, mit Lungen zu atmen. Aber sie nahmen doch diese Luft auf, und sie nahmen sie so auf, dass es eine Art von Essen war. Diese Tiere konnten nicht in der heutigen Weise essen, denn es wäre ihnen alles im Magen liegengeblieben. Es war ja auch nichts Festes da zum Essen. Sie nahmen alles das, was sie aufnahmen an Nahrung, aus der verdicklichten Luft auf. Aber wo hinein nahmen sie es auf? Sehen Sie, sie nahmen es auf in dasjenige, was sich in ihnen wieder besonders ausgebildet hat.

Nun, diese Fleischmasse, die da vorhanden war an diesen Schwimmtieren dazumal, an diesen, ich möchte sagen, Gleittieren – denn es war ja nicht ein Gehen, war ja nicht ein Schwimmen –, diese Fleischmasse, die konnten wieder die damaligen Lufttiere nicht brauchen, weil sie ja nicht in der verdicklichten Flüssigkeit schwimmen, sondern in der

Luft sich selber tragen sollten. Dieser Umstand, dass sie sich in der Luft selber tragen sollten, der bewirkte da bei diesen Tieren, dass diese Fleischmasse, die sich bei den gleitenden, halb schwimmenden Tieren entwickelte, sich anpasste den Schwefelverhältnissen der Luft. Der Schwefel vertrocknete diese Fleischmasse und machte sie zu dem, was Sie heute an den Federn sehen. An den Federn ist diese vertrocknete Fleischmasse; es ist ja auch vertrocknetes Gewebe. Aber mit diesem vertrockneten Gewebe konnten diese Tiere wiederum diejenigen Gliedmaßen bilden, die sie brauchten. Es waren nun auch nicht im heutigen Sinne Flügel, aber die trugen sie in dieser Luft; sie waren schon flügelähnlich, aber nicht ganz so wie heutige Flügel. Vor allen Dingen waren sie in einem sehr, sehr voneinander verschieden. Sehen Sie, heute ist ja nur etwas noch zurückgeblieben von dem, was dazumal diese merkwürdigen, flügelähnlichen Gebilde hatten: Heute ist nur zurückgeblieben das Mausern, wo die Vögel ihre Federn verlieren. Diese Gebilde also, die noch nicht Federn waren, aber die mehr die vertrockneten Gewebe ausbildeten, mit denen dann diese Tiere sich in der verdicklichten Luft erhielten – diese Gebilde waren eigentlich halb Atmungsorgane, halb Organe zur Aufnahme der Nahrungsmittel. Es wurde dasjenige, was in der Luftumgebung war, aufgenommen. Und so war ein jedes solches Organ, namentlich diejenigen Organe, die nicht zum Fliegen benutzt wurden, die aber auch da waren in ihren Ansätzen, wie der Vogel am ganzen Leib Federn hat. Diese Flügel waren zur Aufnahme der Luft und zum Abscheiden der Luft da. Heute ist davon nur das Mausern zurückgeblieben. Dazumal wurde aber damit genährt, das heißt, der Vogel plusterte sein Gewebe auf mit dem, was er hereinsog von der Luft, und dann wiederum gab er das von sich, was er nicht mehr brauchte, so dass ein solcher Vogel schon ein sehr merkwürdiges Gebilde war.

Sehen Sie, in der damaligen Zeit lebten da unten diese furchtbar plumpen Wassertiere – die heutigen Schildkröten sind schon die reinsten Prinzen dagegen; diese Tiere da unten, die waren im flüssigen Element. Da oben waren diese merkwürdigen Tiere. Und während sich die heutigen Vögel da oben in der Luft manchmal unanständig benehmen – was wir ihnen schon übelnehmen, nicht wahr –, haben diese vogelartigen Tiere fortwährend abgeschieden. Und dasjenige, was von ihnen kam, regnete herunter. Besonders in gewissen Zeiten regnete es herunter. Aber die Tiere, die unten waren, die hatten ja noch nicht diese Gewohnheiten, die wir haben; wir sind gleich schrecklich ungehalten, wenn einmal ein Vogel sich etwas unanständig benimmt. So waren diese Tiere, die da unten in dem flüssigen Element waren, nicht; sondern die sogen wiederum auf – in ihren eigenen Körper sogen sie auf dasjenige, was da herunterfiel. Und das war aber zugleich die Befruchtung dazumal. Dadurch konnten diese Tiere, die da entstanden waren, überhaupt nur weiterleben, dass sie das aufnahmen; nur dadurch konnten sie weiterleben. Und wir haben dazumal nicht so ausgesprochen ein Hervorgehen des einen Tieres aus dem anderen gehabt wie jetzt, sondern man möchte sagen, dazumal war es noch so, dass eigentlich diese Tiere lange lebten; sie bildeten sich immer wiederum neu. Es war so ein Weltenmausern, möchte ich sagen; sie verjüngten sich immer wiederum, diese Tiere da unten. Dagegen die Tiere, die oben waren, die wiederum waren darauf angewiesen, dass zu ihnen dasjenige kam, was die Tiere unten entwickelten, und dadurch wurden diese wiederum befruchtet. So dass die Fortpflanzung dazumal etwas war, was im ganzen Erdenkörper vor sich ging. Die obere Welt befruchtete die untere, die untere Welt befruchtete die obere. Es war überhaupt ein ganzer belebter Körper. Und ich möchte sagen: Dasjenige, was da an solchen Tieren da unten und an Tieren da oben war, war wie die

Maden in einem Körper drinnen, wo auch der ganze Körper lebendig ist und die Maden darinnen auch lebendig sind. Es war also ein Leben und die einzelnen Wesen, die drinnen lebten, lebten in einem ganzen lebendigen Körper drinnen.

Es ist aus dem alten Mondenzustand der Erde der heutige Erdenzustand entstanden. Damit ist das Mineralreich entstanden. Und jetzt haben sich alle Formen ändern müssen. Denn jetzt ist eben gerade dadurch, dass der Mond herausgetreten ist, die Luft weniger schwefelhaltig geworden, hat sich immer mehr und mehr genähert dem heutigen Zustand in der Erde selber. [...]

Nun, sehen Sie, es setzte sich also von diesem Zeitpunkt an, wo der Mond hinausging, aus der damaligen dicklichen Flüssigkeit immer mehr und mehr das heutige Mineralreich ab. Da wirkte insbesondere ein Stoff, der in diesen alten Zeiten riesig stark vorhanden war, ein Stoff, der aus Kiesel und Sauerstoff besteht und den man Kieselsäure nennt. [...] Das ist nämlich der Quarz, den Sie im Hochgebirge finden; denn der Quarz ist Kieselsäure. [...]

Aber dieser Quarz, der heute so dick ist, dass Sie ihn nicht mit dem Stahlmesser ritzen können, dass Sie sich schon ordentliche Löcher schlagen, wenn Sie sich ihn an den Kopf schlagen, dieser Quarz war dazumal in jenen alten Zeiten ganz aufgelöst – entweder aufgelöst dadrinnen in der dicklichen Flüssigkeit oder in den halbfeinen Partien in der Umgebung, in der verdicklichten Luft aufgelöst. Und man kann schon sagen: Neben dem Schwefel waren riesige Mengen von solchem aufgelöstem Quarz in der verdicklichten Luft, welche die damalige Erde hatte. Sie können eine Vorstellung davon bekommen, wie stark dazumal der Einfluss dieser aufgelösten Kieselsäure gewesen ist, wenn Sie heute betrachten, wie eigentlich die Erde noch immer zusammengesetzt ist [...]. Die Hälfte von all dem, was uns umgibt und was wir brauchen, fast die Hälfte ist Kiesel!

Und diese Kieselsäure wurde ja dazumal, als die Erde in diesem alten Zustande war, noch nicht geatmet, sondern sie wurde aufgenommen, aufgesogen. Namentlich diese vogelartigen Tiere nahmen diese Kieselsäure auf. Neben dem Schwefel nahmen sie diese Kieselsäure auf. Und die Folge davon war, dass diese Tiere eigentlich fast ganz Sinnesorgan wurden. So wie wir unsere Sinnesorgane der Kieselsäure verdanken, so verdankte dazumal überhaupt die Erde ihr vogelartiges Geschlecht dem Wirken der Kieselsäure, die überall war. Und weil die Kieselsäure an diese anderen Tiere mit den plumpen Gliedmaßen, während sie so hinglitten in der dicklichen Flüssigkeit, weniger herankam, wurden diese Tiere vorzugsweise Magen- und Verdauungstiere. Da oben waren also dazumal furchtbar nervöse Tiere, die alles wahrnehmen konnten, die eine feine, nervöse Empfindung hatten. Diese Urvögel waren ja furchtbar nervös. Dagegen was unten in der dicklichen Flüssigkeit war, das war von einer riesigen Klugheit, aber auch von einem riesigen Phlegmatismus; die spürten gar nichts davon. Das waren bloße Nahrungstiere, waren eigentlich nur ein Bauch mit plumpen Gliedmaßen. Die Vögel oben waren fein organisiert, waren fast ganz Sinnesorgan. Und wirklich Sinnesorgane, die es machten, dass die Erde selber nicht nur wie belebt war, sondern alles empfand durch diese Sinnesorgane, die herumflogen, die die damaligen Vorläufer der Vögel waren.

Ich erzähle Ihnen das, damit Sie sehen, wie ganz anders alles einmal auf der Erde ausgesehen hat. Also alles das, was da aufgelöst war, hat sich dann in dem festen mineralischen Gebirge, in den Felsmassen abgeschieden, bildete eine Art von Knochengerüst. Damit war aber auch für den Menschen und für die Tiere erst die Möglichkeit gegeben, feste Knochen zu bilden. Denn wenn sich draußen das

Knochengerüst der Erde bildete, bildeten sich im Inneren der höheren Tiere und des Menschen die Knochen. [...] Es gab noch nicht solche feste Knochen, wie wir sie heute haben, sondern das alles waren biegsame, hornartige, knorpelige Dinge, wie es heute beim Fisch nur noch zurückgeblieben ist. [...]

So dass wir sagen können: In unseren heutigen Vögeln haben wir die für die Luft umgewandelten Nachfolger dieses vogelartigen Geschlechtes, das da oben in der schwefelhaltigen und kieselsäurehaltigen dicklichen Luft war. Und in all demjenigen, was wir heute haben in den Amphibien, in den Kriechtieren, in all dem, was Frösche- und Krötengezücht ist, aber auch in all dem, was Chamäleons, Schlangen und so weiter sind, haben wir die Nachkommen desjenigen, was dazumal in der dicklichen Flüssigkeit schwamm. Und die höheren Säugetiere und der Mensch in seiner heutigen Gestalt, die kamen ja erst später dazu.

Nach der Mondentrennung

Als die Erde nach der Trennung vom heutigen Mond selbständig geworden war, da war sie von einer merkwürdigen Atmosphäre umgeben, die man als Feuerluft bezeichnen könnte. Dadurch, dass sich die Erde von der Atmosphäre, die mit dem Mond fortgegangen war, befreit hatte, wurden die Wesen fähig, gewisse höhere Stufen zu erreichen. Innerhalb dieser Atmosphäre hatten die vorgeschrittensten Tiermenschen eine höhere Stufe erreicht, als sie auf dem Monde hatten, aber nur jene, welche später zu Menschen geworden sind. Eine große Anzahl dieser Tiermenschen blieb auf der Mondstufe stehen. Und die Folge davon war, dass sie nicht bloß stehenblieben, sondern, weil jetzt ganz neue Verhältnisse eintraten – denn es konnte nur auf dem Monde noch Tiermenschen geben –, sanken sie um eine halbe Stufe herunter und wurden Tiere, die es damals auf dem Monde noch nicht gegeben hat. So haben wir zwei Reiche: Menschen und das zurückgebliebene Tiermenschenreich, das allmählich heruntersank zu Tieren.

Ebenso war es mit den Pflanzentieren. Eine gewisse Anzahl hatte sich höher entwickelt, zu Tieren; andere sind stehengeblieben und wurden Pflanzen. Und das Pflanzenmineralreich hat sich eben so verteilt, dass einige zu schweren Mineralien geworden sind und andere sich zu Pflanzen hinaufentwickelt haben. Es ist nicht alles nach einem Maßstabe entstanden; was wir heute als Tiere kennen, ist zum Beispiel zum Teil so entstanden, dass die Menschentiere sich hinunterentwickelt, und zum Teil so, dass die Pflanzentiere sich hinaufentwickelt haben. Ebenso haben wir im Pflanzenreich nebeneinander Pflanzenmineralien im Aufstieg und Pflanzentiere im Abstieg. Die Pflanzen, die heute vorzugsweise unsere ästhetische Pflanzendecke bilden, sind jene, die entstanden sind durch Hinaufentwicklung der Pflanzenmineralien des Mondes, das Veilchen zum Beispiel. Dagegen ist alles, was uns wie moderig anklingt, in absteigender Entwicklung, während unsere grünen Laubpflanzen in der Zukunft höhere Stufen erreichen werden.

Damals konnte noch nicht die Rede sein von einer Anlage zum Ich. Der Mensch war noch in Bezug auf alles, was er tat, unter der Leitung höherer geistiger Mächte. Wir können ihn etwa vergleichen mit dem heutigen Tiere. […] Der Mensch der damaligen Zeit hatte noch eine Art Gruppenseele, die noch im Schoße der Gottheit lagerte. So dass wir uns klar sein müssen: Was heute in uns lebt, gab es auch damals schon, aber nicht im Menschenkörper drinnen. Der Mensch hat seinen Ursprung in zwei Strömungen: Was vom Mond herübergekommen war und sich weiter ausgebildet hatte, war der Tiermensch da unten; aber was heute in Ihnen lebt als einzelne Seele, das war oben, bei der Gottheit, nur Ihr Leib war unten, im Urmeer. Später haben sich die beiden vereinigt [...]

Je mehr der Mensch ein Lungenatmer wurde, desto mehr wurde er fähig, die Seele aufzunehmen. Das können Sie nicht besser ausdrücken als mit den Worten: Und Gott hauchte dem Menschen den Odem ein, und er ward eine individuelle Seele. – Damit wird der Mensch zu gleicher Zeit fähig, etwas auszubilden, was er früher niemals hätte bilden können: Er wird fähig, rotes Blut zu bilden. Früher waren alle Menschen so veranlagt, dieselbe Temperatur zu haben wie ihre Umgebung; waren sie mehr von Wärme umgeben, so waren sie dieser Wärme angemessen. Früher gab es überhaupt noch kein rotes Blut; die Tiere, die über den Amphibien stehen, sind in noch viel späterer Zeit zurückgebliebene Menschenkörper. Erst nach der Zeit, wo der Mensch sich zu einem Bildner von rotem Blut entwickelt hat, haben sich auch Tiere entwickelt zu solchen, die rotes Blut haben. Ebenso wenig wie sich jemals eine Pflanze aus einem Stein entwickelt hat, sondern wie sich der Stein aus der Pflanze bildete, so hatte sich das Tier aus dem Menschen herausentwickelt. Alles Niedere hat sich aus dem Höheren herausentwickelt; das ist die Evolutionslehre. Erst musste sich der Mensch zu einem rotblütigen Wesen umwandeln, dann konnte er die Tiere zurücklassen.

Im Okkultismus werden die Tiere nicht bloß in der gewöhnlichen Art unterschieden, sondern wir nennen noch ein anderes Merkmal. Wir unterscheiden sie in innerlich tönende, solche, die eigenen Schmerz und Freude in Tönen zum Ausdruck bringen können, und in nichttönende. Wenn Sie heruntergehen zu niedereren Tieren, hören Sie zwar auch Töne, doch sind es nur äußerliche, die auf Aneinanderreiben von Organen oder auf äußerliche klimatische Einflüsse zurückzuführen sind; das Äußere tönt bei ihnen. Erst die Tiere, die sich damals abgezweigt haben, als der Mensch sich zu einem warmblütigen Wesen entwickelt hat, waren so, dass sie selbst ihren Schmerz und ihre Freude heraustönen konnten. [...]

Immer mehr wird der Mensch jetzt aus einem in der waagrechten Haltung gehenden Wesen zu einem aufrecht gehenden. Er wendet sich so um, dass seine vorderen Gliedmaßen Arbeitsorgane werden, und nur seine andern der Fortbewegung dienen. Das hängt beides zusammen. Kein Wesen, das nicht einen tönenden Kehlkopf und einen aufrechten Gang hat, kann ein Ich-Wesen sein.

Die Tiere haben die Anlagen dazu gehabt, aber sie sind zurückgegangen. Daher haben sie sich nicht umwandeln können zu solchen Wesen, die eine Sprache haben, denn sie ist geknüpft an einen aufrechten Kehlkopf. Wir können das an einer ganz groben Tatsache ermessen. Gewiss ist mancher Hund gelehriger als ein Papagei; aber der Papagei lernt mehr, weil sein Kehlkopf mehr aufrecht liegt. Papageien und Stare lernen etwas sprechen, weil sie einen aufrechten Kehlkopf haben.

Das Leben auf der Erde

Wenn nun aus dem Schlafzustand alles wieder hervortritt, so muss zunächst im Wesentlichen während eines ersten kleinen [Erden-]Kreislaufes der Saturnzustand wiederholt werden, während eines zweiten der Sonnenzustand und während eines dritten der Mondkreislauf. Während dieses dritten Kreislaufes nehmen auf dem abermals von der Sonne abgespaltenen Mond die Wesen ungefähr wieder dieselben Daseinsarten an, wie sie sie schon auf dem Monde gehabt haben. Der niedere Mensch ist da ein Mittelwesen zwischen dem heutigen Menschen und dem Tiere, die Pflanzen stehen zwischen der heutigen Tier- und Pflanzennatur mitten drinnen, und die Mineralien tragen nur erst halb den heutigen leblosen Charakter, zum anderen Teile sind sie noch halbe Pflanzen.

Während der zweiten Hälfte dieses dritten [Erden-] Kreislaufes bereitet sich nun schon etwas anderes vor. Die Mineralien verhärten sich, die Pflanzen verlieren allmählich den tierischen Charakter der Empfindlichkeit; und aus der einheitlichen Tiermenschenart entwickeln sich zwei Klassen. Die eine bleibt auf der Stufe der Tierheit zurück, die andere dagegen erleidet eine Zweiteilung des Astralkörpers. Dieser spaltet sich in einen niederen Teil, der auch weiterhin der Träger bleibt für die Affekte, und in einen höheren Teil, der eine gewisse Selbständigkeit erlangt, so dass er eine Art Herrschaft auszuüben vermag über die niederen Glieder, über den physischen Leib, den Ätherleib und den niederen Astralleib. [...]

Nachdem das alles geschehen ist, verschmelzen alle Wesenheiten – auch Sonne und Mond selbst – gegen das Ende des dritten Erdenkreislaufes wieder und gehen dann durch einen kürzeren Schlafzustand (kleines Pralaya) hindurch. Da ist wieder alles eine unterschiedlose Masse (ein Chaos); und am Ende desselben beginnt der vierte Erdenkreislauf, in dem wir uns gegenwärtig befinden.

Zunächst beginnt alles, was schon vorher im Mineral-, Pflanzen-, Tier- und Menschenreich wesenartig war, in Keimzuständen sich herauszusondern aus der unterschiedlosen Masse. Zunächst können als *selbständige* Keime nur die Menschenvorfahren wieder erscheinen [...]. Alle anderen Wesen des Mineral-, Pflanzen- und Tierreiches führen hier noch kein selbständiges Dasein. [...]

Nun findet stufenweise eine Art Verdichtung mit allem statt. Diese Dichtigkeit ist auf der nächsten Stufe aber erst eine solche, die nicht über die Dichtigkeit der Gedanken hinausgeht. Nur können auf derselben schon die im vorhergehenden Kreislauf entstandenen Tierwesen hervortreten. [...] Der Mensch schreitet da insofern weiter, als sein vorher gestaltloser selbständiger Gedankenleib [...] mit einem Leibe aus gröberem gestalteten Gedankenstoff umkleidet wird. Die Tiere bestehen hier als selbständige Wesen überhaupt nur aus diesem Stoff.

Nun geht eine weitere Verdichtung vor sich. Der Zustand, der jetzt erreicht wird, ist mit demjenigen zu vergleichen, aus dem die Vorstellungen des traumartigen Bilderbewusstseins gewoben sind. Man nennt diese Stufe die «astrale». – Der Menschenvorfahr schreitet wieder vor. Sein Wesen erhält zu den beiden übrigen Bestandteilen noch einen Leib, der aus dem gekennzeichneten Stoff besteht. Er hat somit jetzt den inneren gestaltlosen Wesenskern, einen Gedankenkörper und einen astralen Leib. Die Tiere erhalten einen ebensolchen astralen Leib; und die Pflanzen lösen sich aus dem Bewusstsein der Geister des Zwielichtes heraus als selbständige astrale Wesenheiten.

Der weitere Fortschritt der Entwickelung besteht darin, dass die Verdichtung bis zu dem Zustande fortschreitet, welchen man den physischen nennt. Zunächst hat man es mit dem allerfeinsten physischen Zustand zu tun, mit dem des feinsten Äthers. Der Menschenvorfahr erhält [...] zu seinen früheren Bestandteilen noch den feinsten Ätherleib. Er besteht somit aus einem gestaltlosen Gedankenkern, einem gestalteten Gedankenleib, einem Astralleib und einem Ätherleib. Die Tiere haben einen gestalteten Gedankenleib, einen Astral- und einen Ätherleib; die Pflanzen haben Astral- und Ätherleib; die Mineralien treten hier zuerst als selbständige Äthergestalten hervor. Man hat es also auf dieser Stufe der Entwickelung mit *vier* Reichen zu tun: einem Mineral-, Pflanzen-, Tier- und Menschenreich. [...]

Man hat sich also von der Erde, da, wo sie als ein feiner ätherischer Körper sich aus ihrem astralen Vorgänger verdichtet, vorzustellen, dass sie ein Konglomerat ist aus einer ätherischen mineralischen Grundmasse, aus ätherischen Pflanzen-, Tier- und Menschenwesen. Gleichsam die Zwischenräume ausfüllend und auch die anderen Wesen durchflutend, sind dann die Geschöpfe der drei Elementarreiche vorhanden. [...] Dabei ist zu berücksichtigen, dass mit der Erde noch völlig vereinigt ist, was jetzt als Sonne und Mond von ihr abgetrennt ist. Beide Himmelskörper trennen sich erst später von der Erde ab. [...] Damit ist der Bildungsweg der Erde bis zum Beginne ihres physischen Zustandes verfolgt.

Lemurien

Noch viel dichter als später in atlantischen Zeiten [war in der lemurischen Epoche] die Luft, noch viel dünner das Wasser. Und auch das, was heute unsere feste Erdkruste bildet, war noch nicht so verhärtet wie später. Die Pflanzen- und die Tierwelt waren erst vorgeschritten bis zur Amphibien-, Vogelwelt und den niederen Säugetieren, ferner bis zu Gewächsen, die Ähnlichkeit haben mit unseren Palmen und ähnlichen Bäumen. Doch waren alle Formen anders als heute. Was jetzt nur in kleinen Gestalten vorkommt, war damals riesig entwickelt. Unsere kleinen Farne waren damals Bäume und bildeten mächtige Wälder. Die gegenwärtigen höheren Säugetiere gab es nicht. Dagegen war ein großer Teil der Menschheit auf so niedriger Entwickelung, dass man ihn durchaus als tierisch bezeichnen muss. Überhaupt gilt nur von einem kleinen Teil der Menschen das, was hier von ihnen beschrieben ist. Der andere Teil lebte ein Leben in Tierheit. Ja, diese Tiermenschen waren in dem äußeren Bau und in der Lebensweise durchaus verschieden von jenem kleinen Teil. Sie unterschieden sich gar nicht besonders von den niederen Säugetieren, die ihnen in gewisser Beziehung auch in der Gestalt ähnlich waren.

Neben dem Menschen waren Tiere vorhanden, die in *ihrer* Art auf derselben Entwickelungsstufe standen wie er. Man würde sie nach heutigen Begriffen zu den Reptilien rechnen. Außer ihnen gab es niedrigere Formen der Tierwelt. [...] Eine Weiterentwickelung war jetzt nur dadurch möglich, dass sich ein Teil der Menschenwesen auf Kosten der anderen höher hinauf bildete. Zunächst mussten die ganz geistlosen preisgegeben werden. Eine Vermischung mit ihnen zum Zwecke der Fortpflanzung hätte auch die besser entwickelten auf ihre Stufe hinabgedrängt. Alles, was Geist empfangen hatte, wurde daher von ihr abgesondert. Dadurch fielen sie immer mehr auf die Stufe der Tierheit hinunter. Es bildeten sich also neben den Menschen menschenähnliche Tiere. Der Mensch ließ sozusagen auf seiner Bahn einen Teil seiner Brüder zurück, um selbst höher zu steigen. Dieser Vorgang war nun keineswegs abgeschlossen. Auch von den Menschen mit dumpfem Geistesleben konnten diejenigen, die etwas höher standen, nur dadurch weiterkommen, dass sie in die Gemeinschaft mit höheren gezogen wurden und sich von den minder geisterfüllten absonderten. Nur dadurch konnten sie Leiber entwickeln, die dann zur Aufnahme des ganzen menschlichen Geistes geeignet waren. Erst nach einer gewissen Zeit war die physische Entwickelung so weit, dass nach dieser Richtung hin eine Art Stillstand eintrat, indem alles, was über einer gewissen Grenze lag, sich innerhalb des menschlichen Gebietes hielt. Die Lebensverhältnisse der Erde hatten sich mittlerweile so verändert, dass weiteres Hinabstoßen nicht tierähnliche, sondern überhaupt nicht mehr lebensfähige Geschöpfe ergeben hätte. Was aber in die Tierheit hinabgestoßen worden ist, das ist entweder ausgestorben, oder es lebt in den verschiedenen höheren Tieren fort. In diesen Tieren hat man also Wesen zu sehen, welche auf einer früheren Stufe der Menschenentwickelung stehenbleiben mussten. Nur haben sie nicht dieselbe Form behalten, die sie bei ihrer Abgliederung hatten, sondern sind zurückgegangen von höherer zu tieferer Stufe. So sind die Affen rückgebildete Menschen einer vergangenen Epoche. So wie der Mensch einstmals unvollkommener war als heute, so waren sie einmal vollkommener, als sie heute sind.

> Wie bereits einleitend erwähnt, ist das Prinzip des «Heraussetzens» untrennbar mit der Evolutionsanschauung Rudolf Steiners verbunden. Die folgenden Auszüge ergänzen und konkretisieren diesbezüglich die vorhergehenden Darstellungen.

Löwe und Mut – Verstand und Pferd

Wäre der Löwe nicht, dann hätte der Mensch diese oder jene Eigenschaft nicht [z. B. den Mut], denn dadurch, dass er ihn herausgesetzt hat, hat er sich diese oder jene Eigenschaft angeeignet. – Und so ist es bei allen übrigen Gestalten der Tierwelt. [...]

Die Intelligenz zu entwickeln mit dem, was dazu gehört, mit dem Zugewandtsein des Blickes auf die äußere Welt, das ist die Aufgabe des fünften Zeitraumes. Derjenige, der den Hellseherblick auf die Umwelt richtet, fragt: Welcher Tatsache verdanken wir, dass wir Menschen intelligent geworden sind? Welche Tiergestalt haben wir herausgesetzt, um intelligent zu werden? – So sonderbar, so grotesk es erscheinen mag, so wahr ist es: Wären um uns nicht die Tiere, die repräsentiert sind durch die Pferdenatur, der Mensch hätte sich niemals die Intelligenz aneignen können.

Das fühlte noch der Mensch in früherer Zeit. Alle die intimen Verhältnisse, die sich zwischen gewissen Menschenrassen und dem Pferde abspielen, rühren her von einem Gefühl, das sich vergleichen lässt mit dem geheimnisvollen Gefühl der Liebe zwischen den beiden Geschlechtern, von einem gewissen Gefühl dafür, was der Mensch diesem Tiere verdankt. Deshalb, als heraufkam die neue Kultur in der altindischen Zeit, war es ein Pferd, das eine geheimnisvolle Rolle im Kultus, im Götterdienste bildete, und alles, was sich an Gebräuchen an das Pferd anknüpft, führt auf diese Tatsache zurück. Wenn Sie bei Völkern, die noch nahe dem alten Hellsehen waren, bei den alten Germanen zum Beispiel, Umschau halten und sehen, wie sie Pferdeschädel vor ihren Häusern angebracht haben, so führt Sie das zurück auf dieses Bewusstsein: Der Mensch ist hinausgewachsen über den unintelligenten Zustand dadurch, dass er diese Form abgesondert hat. Es ist ein tiefes Bewusstsein vorhanden dafür, dass die Erlangung der Klugheit damit zusammenhängt. Sie brauchen sich nur an Odysseus zu erinnern, an das hölzerne Pferd von Troja. Oh, in solchen Sagen liegt tiefe Weisheit, viel tiefere Weisheit als in unserer Wissenschaft. Nicht umsonst ist ein solcher Typus verwendet in der Sage wie der Pferdetypus. Herausgewachsen ist der Mensch aus einer Gestalt, die sozusagen das, was im Pferde verkörpert ist, noch in sich hatte, und in der Gestalt des Kentauren hat die Kunst noch hingestellt einen Menschen, wie er verbunden war mit diesem Tier, um an die Entwicklungsstufe des Menschen zu erinnern, aus der er herausgewachsen ist, von der er sich losgerungen hat, um der heutige Mensch zu werden.

Was so sich abgespielt hat in der Vorzeit, um zu unserer gegenwärtigen Menschheit zu führen, das wiederholt sich auf höherer Stufe in der Zukunft. Es ist aber nicht etwa so, als ob sich nun in der Zukunft dasselbe in der physischen Welt abspielen müsste. Für denjenigen Menschen, der an der Grenze zwischen dem astralischen und dem Devachanplan hellsehend wird, zeigt es sich, wie der Mensch immer mehr und mehr veredelt und ausbildet, was er der Absonderung der Pferdenatur verdankt. Die Spiritualisierung der Intelligenz wird er bewirken. Was heute bloßer Verstand, bloße Klugheit ist, wird er zur Weisheit, zur Spiritualität erheben nach dem großen Krieg aller gegen alle. Das werden diejenigen erleben, die dann das Ziel erreicht haben werden. Was sich infolge der Absonderung der Pferdenatur in der Menschheit entwickeln konnte, das wird sich in seiner Frucht zeigen.

Absetzen des Niederen

Wenn man sich ein Bild machen will von den Vorgängen innerhalb der Erdenentwicklung, die sich in diesen Urzeiten der Erde abspielten, so muss man streng unterscheiden die Zweiheit. Der Mensch ist eine Zweiheit, er ist aus zwei Wesen zusammengesetzt. Oben ist der göttlich-geistige Wesenskern des Menschen [...]. In diesem göttlich-geistigen Menschen lebt die Begierde, Mensch zu werden. Die treibt ihn herunter. Und im Herunterstieg bildet er sich eine Hülle aus dieser Begierde, einen Astralleib. Unten auf der Erde haben sich gebildet Wesen, tierähnlich, entstanden aus der noch unbestimmten Erdenmasse. Diese Wesen kamen her aus einem noch viel früheren Erdenzustand, dem alten Mondenzustand, einer früheren Verkörperung der Erde. Als dieser alte Mond sein kosmisches Dasein vollendet hatte, blieb zurück von ihm etwas wie ein Same von Wesenheiten, die auf dem alten Monde gelebt hatten; Wesen waren das, die nicht Tier, nicht Mensch waren, die zwischen Tier und Mensch standen. Das waren eine Art von Tiermenschen. Die kamen wieder heraus, als die Erde begann sich zu bilden. In diesen Tiermenschen lebten die wildesten Triebe, Instinkte und Begierden. Sie konnten zunächst noch nicht die höhere Geistigkeit in sich aufnehmen, sie mussten erst eine Reinigung ihrer Astralität durchmachen, um die höheren Prinzipien in sich aufnehmen zu können. […] Es waren tierähnliche Gestalten, die in viel weicherem Körpermaterial lebten, als heute die physische Materie ist, viel weicher als die niedersten Tiere sie haben, zum Beispiel die Quallen und Weichtiere. Das waren Wesen, die in einer durchscheinenden Körperlichkeit lebten, zum Teil sehr schön gestaltet, zum Teil in ganz grotesken Formen. Sie hatten keine aufrechte Haltung, sie lebten in schwimmend-schwebender Körperhaltung; sie hatten kein Rückenmark, das bildete sich erst später, noch kein warmes Blut, waren noch nicht zweigeschlechtlich. Sie lebten mit allem, was später Pflanze, Mineral, Tier geworden ist, wie in einem gemeinsamen Astralzustand der Erde. Der Astralkörper der Erde hatte damals die sämtlichen auf dieser Erde verteilten Wesenheiten in sich. Diese Astralerde war zusammengesetzt aus diesen Astralleibern der Menschen-Tiere. Diese Astralerde, die aus den Astralkörpern der Menschen-Tiere bestand, war umgeben von einer geistigen Atmosphäre, in der lebten die Monaden, der geistige Mensch. Diese geistigen Menschen warteten oben, bis sie sich vereinigen konnten mit den Astralkörpern unten. Aber zunächst waren diese Astralkörper noch zu ungereinigt; alles Triebhafte der Tiere, die Instinkte und Leidenschaften mussten im Gröbsten herausgeschieden werden. Sie wurden als besondere astrale Gebilde herausgeschieden. Diese Absonderungen gingen immer wieder vor sich. Diese Absonderungen verfestigten sich, und daraus gingen die anderen Reiche unserer Erde hervor. […]

Der Mensch selber behält das Feinste für sich. So war die ganze Umwelt einst verbunden mit dem Menschen; er hat sie herausgesetzt aus seinem Wesen. […]

Herausgesetzt wird immer wieder von neuem alles dasjenige, was für den Menschen zu grob ist. Zum Beispiel die Wildheit des Löwen wird herausgesetzt. Außen entsteht eine Tierform aus gröberem Stoff: Das wird dasjenige, was später Löwe geworden ist. Im Menschen bleibt zurück dasjenige, was seine mutigen, seine aggressiven Eigenschaften sind. Die Schlauheit und List wird herausgesetzt; es bildet sich draußen die Wesenheit Fuchs, und der Mensch behält für sich zurück das, was er gebrauchen kann an Schlauheit.

[... Die Erde] wurde kompakter, fester. Dadurch war der Mensch genötigt, sich dieser festeren Gestaltung des physischen Erdenlebens anzupassen. Der Mensch konnte das nur dadurch, dass er einen Teil seiner Wesenheit abgab an die gröbere Stofflichkeit. Und aus diesem Teil der menschlichen Wesenheit, der abgegeben worden ist an die gröbere Stofflichkeit, entstand die erste unvollkommenste Tierwelt. So ist dies gleichsam eine Schale, die der Mensch einmal abgeworfen hat. Sie ist aus der menschlichen Natur heraus entstanden. Die eigentlich menschliche Natur ist aber dadurch auf eine höhere Stufe hinaufgestiegen. Der Mensch ist dadurch frei geworden von dem Einschlag, den er von der niederen Tierwelt gehabt hat. Diese letzten Geschöpfe, die der Mensch abgestoßen hat, sehen wir in den ersten Erdschichten abgelagert. Es sind Krustentiere, Schalentiere, die der Mensch aus sich herausgesetzt hat. Dadurch ist er von etwas reinerer Wesenheit geworden. Es ist so wie bei einer Lösung, in der sich ein gröberer Teil abgesetzt hat. Und so geschieht die weitere Entwicklung dadurch, dass der Mensch wiederum einen Teil seiner Wesenheit an die Stofflichkeit abgibt. Dadurch entstand das, was wir die Wurmtiere, die Fischtiere nennen. Das ist wieder eine Hülle, die der Mensch abgeworfen hat.

Dadurch, dass der Mensch die niederen Wesen, die noch fortleben als Reptilien, und dann, als er schon aufgerückt war zur Warmblütigkeit, das Geschlecht der Vögel von sich abstieß, durch diese Ausscheidung wurde er [in der lemurischen Zeit] reif, den Geist in seiner ersten Gestalt in sich aufzunehmen. Das ist das Geschlecht, das zum ersten Male geistbegabt auftritt. In der lemurischen Zeit ist der Mensch zu einer verdichteten Materialität gekommen, da hat der Mensch die Fleischlichkeit errungen.

Die atlantische Periode spielte sich auf den Gebieten der Erde ab, die heute bedeckt sind von den Fluten des Atlantischen Ozeans. Hier wird noch einmal etwas abgestoßen vom Menschen: Es werden die höheren Säugetiere abgeschieden. Der Mensch hatte zuerst noch die Natur der höheren Säugetiere in sich. Er hatte noch das in sich, was man als menschenähnliche Affen bezeichnet. [...] Also abgestoßen worden ist die höhere Säugetiernatur, so dass wir im Affen keinen Vorfahren zu sehen haben; vielmehr haben wir im Menschen den Erstgeborenen auf unserer Erde zu sehen. Der Mensch ist im Akasha-Äther inkarniert vorhanden, und alles, was außer ihm besteht, ist nach und nach von ihm ausgeschieden worden.

Es muss uns klar sein, dass diese Absonderung der Tiergestalten tatsächlich für den Menschen notwendig war. Jede Tiergestalt, die sich in der verflossenen Zeit vom allgemeinen Strom abgesondert hat, bedeutet, dass der Mensch um ein Stück weitergeschritten ist. Denken Sie sich, dass alle Eigenschaften, die in der Tierheit zerstreut sind, im Menschen waren. Er hat sich davon gereinigt. Dadurch konnte er sich höherentwickeln. [...] Dadurch, dass der Mensch diese Tiergestalten als seine älteren Brüder aus seiner Entwicklungsreihe hinausgeworfen hat, ist er zu seiner jetzigen Höhe gekommen.

Reinkarnation und Karma, Schmerz und Tod, Vergangenheit und Zukunft

Widmeten sich die vorhergehenden Abschnitte vorwiegend der vergangenen Tier- und Menschheitsgeschichte, so wenden sich die folgenden Ausführungen der gemeinsamen Zukunft von Tier und Mensch zu. Ausgangspunkt ist dabei der Gedanke von Reinkarnation und Karma. Mit den Themen Schmerz und Tod des Tieres werden wichtige Aspekte zum Seelenwesen des Tieres behandelt; sie sind bereits überleitend zu Kapitel III. Das Motiv vom «Bruder Tier» wird wieder aufgegriffen, wodurch Mitleid und Verantwortung des Menschen für seinen Bruder abermals in berührender Weise eingefordert werden.

WAS LÄGE DENN NÄHER, als zu fragen: Wie verhalten sich tierisches Leben, tierisches Schicksal zu dem, was wir den Verlauf des menschlichen Karma nennen, in dem wir – wie sich zeigen wird – die wichtigsten und tiefeingreifendsten Schicksalsfragen für den Menschen beschlossen finden?

Das Verhältnis der Menschen auf der Erde zur Tierwelt ist ja im Laufe der Zeit und auch je nach den verschiedenen Völkern ein verschiedenes. Und es ist gewiss nicht uninteressant, zu sehen, wie bei Völkerschaften, die sich die besten Teile der uralt heiligen Weisheit der Menschheit bewahrt haben, eine weitgehend mitleidvolle, liebevolle Behandlung der Tiere Platz gegriffen hat. Innerhalb der Welt des Buddhismus zum Beispiel, der sich wichtige Teile alter Weltanschauungen bewahrt hat, wie sie die Menschen in ihrer Urzeit hatten, haben wir eine tiefgehend mitleidvolle Behandlung der Tiere, eine Behandlung der Tiere und Gefühle gegenüber der Tierwelt, die in Europa unzählige Menschen noch nicht verstehen können. Aber auch bei andern Völkern – ich erinnere nur an den Araber in Bezug auf Behandlung seines Pferdes –, insbesondere wenn diese Völker sich etwas bewahrt haben von den alten Anschauungen, wie sie als alte Erbstücke da und dort auftreten, finden Sie eine Art «Freundschaft» zu den Tieren, etwas wie menschliche Behandlung der Tiere. Dagegen darf man wohl sagen, dass [...] in den abendländischen Gegenden, wenig Verständnis für solches Mitleid mit der Tierwelt Platz gegriffen hat. Und charakteristisch ist es, dass im Verlaufe des Mittelalters und dann auch bis in unsere Zeit hinein gerade in Ländern, in denen die christliche Weltanschauung Ausbreitung gewonnen hat, die Anschauung auftauchen konnte, dass die Tiere überhaupt nicht als Wesen zu betrachten seien mit einem eigentlichen Seelenleben, sondern als eine Art Automaten. Und es ist vielleicht nicht mit Unrecht darauf aufmerksam gemacht worden – wenn auch nicht immer mit einem großen Verständnis –, dass diese Anschauungen, welche von der abendländischen Philosophie vielfach vertreten worden sind, dass die Tiere Automaten seien und ein eigentliches Seelenleben nicht haben, hinuntergesickert sind in die Volkskreise, die kein Mitleid und oft auch keine Grenze kennen in der grausamen Behandlung der Tiere. [...]

Die abendländische Kulturentwicklung hat das Eigentümliche, dass sie sich herausbilden musste aus den Elementen des Materialismus. Und man kann sogar sagen: Der Aufgang des Christentums hat sich so vollzogen, dass dieser bedeutungsvolle Impuls der Menschheitsentwicklung zuerst in eine materialistische abendländische Gesinnung hineinverpflanzt worden ist. [...] Es ist einmal – wenn wir so sagen dürfen – das Menschheitsschicksal der abendländischen Völker, dass sie sich emporarbeiten müssen aus materialistischen Untergründen und gerade in der Überwindung der materialistischen Ansichten und Tendenzen die starken Kräfte werden entfalten müssen zu einem höchsten Spiritualismus. Damit, dass dieses Schicksal, dieses Karma den abendländischen Völkern geworden ist, ist auch bei ihnen jener Zug entstanden, die Tiere nur wie Automaten zu betrachten. Wer nicht gut das Wirken des geistigen Lebens durchschauen kann, wer nur sich halten kann an das, was uns in der sinnlichen Außenwelt umgibt, der wird aus den Eindrücken dieser sinnlichen Außenwelt heraus leicht zu einer Auffassung über die Tierwelt kommen können, welche die Tiere möglichst niedrig stellt. Dagegen haben solche Weltanschauungen, die noch Elemente der alten spirituellen Weltanschauungen der Urweisheit der Menschheit in sich behalten haben, sich eine Art Erkenntnis bewahrt über das, was auch in der Tierwelt geistig ist; und trotz allen Missverständnissen, trotz all dem, was sich in ihre Weltanschauungen eingeschlichen und deren Reinheit verdorben hat, konnten sie doch nicht vergessen, dass geistige Tätigkeiten, geistige Gesetze an dem Ausleben und Ausgestalten des Tierischen betätigt sind. [...]

Für jene menschliche Individualität, welche sich erhält, wenn der Mensch durch die Pforte des Todes schreitet, welche durchlebt ein besonderes Leben im Geistigen in der Zeit vom Tode bis zur neuen Geburt, um dann durch eine neue Geburt wieder ins Dasein zu treten, für diese menschliche Individualität finden wir etwas Ähnliches oder gar etwas ganz Gleiches in der tierischen Welt durchaus nicht. Wir können nicht in derselben Weise, wie wir den menschlichen Tod auffassen, von dem tierischen Tode sprechen. Denn alles, was wir beschreiben als die Schicksale der menschlichen Individualität, nachdem der Mensch durch die Pforte des Todes geschritten ist, verhält sich in der Tierwelt nicht in der gleichen Art; und wenn man glauben würde, dass wir in einem tierischen Individuum das wiederverkörperte Wesen eines schon früher auf der Erde vorhanden gewesenen Tieres suchen könnten, wie wir das beim Menschen tun müssen, dann würden wir uns durchaus einem Irrtum hingeben. [...]

Äußerlich – rein materialistisch betrachtet – nimmt sich die Erscheinung des Todes bei Mensch und Tier in der gleichen Art aus. Da kann man leicht glauben, wenn man das Leben eines Tieres betrachtet, dass man einzelne Erscheinungen dieses individuellen Lebens des Tieres vergleichen könnte mit einzelnen Erscheinungen des persönlichen Lebens des Menschen zwischen Geburt und Tod. Aber da würde man ganz fehlgehen. [...]

Nur derjenige kann sich nämlich diesen Unterschied zwischen Tier und Mensch vollständig klarlegen, der unbefangen nicht nur auf die sich seinem äußeren sinnlichen Anschauen, sondern auch auf die seinem kombinierenden Denken sich ergebenden Tatsachen eingeht. Da finden wir eine Erscheinung, die auch von den Naturforschern hervorgehoben wird, mit der aber die Naturforscher der Gegenwart nichts Rechtes anzufangen wissen, nämlich die Erscheinung, dass der Mensch eigentlich das Allereinfachste erst lernen muss [...]. Wenn wir dagegen die Tiere betrachten, müssen wir sagen: Wie viel besser haben es die Tiere in dieser Beziehung! – Denken wir uns, wie der Biber seinen komplizierten kunstvollen Bau aufführt. Er braucht es nicht zu lernen; er kann es, indem er es mitbringt als eine ihm eingeprägte Gesetzmäßigkeit, wie wir uns als Menschen mitbringen die Möglichkeit, die «Kunst», um das siebente Jahr unsere Zähne zu wechseln. Das braucht auch keiner zu lernen. [...]

Nun kann die Frage entstehen: Wie kommt es denn eigentlich, dass der Mensch, wenn er geboren wird, unfähiger ist als zum Beispiel ein Huhn oder ein Biber, dass er das, was diese Wesenheiten sich schon mitbringen, erst mühevoll sich aneignen muss? [...]

Wenn wir geisteswissenschaftlich zurückgehen in der menschlichen Entwicklung bis in urferne Vergangenheiten, so werden wir finden, dass diejenigen Kräfte und Elemente, welche sozusagen dem Biber oder einem andern

Tiere zur Verfügung stehen, um solche Kunstfertigkeiten mit sich auf die Welt zu bringen, dem Menschen auch zur Verfügung gestanden haben. [...]

Was ist nun in der Zwischenzeit geschehen, dass das Tier alle möglichen Geschicklichkeiten mit ins Dasein trägt, während der Mensch ein so ungeschickter Genosse des Weltendaseins ist? Wie hat sich der Mensch eigentlich benommen in der Zwischenzeit, dass er jetzt plötzlich alles das nicht hat, was er mitbekommen hatte? Hat er das im Laufe der Entwicklung sinnlos verschwendet, während es sich die Tiere als sparsame Haushalter bewahrt haben? [...]

Der Mensch hat diese Anlagen, die heute das Tier in äußerer Geschicklichkeit auslebt, nicht verschwendet; er hat sie auch verwendet, aber zu etwas anderem als die Tiere. Die Tiere prägen sie in äußeren Geschicklichkeiten aus; Biber und Wespe bauen ihr Nest. Der Mensch hat dieselben Kräfte, welche die Tiere in dieser Art ausleben, in sich selber hineingetan und verwendet. Und er hat dadurch zustande gebracht, was wir seine höhere menschliche Organisation nennen. Dass der Mensch heute seinen Gang aufrecht hat, dass er das vollkommenere Gehirn, überhaupt eine vollkommenere innere Organisation hat, das bedurfte auch gewisser Kräfte; und das sind dieselben Kräfte, mit denen sich der Biber seinen Biberbau errichtet. Der Biber baut sich sein Nest. [...] Wir haben drinnen unseren Biberbau und können daher nach außen diese Kräfte nicht mehr in derselben Weise entfalten. [...]

Nur dadurch, dass er [der Mensch] sich die innere Organisation verschaffen konnte, [konnte er] der Träger dessen werden [...], was heute das Ich ist, was von Inkarnation zu Inkarnation schreitet.

Nicht möglich gewesen wäre es, dass neben dem Menschenreich sich überhaupt ein Tierreich entwickelt hätte, wenn nicht nach der Saturnperiode gewisse Wesen zurückgeblieben wären, um – während sich auf der Sonne die Menschen schon zu einer höheren Stufe entwickelt hatten – ein zweites Reich zu bilden und als erste Vorläufer unseres heutigen Tierreiches hervorzukommen. Für die Grundlage späterer Bildungen ist dieses Zurückbleiben durchaus notwendig.

Wenn nun die Frage aufgeworfen wird: Warum müssen Wesenheiten und Substanzen zurückbleiben?, so möchte ich das durch einen Vergleich klarmachen. Die Entwicklung des Menschen sollte vorwärtsschreiten von Stufe zu Stufe. Das konnte sie nur dadurch, dass der Mensch sich immer mehr und mehr verfeinerte. [...] Was ausgeschieden worden war, das wurden dann die Tiere. Durch das Ausscheiden konnten sich die andern verfeinern und um einen Schritt höher kommen. Und auf jeder solchen Stufe mussten Wesenheiten ausgeschieden werden, damit der Mensch immer höher und höher kommen konnte. [...]

Wir sehen also hinunter auf die drei neben uns lebenden Naturreiche und sagen: In alledem sehen wir etwas, was unser Boden hat werden müssen, damit wir uns haben entwickeln können. Diese Wesenheiten sind hinuntergesunken, damit wir haben emporsteigen können. So blicken wir in der richtigen Art auf die untergeordneten Naturreiche.

FRAGEN WIR UNS JETZT: Wodurch sind denn die unter uns stehenden Tiere mit ihren versteiften Organisationen auf die Erde gekommen? – Durch uns selber sind sie heruntergekommen! Sie sind die Nachkommen jener Körper, die wir nach dem Mondaustritt nicht mehr beziehen wollten, weil sie zu grob geworden waren. Wir haben diese Körper zurückgelassen, um später andere zu finden. Wir hätten später andere nicht finden können, wenn wir damals jene ersten nicht verlassen hätten. Denn wir mussten nach dem Heraustreten der Sonne auf der Erde unser Fortkommen suchen. – Da haben wir gerade den Vorgang, dass wir sozusagen unter uns zurückließen gewisse Wesenheiten, damit wir selber die Möglichkeit finden konnten, höher hinaufzukommen. Um höher zu kommen, mussten wir zu andern Planeten gehen und die Leiber da unten verkommen lassen. Was unten zurückgeblieben ist, dem verdanken wir in gewisser Beziehung das, was wir sind. Ja, wir können dieses «Verdanken» noch viel genauer schildern. [...]

Da trat während der Erdentwicklung zum ersten Male dasjenige ein, was wir wiederum den luziferischen Geistern verdanken. Die luziferischen Wesenheiten waren unsere Führer, die uns in der kritischen Periode von der Erdentwicklung hinweggenommen haben. Sie haben uns gleichsam gesagt: Da unten kommt jetzt eine kritische Zeit; da müsst ihr die Erde verlassen! – Die luziferischen Geister waren es, unter deren Führung wir die Erde verlassen haben, dieselben luziferischen Geister, die in unseren damaligen astralischen Leib das luziferische Prinzip, den Hang zu allem, was wir die Möglichkeit des Bösen in uns nennen, hineinbrachten, damit zugleich aber allerdings auch die Möglichkeit der Freiheit. Hätten sie uns damals nicht fortgenommen von der Erde, so wären wir immer gekettet geblieben an die Gestalt, die wir damals geschaffen hatten, und wir könnten jetzt die Gestalt höchstens von oben umschweben, würden sie aber niemals beziehen können. So nahmen sie uns fort und verbanden ihr eigenes Wesen mit unserem Wesen.

Wenn wir das ins Auge fassen, wird es uns jetzt verständlich, dass wir, während wir fortgingen, die luziferischen Einflüsse aufnahmen. Die Organisationen, welche dieses Schicksal nicht teilten, damals in ganz besondere Weltgebiete geführt zu werden, die mit der Erde verbunden blieben, die blieben unten ohne den luziferischen Einfluss. Sie mussten mit uns die Erdenschicksale teilen – konnten aber nicht mit uns unser Himmelsschicksal teilen. Und als wir auf die Erde zurückkamen, hatten wir den luziferischen Einschlag in uns, nicht aber jene andern Wesen, und dadurch wurde es uns möglich, das Leben in einem physischen Körper und doch ein von dem physischen Körper unabhängiges Leben zu führen, so dass wir auch immer mehr und mehr unabhängig von dem physischen Körper werden konnten. Diese andern Wesen aber, die den luziferischen Einschlag nicht in sich hatten, stellten dar, was wir aus ihnen gemacht hatten, was unsere astralischen Leiber waren in der Zwischenzeit zwischen Sonnen- und Mondaustritt, also dasjenige, von dem wir uns befreiten. Wir schauen auf die Tiere und sagen: Alles, was die Tiere darstellen an Grausamkeit, an Gefräßigkeit, an allen tierischen Untugenden, neben der Geschicklichkeit, die sie haben, das hätten wir in uns, wenn wir sie nicht hätten aus uns heraussetzen können! – Wir verdanken die Befreiung unseres astralischen Leibes dem Umstande, dass alle gröberen astralischen Eigenschaften zurückgeblieben sind im Tierreich der Erde. Und wir können sagen: Wohl uns, dass wir das nicht mehr in uns haben, die Grausamkeit des Löwen, die List des Fuchses, dass es aus uns herausgezogen ist und außer uns ein selbständiges Dasein führt!

So haben die Tiere das mit uns gemeinschaftlich, was unser astralischer Leib ist, und haben dadurch die Möglichkeit, Schmerzen empfinden zu können. Aber sie haben gerade durch das, was jetzt gesagt worden ist, nicht die Möglichkeit erlangen können, durch den Schmerz und durch die Überwindung des Schmerzes immer höher und höher zu steigen. Denn sie haben keine Individualität. Dadurch sind die Tiere viel, viel übler daran als wir. Wir müssen die Schmerzen ertragen; aber jeder Schmerz ist für uns ein Mittel zur Vervollkommnung; indem wir ihn überwinden, steigen wir höher durch den Schmerz. Die Tiere haben wir zurückgelassen als etwas, was zwar die Schmerzfähigkeit schon hatte, aber noch nicht das, was sie über den

Schmerz erheben konnte, wodurch sie den Schmerz überwinden. Das ist das Schicksal der Tiere. Sie zeigen uns unsere eigene Organisation auf der Stufe, da wir schmerzfähig waren, aber noch nicht durch Überwindung den Schmerz ins Heilsame für die Menschheit umwandeln konnten. [...]

Solche Tatsachen müssen wir nicht als Theorien betrachten lernen, sondern mit kosmischem Weltengefühl. Wir müssen hinblicken auf die Tiere mit dem Gefühl: Da draußen seid ihr, Tiere. Wenn ihr leidet, leidet ihr etwas, was uns Menschen zugute kommt. Wir Menschen haben die Möglichkeit, das Leiden zu überwinden; ihr müsst das Leiden erdulden. Wir aber haben euch das Leiden gelassen – und uns die Überwindung genommen!

Wenn man dieses kosmische Gefühl aus der Theorie entwickelt, wird es zu dem umfassenden Mitgefühl mit der Tierwelt. Wo daher das kosmische Gefühl aus der Urweisheit der Menschheit entspross, wo die Menschen sich noch bewahrt hatten eine Erinnerung an das Urwissen, das jedem aus dem dämmerhaften Hellsehen sagte, wie die Dinge einst lagen, da hatte man sich damit auch das Mitgefühl für die Tierwelt bewahrt, und da tritt das Mitgefühl für die Tiere in einem hohen Maße hervor. – Dieses Mitgefühl wird wiederkommen, wenn die Menschen sich angewöhnen werden, spirituelle Weisheit aufzunehmen, wenn die Menschen wiederum einsehen werden, wie das Menschheitskarma mit dem Weltenkarma verbunden ist. [...]

Diese Dinge zeigen uns aber zugleich, wie Weltanschauungen zusammenhängen mit der menschlichen Empfindungs- und Gefühlswelt. Empfindungen und Gefühle sind letzten Endes Folgen der Weltanschauungen, und wie sich die Weltanschauungen und Erkenntnisse ändern, so werden sich auch die Empfindungen und Gefühle innerhalb des Menschheitszusammenhanges ändern. Der Mensch konnte nicht anders, als sich höher entwickeln; er musste andere Wesen in den Abgrund stoßen, um selbst höher zu steigen. Er konnte den Tieren nicht geben eine Individualität, die im Karma ausgleicht, was die Tiere leiden müssen; er konnte ihnen nur den Schmerz überliefern, ohne ihnen die karmische Gesetzmäßigkeit des Ausgleiches geben zu können. Was er ihnen aber früher nicht geben konnte, das wird ihnen der Mensch einst geben, wenn er zur Freiheit und zum Selbstlos-Sein seiner Individualität gekommen ist. Dann wird er – in bewusster Weise – auch auf diesem Gebiet die karmische Gesetzmäßigkeit fassen und wird sagen: Den Tieren verdanke ich, was ich bin. Was ich den einzelnen tierischen Wesen nicht mehr geben kann, welche von einem Einzeldasein in ein Schattendasein hinuntergegangen sind, was ich sozusagen einstmals an den Tieren verschuldet habe, das muss ich jetzt an den Tieren wiedergutmachen durch die Behandlung, welche ich ihnen angedeihen lasse! – Daher wird mit dem Fortschreiten der Entwicklung durch das Bewusstsein der karmischen Verhältnisse auch wieder ein besseres Verhältnis des Menschen zum Tierreich eintreten, als es jetzt, besonders im Abendlande, vorhanden ist. Eine Behandlung der Tiere wird kommen, durch welche der Mensch die Tiere, die er hinuntergestoßen hat, wieder heraufzieht.

Das Tier als Gattung unterliegt der Reinkarnation nicht, ebenso wenig das einzelne Tier. Die Löwengattung zum Beispiel wird allmählich individualisiert und in Verbindung mit höheren Wesenheiten in der Zukunft Entwicklungsphasen durchmachen, die wir ahnen, aber nicht menschenähnlich nennen können, weil sie nicht dem ähnlich sein werden, was heute der Mensch ist, und am wenigsten dem ähnlich sein werden, was dann der Mensch sein wird.

FRAGE: *Was wird dereinst aus der Tierwelt; ist sie zu einer höheren Entwicklung berufen?*

Die Gruppenseele der Tiere entwickelt sich hinauf, sie wird ein anderes Wesen sein auf dem Jupiter. Sie werden freilich nicht in dem heutigen Sinne Menschen, aber auf dem Jupiter erreichen diese Gruppenseelen eine Art Menschentum. Für das einzelne Tier gibt es keine Höherentwicklung, denn das einzelne Tier verhält sich zur Gruppenseele wie die Baumrinde zum sprossenden Trieb: Es fällt ab, wie beim Baum die Rinde abfällt; die Gruppenseele aber steigt hinauf.

ÜBERALL, WO WIR HINSCHAUEN, gibt es eine Welt, die zwar herabgestiegen ist aus dem Göttlich-Geistigen, die sich aber jetzt darstellt wie ein Abfall von der früheren Höhe. Wir müssen voraussetzen, dass alles, was um uns herum ist als die Welt der Tiere, Pflanzen und Mineralien, früher höher war, und dass alles dies in Dekadenz gekommen ist. Der Mensch aber hat die Hoffnung, es wieder hinaufzuführen. [...]

Sieh dir an, was du um dich herum hast. Das war früher geistiger; jetzt ist es heruntergestiegen, ist in Dekadenz gekommen. Nehmen wir einmal den Wolf. Das Tier, das im Wolf ist, das du als sinnliches Wesen siehst, ist heruntergestiegen, ist in Dekadenz gekommen. Es zeigte vor allen Dingen früher seine schlechten Eigenschaften nicht. Du aber, wenn in dir selbst gute Eigenschaften keimen, wenn du deine guten Eigenschaften und geistigen Kräfte zusammennimmst, du kannst das Tier zähmen. Du kannst ihm einverweben deine eigenen Eigenschaften. Dann kannst du aus dem Wolf einen zahmen Hund bilden, der dir dient! Da hast du in Wolf und Hund zwei Wesen, die gleichsam zwei Weltenströmungen charakterisieren. [...]

Wenn ich die Natur so lasse, wie sie ist, dann sinkt sie immer tiefer und tiefer herunter, dann wird alles wild. [...]

Aber ich kann meine geistigen Augen auf eine gute Macht richten, deren Bekenner ich bin, dann hilft sie mir, dann kann ich das, was hinuntersinken will, mit ihrer Hilfe wieder hinaufführen. Diese Macht, zu der ich hinaufblicken kann, sie kann mir die Hoffnung zu einer Weiterentwicklung geben!

Christian Morgenstern gilt als einer der bekanntesten Schüler Rudolf Steiners. Er brachte den Dank, den der Mensch seinen Mitgeschöpfen gegenüber empfinden kann, in seinem Gedicht *Die Fußwaschung* zum Ausdruck. Es beende dieses umfassende Kapitel.

Die Fußwaschung

Ich danke dir, du stummer Stein,
und neige mich zu dir hernieder:
Ich schulde dir mein Pflanzensein.

Ich danke euch, ihr Grund und Flor,
und bücke mich zu Euch hernieder:
Ihr halft zum Tiere mir empor.

Ich danke euch, Stein, Kraut und Tier,
und beuge mich zu euch hernieder:
Ihr halft mir alle drei zu Mir.

Wir danken dir, du Menschenkind,
und lassen fromm uns vor dir nieder:
weil dadurch, dass du bist, wir sind.

Es dankt aus aller Gottheit Ein-
und aller Gottheit Vielfalt wieder.
In Dank verschlingt sich alles Sein.

Kapitel III: Das Tier als Seelenwesen

Dieses Kapitel berührt den Kern des Tierwesens: seine Begabung mit einer Seele. Damit verbunden stellt sich gleich eine Fülle von Fragen: Was meinen wir, wenn wir von Seele reden? Wie unterscheidet sich das Seelendasein des Tieres, von dem einer Pflanze beziehungsweise von dem des Menschen? Was geht in einem Tier eigentlich vor? In welchem Verhältnis steht es zu seinen Erlebnissen, Gefühlen? Wie können wir überhaupt über das Innere des Tieres etwas wissen, da es ja nicht wie ein Mensch durch Worte von sich berichten kann? Aber ist denn ein Tier «sprachlos»? Mit welchem Recht können wir das behaupten? Vielleicht spricht es ja die ganze Zeit, nur wir verstehen diese Sprache nicht? Aber, denkt denn das Tier so wie wir? Ist es in der Art und Weise «intelligent», wie wir es durch unser selbsttätiges Denken sein können?

Rudolf Steiner lässt sich durch die das heutige Weltverständnis beherrschende Scheinhürde einer kantischen Subjekt-Objekt-Trennung nicht beirren:

Wie kann man überhaupt von einer tierischen Seele reden, da «Seele» den Begriff der Innerlichkeit in sich schließt und da im Grunde genommen in das Innere eines anderen Wesens der Mensch zunächst nicht hineinschauen kann? Auf diesen leichtfüßigen Einwand stützen sich ja gerade die, welche es überhaupt verbieten wollen, über seelisches Erleben zu sprechen, weil seelisches Erleben nur in uns erlebt werden kann und daher im Grunde genommen bei anderen Wesen nur durch Analogie erschlossen werden kann. Aber wenn man nicht in ganz abstrakter Weise solche Dinge hinspricht, sondern die Dinge nimmt, wie sie sind, dann muss man sagen: Wie sich ein Wesen darlebt, darin zeigt es, was es unmittelbar innerlich erlebt. Und wer nicht glauben will, dass sich ein Wesen unmittelbar darlebt nach dem, was es innerlich erlebt, der wird überhaupt für eine Weltbetrachtung taub sein.

[...] Wer die Dinge in der Welt vergleicht und nicht nur eine Sache betrachtet, der wird schon sehen, dass recht viel Gründe vorhanden sind, um in dieser Weise über das Innere zu sprechen. Und wenn man sich dann ein Gefühl von dem Unterschied des seelischen Erlebens im Tier und im Menschen verschafft hat, so wird man auch sein Fühlen und sein Empfinden über das Seelische des Tieres in einer richtigen Weise ausdehnen können.

Auch auf dem Felde der Seelenkunde bleibt Rudolf Steiner dem Prinzip der seelischen Beobachtung (oder der anthropomorphen Betrachtungsweise) treu, in der sich ihm das Innere der Natur auf dem eigenen, die Welt beobachtenden und sie erlebenden Seelengrunde offenbart.

Rudolf Steiner ist auch ein intimer Beobachter des menschlichen Seelenlebens. Einfühlsam zeigt er den Facettenreichtum menschlicher Seelenhaltungen gegenüber seinem Bruder Tier. Er mahnt aber auch den Hochmut an, mit dem wir Menschen oft allzu leichtfertig mit unhinterfragten Begriffen wie z. B. «Instinkt» über das Tier Urteile fällen.

In Bezug auf die Tierseele kommen Rudolf Steiners Einfühlungsvermögen und seine Erkenntnissicherheit zu klärenden Einsichten und Aussagen über Schmerz oder Angst, Weinen und Lachen, Erinnern, Instinkt, Intelligenz, Bewusstsein und Sterben des Tieres.

Subtil und folgenreich unterscheidet Steiner Geist und Seele einerseits, um andererseits ihre gegenseitige Abhängigkeit zu fassen: Als *Seele* kann der *innerlich* schaffende Geist bei Mensch und Tier bezeichnet werden. *Geist* ist all das, was weisheitsvoll die äußerliche Schöpfung durchwirkt. Die Seele kann nur im eigenen Inneren, übersinnlich erfasst werden. Der Geist offenbart sich zunächst in seiner sinnlich-schöpferischen Potenz. «Der gesamte Seinsgrund hat sich in die Welt ausgegossen, er ist in sie aufgegangen. Im Denken zeigt er sich in seiner vollendetsten Form, so wie er an und für sich selbst ist.» Der Weltengrund ist substanziell in das Denken eingeflossen. In der äußeren Schöpfung und im inneren Seelenleben der Tierebene begegnet uns Vergangenheitliches, Ererbtes; im vom Menschen ergriffenen Geist die Zukunft.

So müssen wir sagen, dass wir den Umkreis des tierischen Lebens in weitestem Maße in dem Augenblick umrissen sehen, wo das Tier ins Dasein tritt, und dass die Art, wie sich das Tier weiterentwickelt, mit dem Augenblick seiner Geburt gegeben ist und dann sich ausgestaltet. In diesem Ausgestalten erkennen wir die Wirksamkeit des Geistes an, und in dem Dabeisein des Tieres bei diesem Ausgestalten erkennen wir das seelische Leben des Tieres. [...] Seelisches Erleben des Tieres liegt in dem Haben seiner Organe, in dem Begehren seiner Organe, namentlich in der Tätigkeit dieser Organe, die auf das innere Leben gerichtet ist.

Alles, was am Tier individuell ist, indem es Seelisches erlebt, erlebt es als etwas, was es überkommen hat, was ihm von der Vergangenheit zugekommen ist.

Sehen wir ein einzelnes tierisches Wesen an, so erscheint uns in ihm ein in sich geschlossenes Dasein, das in derselben Art schafft wie der Geist, der ausgebreitet ist in Raum und Zeit.

Mit dem Weltengeist in sich produziert die Wespe das Papier für ihr Nest, verwandelt die Kuh Grünfutter in weiße Milch. All dies verdankt das Tier seinem sogenannten *Astral*leib, in dem sich die Weisheit der Sterne, des Kosmos beziehungsweise der schöpferischen Hierarchienwesen offenbart. Dem Tier gebührt ein Erhabenheits- und Ehrfurchtsgefühl wie dem sich über uns ausbreitenden nächtlichen Sternenhimmel. Der Geist (die Welt der Hierarchien) tritt dabei gleichsam in eine Art Selbstvergessenheit gegenüber seiner kosmischen Herkunft, um sich als Seele selbst zu erleben. Er kann aber im Tier nicht über dieses Selbsterleben hinaus. Das Tier bleibt in seiner Welt; es «sieht» sich, seine ihm eigene Seelenwelt in seiner Umgebung. Wie anders nimmt doch eine Katze die grüne Weide wahr als eine Kuh. Weder Kuh noch Katze aber können ihre Art überschreiten und sich dazu entschließen, die grüne Weide einmal auf Ziegen- oder auf Mäuseart wahrzunehmen. Der Mensch indes kann in diese verschiedenen Seelenwelten hineinschlüpfen und in seiner Erkenntnisbegabung über sich hinaustreten, wodurch der Weltengeist im Menschen zur Selbsterkenntnis gelangt.

Das Zentrum dieser Begegnung von Seele und Welt (bzw. Geist) ist das Ich des Menschen. Dieses stellt sich allen Welterfahrungen gegenüber, es muss sich sogar davon distanzieren, sich davon absetzen, um sie zur Erkenntnis erheben zu können. Das gilt auch für die individuellen, leiblich bedingten Erfahrungen wie Schmerz, Angst etc. Daher weist Rudolf Steiner auch darauf hin, dass der Schmerz beim Tier ein weitaus peinigenderes Seelenerlebnis ist als beim Menschen: Dem Tier fehlt das Ich, um sich dem Schmerz gegenüber abgrenzen zu können.

Die Individualisierung des Ich im Menschen, der Einzug des Ich in eine einzelne Menschenseele unterscheidet ihn grundlegend vom Tier und führt Rudolf Steiner zum Begriff der Gruppenseele beziehungsweise des Gruppen-Ich. Genau derselbe Seelenumfang, den es braucht, um sich einem einzelnen Menschen zu widmen, ist angesprochen, wenn wir in der Begegnung mit einem Tier seine Gattung, seine Art, seine Tiergruppe ins Seelenauge fassen – so eine weitere treffsichere Beobachtung Rudolf Steiners. Es muss daher berühren, wenn Steiner zu der Aussage kommt, dass das einzelne Tier erst im Moment des Sterbens zu seinem Gruppen-Ich erwacht. Das einzelne Tier kehrt in diesem Moment zu seinem Ursprung zurück.

Man kann aber auch zu der Feststellung gelangen, dass die Tiergruppenseele Geburt und Tod nicht wirklich kennt. «Das einzelne Tier ist etwas, was abfällt und anwächst; die Gruppenseele bleibt unberührt von Leben und Tod.» Rudolf Steiner ist sich bei solchen Aussagen sehr wohl bewusst, dass sie nur allzu schnell als generalisierend missverstanden werden können. So schränkt er zum Beispiel bei den höheren Primaten dieses Prinzip ein, wenn er konstatiert, deren ich-artige Anmutung beruhe darauf, dass sie sich «zu viel» von ihrem Gruppenseelenwesen angeeignet haben. Und in Bezug auf unsere Haustiere heißt es sogar: «Sie müssen sich klar bewusst sein, dass gewisse höhere Tiere, namentlich solche, die mit dem Menschen viel zusammenleben, wie die Haustiere, eine Art von Selbstbewusstsein haben [...]. Überall sind Gradunterschiede.»

In diesem Sinne sind die Ausführungen Rudolf Steiners als Orientierungshilfen für die konkrete Tierbegegnung zu verstehen, als Hilfen für den rechten Blick auf das Tier.

Seele und Geist

Wenn wir geisteswissenschaftlich, wie es hier geschehen soll, von Seele sprechen, dann ist mit dem Begriff der Seele immer der andere Begriff der Innerlichkeit, des innerlichen Erlebens verbunden. Und wenn wir in Bezug auf die uns umgebende Welt vom Geist reden, sind wir uns darüber klar, dass wir in allem, was uns nur erscheinen, entgegentreten kann, etwas wie eine Offenbarung des Geistes haben. […]

Wir sprechen einem Wesen Seele zu, das den Geist nicht nur in sich aufnimmt, sondern das den Geist in sich erlebt und aus dem Geist heraus in sich selber schaffend ist. Also nur dann sprechen wir von Seele, wenn Geist innerlich in einem Wesen ist, das uns entgegentritt. So aber – innerlich schaffend – finden wir den Geist bei Mensch und Tier. […]

Während der Mensch noch höhere Glieder übersinnlicher Art hat – den astralischen Leib und das Ich –, ist die Pflanze eine Wesenheit, die nur physischen und Ätherleib hat, während ein Mineral nur aus physischem Leib besteht, soweit es sich uns in der Außenwelt darstellt. Treten wir zum Tier heran, so sprechen wir nur davon, dass sich beim Tier in physischen Leib und Ätherleib eingliedert […] der Astralleib.

Nun schreiben wir dem Astralleib die Fähigkeit zu, dass dasjenige, was zum Beispiel beim Kristall die Gestaltung hervorruft, also das Geistige, in dem Wesen selber innerlich, organbildend wird. Und wenn wir sehen, dass in einem tierischen Wesen aus der innerlichen Organisation heraus sich die Sinnesorgane, die Funktionen der tierischen Seele aufbauen, so sagen wir: Während beim Mineral sich der Geist erschöpft in der Ausgestaltung der Form, ist er innerlich lebendig im Tier. Dieses Innerlich-lebendig-Sein, dieses Dasein des Geistes innerhalb der tierischen Organisation selber bezeichnen wir als eine Tätigkeit des

Astralleibes. Beim Menschen aber sprechen wir davon, dass dieser Astralleib noch durchdrungen ist von einem Ich-Leib [...].

Was sprechen wir denn dem Geiste eigentlich zu, wenn wir von Geist reden? Wir sprechen ihm dasjenige als Realität, als äußere Wirklichkeit zu, was wir sozusagen in uns selber in unserer Intelligenz erleben. [...]

Was in uns als Intelligenz lebt, das ist ausgebreitet in Raum und Zeit und wirkt dort in Raum und Zeit. Wenn wir uns umsehen im weiten, toten Naturreich, sprechen wir davon, dass der Geist in diesem weiten, toten Naturreich gleichsam im Stoffe erstarrt ist, und dass wir das, was in den Formen, in der gesetzmäßigen Wirksamkeit des Stoffes sich ausprägt, hereinlassen, auffangen können in unserer Intelligenz, und dadurch in unserer Intelligenz eine Art Spiegelung des die Welt durchwebenden und durchwirkenden Geistes haben.

Wenn wir so den Geist im ganzen Weltall verfolgen und ihn jetzt vergleichen, wie er gleichsam in den toten Wesen des Daseins erstarrt ist, mit der Art, wie er uns im Tierreich entgegentritt, dann sagen wir uns: Sehen wir ein einzelnes tierisches Wesen an, so erscheint uns in ihm ein in sich geschlossenes Dasein, das in derselben Art schafft wie der Geist, der ausgebreitet ist in Raum und Zeit.

Wir können uns vorläufig ein Gefühl dafür aneignen, warum die Menschen, welche die Gründe dafür wussten, diesen im Tier wirksamen Geist den «Astralleib» nannten. Sie richteten den Blick in die große Welt des Daseins, durch welche die Sterne in ihren Bahnen sich bewegen, die der Mensch durch seine Intelligenz begreift, und sagten sich: In der Gesetzmäßigkeit der ganzen Welt lebt der Geist, und wir sehen einen gewissen Abschluss in einem einzelnen tierischen Organismus, sehen ihn in dem Raum, der durch die tierische Haut begrenzt wird, eingeschlossen. – Was so im Tiere wirkt und gleichartig ist dem, was sich sonst ausbreitet in Raum und Zeit, das bezeichneten sie im einzelnen tierischen Organismus als astralischen Leib. [...]

Wenn wir jetzt diesen Geist, den wir bewundern können in seinem Ergossensein in Raum und Zeit, betrachten, wie er wirkt im Tier, dann dürfen wir sagen: Wir sehen an dem Tier, wo wir es auch betrachten, wie aus seiner Organisation die geistige Wirksamkeit heraussprießt, die wir sonst herausholen müssen aus allen Gesetzen des Raum- und Zeitdaseins. [...] Der sinnige Mensch braucht nicht weit zu gehen, und er wird aus der tierischen Tätigkeit die geistige Wirksamkeit heraussprießen sehen, wie er sie sonst aufsuchen muss in den Weiten des Daseins. Wenn er die Wespe das Wespennest aufbauen sieht, kann er sich sagen: Da sehe ich gleichsam Intelligenz aus der tierischen Organisation heraussprießen. Die Intelligenz, die ich draußen im Weltenall finde, wenn ich meine eigene Intelligenz auf die Gesetze des Daseins anwende, sehe ich in dem an der tierischen Organisation wirksamen Geist. Wenn der Mensch diesen in der tierischen Organisation wirksamen Geist betrachtet, [...] dann kann er sich wahrhaft sagen: Zuweilen ist wirklich dieser in der tierischen Organisation wirksame Geist, diese Verinnerlichung des Geistes im Tier weit über das hinaus, was der Mensch in Bezug auf Intelligenz zu erschaffen vermag! Wir haben ein naheliegendes Beispiel schon öfter erwähnt. Wie lange hat der Mensch im Verlaufe seines geschichtlichen Daseins warten müssen, bis ihn die eigene Intelligenz dazu befähigte, Papier zu bereiten! Untersuchen wir die Kräfte der Intelligenz, die der Mensch aufwenden und seinem eigenen Seelenleben einverleiben musste, um Papier bereiten zu können. Sie können in jeder Schulgeschichte nachlesen, was es für ein großes Ereignis gewesen ist, dass der Mensch zur Papierbereitung aufstieg. Nun – die Wespe kann das schon seit Jahrtausenden! Denn das ist ganz dasselbe, was uns im Wespennest entgegentritt, und was der Mensch als Papier herstellt.

So sind wir sozusagen dabei, die individuelle Wirksamkeit des Geistes in dem tierischen Organismus zu betrachten. Dieses innerliche Wirken des Geistes in einem Organismus, dieses Sich-Erleben des Geistes in seiner Tätigkeit, das ist es, was wir als seelisches Erleben bezeichnen. Dieses seelische Erleben finden wir nun, wenn wir es vorurteilslos betrachten, in einer ganz verschiedenen Art beim Menschen und beim Tier ausgebildet. Man hat viel gesprochen und spricht heute noch von dem, was in dem Tier Instinkte sind und was beim Menschen bewusste Tätigkeit ist. Man täte gut, wenn man sich in dieser Beziehung weniger an Worte hielte und mehr die Sache ins Auge fasste, wenn man mehr darauf einginge, das Wesen der Instinkte zu verstehen. Vor allem zeigt die Betrachtung, die wir jetzt gepflogen haben, dass die Instinkte etwas sein können, was weit der Intelligenz des Menschen voraus sein kann, und dass wir die Qualität, die hervorgebracht wird, durchaus nicht auf das Wort Instinkt beziehen dürfen. Der Mensch fragt so leicht – man möchte sagen in seinem universellen Hochmut: Was habe ich vor den Tieren voraus? Vielleicht könnte er auch, wenn er wollte, einmal fragen: Worin bin ich hinter den Tieren zurückgeblieben? Da könnte er finden, dass er vor allem hinter den Tieren in vielen, vielen Verrichtungen und Geschicklichkeiten zurückgeblieben ist, welche wir beim Tier einfach vorfinden, die der Mensch aber, wenn er sie in Bezug auf sich selber ausbilden will, sich erst aneignen, erst erlernen muss.

Der Mensch, das ist oft gesagt worden, kommt hilflos durch die Geburt ins Dasein. Das Tier kommt so auf die Welt, dass die Natur ihm aus dem Innern herausstrotzt und dass es als vererbtes Kapital mitbringt, was ihm das Leben so, wie es leben soll, möglich macht. Gewiss, wir wollen nicht verkennen, dass das Tier auch erst manches wird lernen müssen, dass das Küchlein zwar gleich pickt, aber nicht gleich unterscheiden kann zwischen dem, was genießbar ist oder nicht, was verdaubar ist oder nicht. Aber das ist so nur kurze Zeit. Darauf kommt es jedoch an, dass gewisse tierische Fähigkeiten so auftreten, dass wir deutlich sehen, sie liegen in der ganzen Vererbungslinie, sind wirklich angeboren und kommen zu ihrer Zeit heraus. [...] Geradeso wie der Mensch die Fähigkeit, die zweiten Zähne zu bekommen, auch nicht erst erwirbt – er hat sie, wenn auch die zweiten Zähne erst später auftreten –, so treten gewisse Geschicklichkeiten und Fähigkeiten beim Tier auch erst später auf, die aber doch in die Vererbung gehören. [...] So müssen wir sagen, dass wir den Umkreis des tierischen Lebens in weitestem Maße in dem Augenblick umrissen sehen, wo das Tier ins Dasein tritt, und dass die Art, wie sich das Tier weiterentwickelt, mit dem Augenblick seiner Geburt gegeben ist und dann sich ausgestaltet. In diesem Ausgestalten erkennen wir die Wirksamkeit des Geistes an, und in dem Dabeisein des Tieres bei diesem Ausgestalten erkennen wir das seelische Leben des Tieres.

Man könnte, wenn man wollte und das Wort nicht missverstünde, das seelische Leben des Tieres nennen ein «Genießen des Geistes innerhalb des Organismus». [...] Dann aber wird man sehen – und wir wollen vorläufig bei den höheren Tieren bleiben –, dass dieses Erleben der geistigen Wirksamkeit, dieses seelische Erleben des Tieres in einem hohen Maße sich innerlich erschöpft, dass es sozusagen sich innerlich auslebt. Ja, seelisches Erleben des Tieres liegt in dem Haben seiner Organe, in dem Begehren seiner Organe, namentlich in der Tätigkeit dieser Organe, die auf das innere Leben gerichtet ist.

Eine Ahnung davon, was sich allerdings erst im vollen Umfange der Geistesforschung ergibt, wie das Tier sozusagen die Arbeit des Geistes in sich selber genießt, kann der bekommen, der den Blick auf ein in der Verdauung begriffenes Tier richtet. Ein Tier, das verdaut, also die innere Tätigkeit des Geistes in sich erlebt, fühlt darin sein besonderes Wohlbehagen. Das ist seelisches Erleben der inneren Leiblichkeit, in der der Geist unmittelbar wirkt. [...] Dann erleben sie die Wirksamkeit des Geistes in den Organen. [...] Das Tier hat, indem der Geist eine gewisse Summe von Organen aufgebaut hat, diesen Geist zur Darstellung zu bringen, wie er in den Organen gewirkt hat, wie er sich in den Organen darlebt. [...]

In der Organbildung liegt uns aber die Art des Tieres vor. Daher können wir die Frage: Was erlebt, was genießt das Tier seelisch?, dahin beantworten: Von der Geburt bis zum Tode erlebt es seine Art. Es erlebt dasjenige an seinem eigenen Organismus seelisch, was ihm der Geist mit in das Dasein gegeben hat.

Einer, der viel, viel nachgedacht hat über das Leben der Tiere und des Menschen und der aus einem tiefen Bewusstsein heraus gesprochen hat, nämlich Goethe, hat das schöne Wort geprägt: «Die Tiere werden durch ihre Organe belehrt, sagten die Alten; ich setze hinzu: Die Menschen gleichfalls, sie haben jedoch den Vorzug, ihre Organe dagegen wieder zu belehren.»

Damit ist ein ungeheuer tiefes Wort gesprochen. Was kann ein Tier im Leben? Was seine Organe ihm möglich machen, das kann ein Tier. Und so ängstigt sich ein Tier, ist mutig oder feige, raubsüchtig oder sanftmütig, wie sich der Geist in seine Organisation ergossen hat. Es spiegelt sich in dem seelischen Erleben des Tieres das Schaffen des Geistes in den Organen. Damit aber ist das seelische Erleben des Tieres auch eingeschlossen in seine Gattung, es kann nicht heraus aus der Gattung, aus der Art, es genießt sich als Gattung, als Art. [...]

So genießt das Tier in seinem seelischen Erleben dasjenige, was ihm vererbt werden kann; das heißt, das seelische Leben des Tieres weist auf die Vergangenheit hin. Und in dem Augenblick, wo wir das seelische Erleben des Tieres in den Tod sinken sehen, sehen wir das, was das Tier von sich als Gattung erleben kann, mit in den Tod versinken. Alles, was am Tier individuell ist, indem es Seelisches erlebt, erlebt es als etwas, was es überkommen hat, was ihm von der Vergangenheit zugekommen ist. Es erschöpft im Leben das seelische Leben. Und es ist kein Anhaltspunkt da für eine Unsterblichkeit. Dagegen sehen wir, was das Tier seelisch erlebt, immer wieder und wieder im Gattungsleben weiterleben. Daher sprechen wir beim Tier, wenn wir geisteswissenschaftlich sprechen, von einer Gattungsseele, die in der Gattung stets von neuem aufersteht, in der Gattung stets weiterlebt. Und niemand, der in klaren Begriffen leben will, kann verkennen, welche Berechtigung dieser Satz hat. Was der Geist in der tierischen Art und Gattung schafft, das sehen wir in der einzelnen tierischen Individualität erlebt werden. Wir sehen aber auch, dass dieses Erleben auf das Vergangene hinweist und dass es in dem Augenblick, wo das Vergangene erschöpft ist, wo das seelische Erleben sich dem Tod zuneigt, zu Ende gehen muss, dass die Abendröte damit beginnt.

Sehen wir nur einmal, wie das seelische Erleben beim Tier eng an die Organisation gebunden ist, wie eng die Geschicklichkeit eines Tieres, das ganze Erleben des Tieres an seine Organe und an die vererbten Merkmale gebunden ist. [...] Das Tier erschöpft sich geradezu innerhalb seiner Organisation in seinem seelischen Erleben [...]. Gewiss, es ist vorauszusetzen und zu sagen und durch die Geistesforschung auch zu dokumentieren, dass der Adler seelisches Erleben an der Höhe hat, in der er sein Dasein hat. Aber er hat es in der Betätigung, in dem, was in seinen Organen lebt, was innerhalb seiner Organe zum Ausdruck kommt. Beim Menschen löst sich das seelische Erleben von dem innerlichen Genießen los, von dem innerlichen Sich-Erleben. Das muss der Mensch, wenn man so sagen darf, auch büßen. Beim Tier ist eine gewisse Instinktsicherheit vorhanden, das Tier weiß, welche Nahrungsmittel ihm schaden, welche ihm nützen. [...] Der Mensch dagegen löst sich von seinen Organen los. Die Folge davon ist, dass er jetzt nicht mehr unmittelbar dem folgen kann, was für ihn gut oder schlecht ist. Er wird unsicher. Und während die Tiere Leidenschaften zeigen, welche mit den Organen zusammenfallen, zeigt der Mensch Leidenschaften, die vielleicht sehr viel verwüstender sind und gar nicht mit seinen Organen zusammenfallen. Während die Spinne mit Sicherheit ihr Netz baut und es unsinnig wäre, ihr von Logik zu reden, muss sich der Mensch gar sehr bedenken, wenn er seine Bauten zusammenfügen soll. Da kann er sehr irren. [...]

Dagegen kann sich der Mensch aber auch wieder nach der anderen Seite mit dem Geist verbinden und in die Seele aufnehmen, was ihm der Geist vermittelt. Er ist fähig, Geist aufzunehmen, ohne dass dieser sich erst durch die Organe, durch die Leiblichkeit ergießen muss, während das Tier darauf angewiesen ist, wie sich der Geist in die Organe ergießt.

Schmerz

Was wir aber in diesem Zustande hervorheben können, das ist immer vorhanden als ein gewisses Wohlgefühl der Seele, als ein Lebensgefühl, als Behaglichkeit oder Unbehaglichkeit, und das kommt davon her, wie der Ätherleib bezwingt oder nicht bezwingt, mächtig oder ohnmächtig ist gegenüber der physischen Organisation. [...] Nehmen wir an, es hat sich jemand mit seinem Denken so weit abgemüht, dass das Organ des Gehirns nicht mehr mitwill. Der Ätherleib kann dann wohl noch denken, aber das Gehirn kann nicht mehr mit. Da fängt das Denken an, Kopfschmerzen zu machen. Und davon geht das Unbehagen aus im allgemeinen Lebensgefühl. […]

So haben wir den Schmerz im astralischen Leibe begriffen, indem wir ihn als den Ausdruck für eine Ohnmacht des Ätherleibes gegenüber dem physischen Leib zu erfassen verstehen. Ein Ätherleib, der mit seinem physischen Leib zurechtkommt, wirkt auf seinen Astralleib so zurück, dass in diesem Behagen gesundes inneres Erleben auftritt. Ein Ätherleib, der dagegen nicht mit seinem physischen Leib zurechtkommt, wirkt so auf den Astralleib zurück, dass in demselben Schmerz und Unbehagen auftreten muss. Jetzt werden wir einsehen können, wie gerade bei den höheren Tieren […] dieses seelische Erleben auch in die gestörte Leiblichkeit sich viel tiefer hineinleben wird, als es sich beim Menschen in die gestörte Leiblichkeit hineinleben kann. Weil sich das seelische Leben des Menschen von dem inneren leiblichen Erleben so emanzipiert, deshalb ist beim Menschen ganz gewiss gegenüber dem höheren Tier der Schmerz, der durch die bloßen leiblichen Verhältnisse herbeigeführt wird, kein so peinigender und in der Seele fressender als beim Tier. Wir können das noch bei Kindern beobachten, wie leiblicher Schmerz noch ein viel größerer seelischer Schmerz ist als in den späteren Jahren, weil der Mensch in dem Maße, als er von der leiblichen Organisation unabhängig wird, in den Eigenschaften seiner Seele, die ihm unmittelbar aus der Seele kommen müssen, auch die Mittel findet gegen den leiblichen Schmerz, während das höhere Tier, das so eng an seine Leiblichkeit gebunden ist, auch mit alledem, was Schmerz bedeutet, in einem unendlich viel höheren Maße zusammenhängt als der Mensch. Das alles sind auf nichts basierende Redensarten, welche davon sprechen, dass beim Menschen ein Schmerz höher sein könnte als beim Tier. Der Schmerz ist beim Tier ein viel tieferer und viel mehr seelenerfüllend, als es beim rein leiblichen Schmerz für den Menschen der Fall sein kann.

Lachen und Weinen

DAS TIER WEINT NICHT und lacht nicht. Gewiss, es werden sich auch da wieder Menschen finden, welche behaupten, auch das Tier lache, auch das Tier weine. [...] Der wirkliche Seelenbeobachter weiß, dass es das Tier nicht zum Weinen, sondern höchstens zum Heulen, und nicht zum Lachen, sondern nur zum Grinsen bringen kann. Diesen Unterschied müssen wir ins Auge fassen, zwischen Heulen und Weinen und zwischen Grinsen und Lachen. Wir müssen bis zu sehr bedeutsamen Ereignissen zurückgehen, wenn wir ein Licht werfen wollen auf das, was die eigentliche Natur von Lachen und Weinen ausmacht. [...]

Der Mensch ist also im Wesentlichen eine Zweiheit: Seine eine Natur ererbt er von seinen Vätern, seine andere Natur bringt er sich mit aus seinen früheren Verkörperungen. So unterscheiden wir den eigentlichen Wesenskern des Menschen, der von Leben zu Leben geht, von Inkarnation zu Inkarnation, und alles das, was den Menschen umhüllt, was sich um seinen Wesenskern herum anlegt und was aus den vererbten Merkmalen besteht. Nun ist zwar durchaus vor des Menschen Geburt der eigentliche individuelle Wesenskern, der von Inkarnation zu Inkarnation geht, mit dem Menschen als physischem Wesen schon verbunden, so dass man nicht etwa glauben darf, dass, wenn ein Mensch einmal geboren ist, seine Individualität unter normalen Umständen noch ausgetauscht werden könnte. Es ist die Individualität vor der Geburt bereits mit dem Menschenleibe verbunden. [...]

Vor der Geburt sind tätig am Menschen die Ursachen für alle diejenigen Merkmale und Eigenschaften, die zu den vererbten gehören, die wir erben können von Vater, Mutter und den anderen Vorfahren. – Obwohl, wie gesagt, des Menschen Wesenskern bei alledem schon dabei ist, so kann er doch erst in das ganze Getriebe eingreifen, wenn das Kind zur Welt gekommen ist. [...]

Alles Arbeiten vor der Geburt wäre von Seiten des individuellen Wesenskernes ein Arbeiten von außen durch Vermittlung zum Beispiel der Mutter und so weiter. Aber das eigentliche Arbeiten des individuellen Wesenskernes an dem Organismus selbst beginnt eben erst, wenn das Kind das Licht der Welt erblickt hat. [...]

Das Kind hat deshalb zunächst noch gewisse Eigenschaften mit der Tierheit gemeinsam, und das sind ja gerade solche Eigenschaften, die ihren Ausdruck in dem finden, was wir heute besprechen wollen, im Lachen und Weinen. In der allerersten Zeit nach der Geburt kann das Kind im wirklichen Sinne des Wortes nicht lachen und weinen. In der Regel ist es erst der vierzigste Tag nach der Geburt, wo das Kind zur Träne kommt, und dann auch zum Lächeln, weil dasjenige, was sich aus den früheren Leben hinübergelebt hat, da erst arbeitet, von da ab sich erst hineinsenkt in das Innere des Leiblichen und von da ab das Leibliche zu seinem Ausdruck macht. [...]

Nun ist es gerade die Tätigkeit des Ich in dem Organismus, welche bei einem Wesen, wie es der Mensch ist, Lachen und Weinen hervorruft. Nur bei einem Wesen, das sein Ich innerlich hat, bei dem das Ich also nicht Gruppen-Ich ist wie beim Tier, sondern innerlich im Organismus sitzt, ist Lachen und Weinen möglich. Denn Lachen und Weinen ist eben nichts anderes als ein feiner, ein intimer Ausdruck der Ichheit in der Leiblichkeit.

Jedes Mal, wenn Weinen vorliegt, kann das hellseherische Bewusstsein konstatieren ein Zusammenpressen des astralischen Leibes durch das Ich. Jedes Mal, wenn Lachen vorliegt, kommt ein Ausdehnen, wie ein Breiterwerden, ein Bauchigerwerden des astralischen Leibes zustande durch das Ich. Nur dadurch, dass das Ich innerhalb der menschlichen Wesenheit tätig ist, dass es nicht als Gruppen-Ich von außen wirkt, kommt Lachen und Weinen zustande. Weil nun das Ich erst nach und nach in dem Kinde anfängt tätig zu sein, weil bei der Geburt das Ich eigentlich noch nicht tätig ist, noch nicht sozusagen die Fäden ergriffen hat, die von innen aus den Organismus dirigieren, deshalb kann das Kind in den ersten Tagen nicht lachen und nicht weinen, sondern lernt es erst in dem Maße, als das Ich Herr wird über die inneren Fäden, die zuerst im astralischen Leibe tätig sind. [...]

Sehen Sie sich die im Grunde genommen unbewegliche Physiognomie des Tieres an, wie sie Ihnen entgegentritt in ihrer Starrheit. Und sehen Sie sich dagegen die bewegliche Menschenform an mit ihren Änderungen in den Gesten, in der Physiognomie und so weiter. [...]

Da also beginnt die Individualität des Ich, wo das Wesen imstande wird, die Kräfte des astralischen Leibes von innen heraus entweder mehr anzuspannen oder schlaffer werden zu lassen. [...] Im astralischen Leibe des Tieres arbeitet das Ich von außen. Daher können alle Spannungsverhältnisse des tierischen astralischen Leibes auch nur von außen bewirkt werden, und es kann nicht das Innerliche in einem solchen Dasein nach außen sich abformen, wie es beim Lachen und Weinen zum Ausdruck kommt.

Angst

Sehen wir auf die Pflanzenfresser. Das Tierische nimmt das Pflanzliche in sich auf. Das ist wiederum ein sehr komplizierter Vorgang, denn indem das Tier das Pflanzliche in sich aufnimmt, kann ja das Tier keine menschliche Gestalt dem Pflanzlichen entgegensetzen. Daher kann sich im Tiere das Pflanzliche nicht [wie beim Menschen] von unten nach oben und von oben nach unten kehren. Das Tier hat seine Wirbelsäule parallel der Erdoberfläche. Dadurch wird dasjenige, was da geschehen will beim Verdauen, im Tiere ganz in Unordnung gebracht. Da will das Untere nach oben, und es will das Obere nach unten, und die Sache staut sich, staut sich in sich selber, so dass die tierische Verdauung etwas wesentlich anderes ist als die menschliche Verdauung. Bei der tierischen Verdauung staut sich dasjenige, was in der Pflanze lebt. Die Folge davon ist, dass beim Tier dem Pflanzenwesen das Versprechen gegeben wird: Du darfst deiner Sehnsucht nach den Weltenweiten genügen [indem Du wie beim Menschen in die Vertikale zwischen Himmel und Erde gestellt wirst] – aber es wird ihm das Versprechen nicht gehalten. Die Pflanze wird wiederum zurück zur Erde geworfen.

Dadurch aber, dass im tierischen Organismus die Pflanze zurück zur Erde geworfen wird, dringen sofort in die Pflanze – statt dass wie beim Menschen, wenn die Umkehr stattfindet, von oben die Weltengeister mit ihren Kräften eindringen – beim Tier gewisse Elementargeister ein. Und diese Elementargeister, die sind Angstgeister, Angstträger. So dass für die geistige Anschauung dieses Merkwürdige zu verfolgen ist: Das Tier selbst genießt die Nahrung, genießt sie in innerer Behaglichkeit; und während der Strom der Nahrung nach der einen Seite geht, geht ein Angststrom von Angst-Elementargeistern nach der anderen Seite. Fortwährend strömt in der Richtung der Verdauung durch den Verdauungskanal des Tieres das Wohlbehagen der Nahrungsaufnahme, und entgegengesetzt der Verdauung strömt eine furchtbare Strömung von Angst-Elementargeistigem.

Das ist auch dasjenige, was die Tiere zurücklassen, wenn sie sterben. Indem die Tiere, […] die zum Beispiel den vierfüßigen Säugetieren angehören, indem diese Tiere sterben, stirbt immer, man könnte eigentlich sagen, lebt auf in ihrem Sterben ein Wesen, das ganz aus Ängstlichkeit zusammengesetzt ist. Mit dem Tier stirbt Angst, das heißt, lebt Angst auf. Bei Raubtieren ist es so, dass sie schon diese Angst mitgenießen. Das Raubtier, das seine Beute zerreißt, genießt mit Wohlbehagen das Fleisch. Und diesem Wohlgefallen am Fleischgenusse strömt entgegen die Angst, die Furcht, die das pflanzenfressende Tier erst beim Tode von sich gibt, die das Raubtier bereits ausströmt während seines Lebens. Daher sind solche Tiere, wie Löwen, Tiger, in ihrem astralischen Leibe von Angst durchsetzt [...]; so dass die fleischfressenden Tiere sogar noch ein Nachleben haben [...], ein Nachleben, das ein viel furchtbareres Kamaloka darstellt, könnte man sagen, als es die Menschen jemals durchleben können, einfach dadurch, dass die Raubtiere diese Natur haben, die sie schon einmal haben.

In dem folgenden Abschnitt geht Rudolf Steiner von der Abstraktheit der Tiere aus, um damit deren konstitutionelle Angst zu begründen: Tiere leben, wie schon oben geschildert, in der ihnen je arteigenen Seelenwelt. Insofern lebt das Tier tatsächlich in einer von der «objektiven» Welt abgelösten, in diesem Sinne abstrakten Welt. Die ringsum ausgebreitete Welt begegnet dem Tier zunächst als ihm fremd; und sie bleibt es solange, als das Tier diese Welt nicht in seine ihm eigene Seelenwelt integrieren kann – oder umgekehrt: solange es die Außenwelt nicht mit seinem ihm eigenen Seelendasein überziehen, gleichsam tingieren kann. So lebt das Tier mit dem steten Gefühl, von einer ihm eigentlich fremden Welt umgeben zu sein. Hierin begründet sich der von Rudolf Steiner beschriebene «ängstliche Blick» der Tiere.

WENN MAN MIT geisteswissenschaftlichen Voraussetzungen den Menschen mit dem Tiere vergleicht, dann zeigt sich, dass der Mensch zwar den Dingen der Welt gegenübertritt in einzelnen Beobachtungen und sich dann abstrakte Begriffe bildet durch allerlei Denkoperationen, in denen er zusammenfasst, was er vereinzelt sieht. Man kann auch zugeben, dass das Tier diese Abstraktion nicht hat, dass das Tier diese Tätigkeit der Abstraktion nicht ausübt. Aber das Kuriose ist, dass die abstrakten Begriffe dem Tiere nicht fehlen, dass das Tier mit seiner Seele gerade in den allerabstraktesten Begriffen lebt, die wir Menschen uns mühevoll bilden, und dass das Tier die einzelne Anschauung nicht so hat wie wir. [...] Aber das, was wir Menschen nicht haben, sondern uns erst erwerben müssen, die abstrakten Begriffe, die hat gerade das Tier, so sonderbar es einem erscheinen mag. Gewiss, es hat jedes Tier nur ein bestimmtes Gebiet, aber auf diesem Gebiete hat das Tier solche abstrakten Begriffe [...]. Der Mensch ist darauf angewiesen, einen, zwei, drei Hunde zu sehen; er bildet sich daraus den abstrakten Begriff «Hund». Das Tier hat auf diesem Gebiete, und zwar ganz genau, denselben abstrakten Begriff «Hund», den wir haben, es braucht sich ihn nicht zu bilden. [...] Aber das Tier hat nicht die Fähigkeit, den einen Hund von dem andern genau zu unterscheiden, genau zu individualisieren durch die Sinneswahrnehmungen. [...]

Das Tier hat eine ganz andere Art von Sinnesanschauung als wir Menschen. Gerade die äußere Sinnesanschauung ist ganz verschieden. [...] Mit Bezug auf das, was ich Ihnen eben angedeutet habe, da sind die Menschen ganz tief beherrscht von einem, fast könnte man sagen, instinktiven Hang zu glauben, dass das Tier wirklich in der Umgebung dasselbe sieht wie der Mensch. [...]

Äußerlich drückt sich das so aus, dass die Organisation der Sinne bei den Tieren in einem sehr ausgesprochenen Lebenszusammenhang steht mit der gesamten Organisation des Leibes. Die Organisation des Leibes erstreckt sich beim Tier sehr bedeutsam noch in den Sinn hinein. [...]

Dieses Selbständigerwerden der Sinne, dieses Emanzipieren der Sinne von der Gesamtorganisation, das ist etwas, was erst beim Menschen eintritt. Dadurch aber ist beim Menschen die ganze Welt der Sinne viel mehr im Zusammenhang mit dem Willen als beim Tier. [...] Der Mensch lebt viel mehr in der Außenwelt, das Tier lebt viel mehr in seiner eigenen inneren Welt. [...]

Es kann aber auch der Geisteswissenschafter kommen und sagen: In diesem Zeitalter der Bewusstseinsseelenentwicklung ist das Charakteristische für den Menschen gerade das, dass er die Fähigkeit, abstrakte Begriffe auszubilden, ganz besonders stark entwickeln kann. [...]

Der Mensch ist [...], sei es bewusst oder unbewusst, vor die furchtbare Entscheidung gestellt: entweder durch die abstrakten Begriffe nur «tierischer als das Tier» zu werden und «in jeden Quark seine Nase zu begraben», um mit Goethes «Faust» zu sprechen, oder aber in dem Augenblicke, wo er in die Abstraktion eintritt, in diese abstrakten Begriffe dasjenige hineinzugießen, was aus geistigen Welten herausströmt [...].

Vor diese wichtige Entscheidung also ist der Mensch gestellt: entweder zur Tierheit zurückzukehren in sehr starkem Maße, tierischer als jedes Tier zu sein [...], oder aber das Spirituelle aufzunehmen.

Sehen denn heute die Menschen noch, hinschauend über eine große Anzahl von Tieren, den ängstlichen Blick, mit dem ganze Scharen, ganze Gruppen von Tieren in die Welt schauen, den furchtsamen, ängstlichen Blick? Oh, wir werden ihn wieder sehen lernen, wenn wir durch das Abstraktionsvermögen nur so weit gekommen sind, [...] dass wir wiederum Mitgefühl entwickeln können mit dem Tiere! Nicht jenes Mitgefühl, das heute oftmals künstlich anerzogen wird, sondern das einem elementaren inneren Erleben entspricht. Man kann sagen: Über die gesamten höheren Tiere, die gesamten warmblütigen Tiere, breitet sich aus ein eigentümliches Ängstlichsein, ein ängstliches Hineinschauen in die Welt. [...] Das Fürchten ist nämlich eine ganz generelle, allgemeine Eigenschaft der Tiere. Wenn sich manche Tiere nicht fürchten, so beruht das gerade auf Abrichten und Gewöhnen in irgendeiner Weise. Das Fürchten ist dem Tiere ganz eigen aus dem Grunde, weil das Tier in hohem Maße die Fähigkeit der Abstraktion hat, die abstrakten Begriffe. In denen lebt das Tier. Die Welt, die Sie sich erwerben, wenn Sie lange studieren, wenn Sie lange abstrahiert haben, das ist die Welt, in der das Tier lebt; und die Welt, in welcher der Mensch hier auf der Erde durch seine Sinne lebt, die ist dem Tier, trotzdem das Tier Sinne hat, viel unbekannter als dem Menschen, und vor dem Unbekannten fürchtet man sich. Das ist durchaus einer tiefen Wahrheit entsprechend. Das Tier sieht ängstlich in die Welt.

SIE WISSEN, wenn man insbesondere eine größere Eidechse hat und sie am Schwanz packen will, dann bricht der Schwanz ab. Man sagt: Die Eidechse ist spröde. Und man kann wirklich sehr schwer Eidechsen, die größer sind, bekommen, wenn man sie am Schwanz fasst, denn der Schwanz ist spröde, er bricht ab, und sie läuft ganz flott weiter ohne Schwanz. [...]

Nun besteht aber eine merkwürdige Tatsache, und die berücksichtigen die Leute dabei sehr wenig. Das ist die Tatsache, dass doch die Eidechsen, wenn sie gefangen sind, längere Zeit in Gefangenschaft gelebt haben, diese eigentümliche Art, den Schwanz leicht ausgerissen zu bekommen, verlieren. Dann stärkt sich der Schwanz, und dann kann man ihn nicht so leicht ausreißen; dann hält er besser. Das ist eine eigentümliche Erscheinung, dass die Eidechsen, wenn sie draußen sind, den Schwanz leicht verlieren;

wenn sie in der Gefangenschaft sind, hält er besser. Woher kommt das? [...]

Das rührt davon her, dass das Tier doch etwas Angst haben wird, wenn man es draußen abfangen will. Das ist doch nichts Gewöhnliches, wenn es draußen abgefangen wird. Das kommt zum ersten Mal vor. Da kommt zum ersten Mal ein Mensch in seine Nähe, da hat es Angst, und dadurch, dass es Angst hat, wird es so spröde, dass es den Schwanz verliert. Wenn es sich in der Gefangenschaft an die Menschen gewöhnt, wenn die Menschen alle Augenblicke in seine Nähe kommen, da hat es keine Angst mehr und verliert den Schwanz nicht. [...]

Ja, diese Angst, die die Eidechse hat, wenn der Mensch in ihre Nähe kommt und sie abfangen will, die ist ja nur etwas, was beim Tier herauskommt, wenn der Mensch es abfängt, was aber immer im Tier drinnen steckt, und diese Angst ist es, die die Materie des Tieres, den Stoff des Tieres zusammenhält und stark macht.

Dafür werde ich Ihnen eine ganz merkwürdige Erscheinung im Menschenleben anführen. Sie werden schon gehört haben, dass Menschen, die sehr stark abhängig sind von ihrem Seelenleben, wenn sie Angst verspüren, dann Durchfall bekommen. Die Ängstlichkeit macht Durchfall. Und was bedeutet das? Das bedeutet, dass dasjenige, was in den Gedärmen ist, nicht mehr zusammengehalten wird. Ja, was hat denn diese Sache in den Gedärmen zusammengehalten? Sehen Sie, wenn die Angst in die Seele heraufzieht, dann hält sie die Dinge in den Gedärmen nicht mehr zusammen; wenn die Angst aber unten in den Gedärmen ist, hält sie den Stoff zusammen.

Und so ist es auch bei der Eidechse. Wenn man eine Eidechse ansieht, so ist diese Eidechse geradeso wie unser eigener Unterleib fortwährend im Ganzen mit Angst ausgefüllt, also mit etwas Seelischem. Und insbesondere ist der Schwanz durch Angst ausgefüllt. Wenn das Tier seine

Angst herauspresst, dann zerbricht der Schwanz, aber die Angst bleibt doch im Tiere stecken. Das Tier fühlt die Angst nicht, wenn das Tier in der Gefangenschaft ist, weil es sich an die Menschen gewöhnt hat, und die Folge davon ist, dass die Angst dann den Schwanz zusammenhalten kann. Da sehen wir eine ganz bestimmte seelische Eigenschaft, welche eine gewisse Bedeutung hat für die körperliche Beschaffenheit.

Gedächtnis

Noch leichter als in den Irrtum, der Pflanze Bewusstsein zuzuschreiben, kann man in denjenigen verfallen, bei dem Tiere von Erinnerung zu sprechen. Es liegt so nahe, an Erinnerung zu denken, wenn der Hund seinen Herrn wiedererkennt, den er vielleicht ziemlich lange nicht gesehen hat. Doch in Wahrheit beruht solches Wiedererkennen gar nicht auf Erinnerung, sondern auf etwas völlig anderem. Der Hund empfindet eine gewisse Anziehung zu seinem Herrn. Diese geht aus von der Wesenheit des Letzteren. Diese Wesenheit bereitet dem Hunde Lust, wenn der Herr für ihn gegenwärtig ist. Und jedes Mal, wenn diese Gegenwart des Herrn eintritt, ist sie die Veranlassung zu einer Erneuerung der Lust. Erinnerung ist aber nur dann vorhanden, wenn ein Wesen nicht bloß mit seinen Erlebnissen in der Gegenwart empfindet, sondern wenn es diejenigen der Vergangenheit bewahrt. Man könnte sogar dieses zugeben und dennoch in den Irrtum verfallen, der Hund habe Erinnerung. Man könnte nämlich sagen: Er trauert, wenn sein Herr ihn verlässt, also bleibt ihm die Erinnerung an denselben. Auch das ist ein unrichtiges Urteil. Durch das Zusammenleben mit dem Herrn wird für den Hund dessen Gegenwart Bedürfnis, und er empfindet dadurch die Abwesenheit in ähnlicher Art, wie er den Hunger empfindet. Wer solche Unterscheidungen nicht macht, wird nicht zur Klarheit über die wahren Verhältnisse des Lebens kommen.

Aus gewissen Vorurteilen heraus wird man gegen diese Darstellung einwenden, dass man doch nicht wissen könne, ob beim Tiere etwas der menschlichen Erinnerung Ähnliches vorhanden sei oder nicht. Solcher Einwand beruht aber auf einer ungeschulten Beobachtung. Wer wirklich sinngemäß beobachten kann, wie sich das Tier im Zusammenhange seiner Erlebnisse verhält, der bemerkt den Unterschied dieses Verhaltens von dem des Menschen. Und er wird sich klar, dass das Tier sich so verhält, wie es dem Nichtvorhandensein der Erinnerung entspricht. Für die übersinnliche Beobachtung ist das ohne weiteres klar. Doch, was dieser übersinnlichen Beobachtung unmittelbar zum Bewusstsein kommt, das kann an seinen Wirkungen auf diesem Gebiete auch von der sinnlichen Wahrnehmung und deren denkender Durchdringung erkannt werden. Wenn man sagt, der Mensch wisse von seiner Erinnerung durch innere Seelenbeobachtung, die er doch beim Tiere nicht anstellen könne, so liegt einer solchen Behauptung ein verhängnisvoller Irrtum zugrunde. Was sich der Mensch über seine Erinnerungsfähigkeit zu sagen hat, das kann er nämlich gar nicht einer inneren Seelenbeobachtung entnehmen, sondern allein dem, was er mit sich in dem Verhalten zu den Dingen und Vorgängen der Außenwelt erlebt. Diese Erlebnisse macht er mit sich und mit einem andern Menschen und auch mit den Tieren auf die ganz gleiche Weise. Es ist nur ein Schein, der den Menschen blendet, wenn er glaubt, er beurteile das Vorhandensein der Erinnerung nur an der inneren Beobachtung. Was der Erinnerung als Kraft zugrunde liegt, mag innerlich genannt werden; das Urteil über diese Kraft wird auch für die eigene Person durch den Blick auf den Zusammenhang des Lebens an der Außenwelt erworben. Und diesen Zusammenhang kann man wie bei sich auch bei dem Tiere beurteilen. In Bezug auf solche Dinge leidet unsere gebräuchliche Psychologie an ihren ganz ungeschulten, ungenauen, im hohen Maße durch Beobachtungsfehler täuschenden Vorstellungen.

Instinkt, Intelligenz, Ich-Bewusstsein und Sterben

WIR SEHEN, WIE der eine in den Tieren etwas sehen will, was seelisch-geistig den Menschen so nahe wie möglich steht. Und wir sehen wieder andere nicht müde werden, immer wieder den Abstand selbst der höchsten Tiere von den Menschen zu betonen. Wir sehen auch, wie im sittlichen Verhalten eine solche Verschiedenheit sich ausdrückt. Wir sehen, wie der eine dieses oder jenes Tier im wahrhaften Sinne des Wortes zu seinem lieben Freunde macht, wie er fast wie einem Menschen gegenüber den Diensten des Tieres gegenüber sich verhält, wie er ihm Liebe, wie er ihm Vertrauen, wie er ihm Freundschaft schenkt. Wir sehen auf der anderen Seite, wie gewisse Menschen einen ganz besonderen Widerwillen gegen die einen oder die anderen Tiere haben. Wir sehen, wie aus einem ethischen Drange heraus der eine, der viel mehr als Forscher sich fühlt, immer wieder und wieder hinweist auf die Ähnlichkeit der höheren Tiere und ihrer Verrichtungen mit dem Menschen. So sehen wir Affen Dinge verrichten, die an die seelischen und geistigen Eigenschaften der Menschen gemahnen. Wir sehen aber auch, wie mancher in den höchstentwickelten Tieren etwas sieht wie eine Karikatur des menschlichen Handelns, indem er Triebe und Instinkte, die im Menschen mehr oder weniger abgeschwächt sind, in diesen höchstentwickelten Tieren in einer rohen, ungeschminkten, unveredelten Form auftreten sieht, so dass ihn eine Art von Schamgefühl überkommt. Wir sehen, wie materialistisches Denken und Fühlen, insbesondere in der eben abgelaufenen Epoche, nicht müde wurde, immer wieder und wieder zu betonen, wie alles, was des Menschen Seele äußern kann, wozu des Menschen Seele sich erheben kann, in einer gewissen Andeutung bei den Tieren schon vorhanden sei, wie wir die Äußerungen sehen der Sprache, des Lachens, des Gefühls, der sittlichen Empfindung. Ja, manche glauben auch, bezüglich des religiösen Fühlens in einer gewissen Weise Spuren angedeutet zu finden bei den Tieren. So dass behauptet wird: Alles, was der Mensch an Vollkommenheiten besitzt, hat sich nach und nach herausentwickelt, sich bloß summiert aus einzelnen Eigenschaften, die schon beim Tiere vorhanden sind, so dass man eigentlich den Menschen nur ansehen kann wie ein höchstausgestaltetes, höchstentwickeltes Tier.

[... Cartesius] spricht den Tieren alles ab, was den Menschen eigentlich zum Menschen macht: Vernunft, Verstand, alles, was man unter dem Begriffe einer vernünftigen Seele zusammenfasst. Er betrachtet das Tier wie eine Art Automat. Äußere Reize brächten es in Bewegung, und Reizwirkung sei alles, was beim Tiere in die Erscheinung trete. Es ist also so, dass er das Tier kaum als etwas anderes als eine Art höhere, sehr komplizierte Maschine ansieht. [...] Wir sehen, wenn wir uns durch kein Vorurteil, durch keine voreingenommene Meinung den Blick trüben lassen, sehr bald, dass eine solche Anschauung wie die des Cartesius nicht bestehen kann. Wir sehen, dass in der Tat auch für den oberflächlichen Blick jene Äußerungen, die wir beim Menschen als vernünftig, verständig, als seelisch bezeichnen, im Tiere in einer gewissen Weise durchaus vorhanden sind. [...]

Wir sehen, wenn wir die Tiere um uns herum betrachten, wie hoch es in Bezug auf Intelligenz gewisse dem Menschen nahestehende Tiere bringen können, wir sehen, welch ein treues Gedächtnis Hunde zuweilen zu haben scheinen. […] Wer wüsste nicht, wie lange sich Hunde ein Gedächtnis bewahren, wenn sie sich irgendwo etwas versteckt haben oder dergleichen. Wer wüsste nicht, dass Katzen, die eingeschlossen waren in dieses oder jenes Zimmer, von selbst die Türklinke aufgemacht haben, um sich den Ausgang ins Freie zu schaffen. Ja, es ist durchaus nicht unrichtig, wenn behauptet wird, dass Pferde, die einmal zum Hufschmied geführt worden sind, den Weg kennen, so dass, wenn ihnen ein Hufeisen fehlt, sie aus eigenem Antrieb zum Hufschmied hingehen. […] Wenn wir aufmerksam das Tier betrachten, so werden wir sehen, wie gewisse seelische Eigenschaften des Menschen wie Neid, Eifersucht, Liebe, Zanksucht, alles Mögliche ebenso im Tierreich sich finden, manchmal in geringeren, manchmal in höheren Graden als beim Menschen. […]

Wir müssen dann darauf hinweisen, wie ganz bestimmte Eigenschaften dem Tiere so tief eingeprägt werden können, dass sie nicht nur dem einzelnen Tier, sondern den Nachkommen eingeprägt sind. Gewisse Dinge, die man irgendeinem Hund beigebracht hat, haben sich wiedergefunden bei den Nachkommen desselben, ohne dass diese Nachkommen irgendwie von ihren eigenen Eltern angelernt sein konnten. Es ist so, dass, auch wenn man die Nachkommen gleich nach der Geburt von den Muttertieren entfernt hat, die Eigenschaften, die man dem Vorfahr beigebracht hatte, bei den Nachkommen auftraten. So tief hat sich eine äußere Eigenschaft, die man ihm angelernt hatte, eingeprägt, dass sie in das Prinzip der Vererbung übergegangen ist und sich bei dem Nachkommen von den Vorfahren einfach übertragen hat.

Da man die Dinge gewöhnlich am verkehrten Ende anfasst, so hat man sich lange Zeit hindurch in der sonderbaren Redensart ergangen, ob das Tier intelligent oder nicht intelligent ist – gar nicht darauf achtend, dass man den Punkt, worauf es eigentlich ankommt, verkannte. Denn die Frage kann nicht lauten, ob das Tier intelligent ist oder nicht, sondern ob das Tier in allem, was es zustande bringt, das entfaltet, was der Mensch nur durch seine Intelligenz kann. Dann wird man sich die Antwort geben, dass in dem Tier innerlich schaffende und waltende Intelligenz ist, die unmittelbar aus dem tierischen Leben heraus wirkt. Man wird sich dann ein Gefühl aneignen von dem, was dem Geistesforscher in dem Astralleib als Wahrnehmung vorliegt und was er innerlich und äußerlich im Tier wirksam sieht, indem die Intelligenz in dem Organismus selber schöpferisch ist und aus ihm heraus schafft. Denn der Geistesforscher spricht vom Astralleib, wenn solche Organe veranlagt sind, durch deren Tätigkeit etwas zustande kommt, was der Mensch nur durch seine Intelligenz vollbringen kann. Und wir sehen auf die verschiedenen Tiere verteilt sozusagen dieses innerliche geistige Wirken, sehen es in den Geschicklichkeiten der einzelnen Arten hervortreten. Die eine Tierart kann dieses, die andere jenes, was wir dann als eine Verschiedenartigkeit des Astralleibes bei den verschiedenen Tierarten ansehen.

In dem, was das Tier vollbringt, fließt hinein, erstarrt darinnen dieselbe Intelligenz, die wir dann auch beim Menschen finden. Deshalb dürfen wir nicht einfach in der Art von Tierseele und Menschenseele sprechen, dass wir sagen, das Tier wäre so und so weit hinter dem Menschen zurück – der Mensch so und so weit vor dem Tier voraus.

[Die Insekten] haben ganz gewiss keinen Verstand, […] aber das, was sie tun, in dem wirkt der Verstand. Das muss man sagen: Der Verstand ist da. […] Die Tiere überlegen sich das nicht, aber geschehen tut das, was Verstand ist.

Ja, es geschieht sogar das, dass die Tiere etwas Ähnliches haben wie Erinnerung oder Gedächtnis. Sie haben nicht Gedächtnis, aber etwas Ähnliches. […] Hier steht ein Bienenstock. Die Bienen kriechen aus. Derjenige, der etwas wissen will, setzt nun diesen Bienenstock ein wenig weiter weg. Die Bienen kommen zurück, fliegen aber zunächst nach diesem Orte her. Na, schön, «Instinkt» selbstverständlich; da braucht man sich nicht zu verwundern darüber – sie fliegen in der Richtung, wie sie weggeflogen sind, wieder hin. Aber jetzt fangen sie an zu suchen. Sie fliegen weiter, suchen überall. Jetzt kommen sie daher. Aber jetzt gehen sie nicht etwa gleich hinein, sondern da sieht man sie die längste Zeit draußen herumfliegen, und man kann ganz genau daraus entnehmen: Sie untersuchen erst den Bienenstock, ob der ihr eigener ist […]! Also das zeigt, dass sie zwar nicht Erinnerung, aber etwas der Erinnerung Ähnliches haben, nämlich, sie müssen ja feststellen, ob das derselbe Bienenstock ist. Das tun wir mit unserem Gedächtnis, wenn wir feststellen wollen, ob es dasselbe ist. Die Bienen tun etwas Ähnliches.

Sie sehen: Überall wirkt das, was beim Menschen durch den Kopf wirkt, zum Verstand wirkt. Überall wirkt Verstand [… In] dieser Richtung haben die Menschen gar nicht Grund, zu sagen: Wir haben allein den Verstand. […] Man findet ihn überall. Und […] der Mensch hat eben das durch sein Gehirn, dass er den Verstand, der überall in den Dingen drinnen ist, für sich gebrauchen kann.

Also nicht dazu haben wir unser Gehirn, dass wir Verstand erzeugen. Das ist ja ein großer Unsinn, wenn wir glauben, dass wir Verstand erzeugen. Wenn wir glauben, dass wir Verstand erzeugen, so ist das gerade so dumm, wie wenn einer mit einer Wasserkanne geht und aus einem Teich Wasser schöpft, dann mit der Wasserkanne kommt und dann sagt: Sieh einmal an, da drinnen ist jetzt Wasser; du hast gesehen, vor einer Minute war noch keines drinnen: Aus dem Blech ist das Wasser herausgewachsen! Da wird ein jeder sagen: Das ist ein Blödsinn! Der war eben beim Teich und hat sich Wasser geholt; das ist nicht aus der Kanne herausgewachsen! – […] Der Verstand ist überall da. Schöpfen kann ihn der Mensch, den Verstand.

Es ist der Verstand, der mit dem Licht und mit der Wärme von der Sonne auf die Erde kommt und da baut. Natürlich wirkt dasjenige, was da als Seele und Geist des Weltenalls herunterkommt, auf alle übrigen Tiere, wirkt also auch auf die Wespen. Nun, was bewirkt es bei den Wespen? Bei den Wespen bewirkt es, dass, wenn nun das Wespenweibchen der Sonne ausgesetzt ist – das heißt also, der Erdenwirkung der Sonne, denn es genießt das gerade in einer Höhle drinnen –, dann in der Nachkommenschaft die Kraft zerstört wird, die selber wieder Nachkommenschaft hervorbringen kann. Die Wespe erzeugt geschlechtslose Tiere, muss sie erzeugen unter dem Einfluss der Sonne. Und nur, wenn sie nicht so stark der Sonnenwärme ausgesetzt ist, im Herbst, und dennoch so lebendig ist, nicht erstarrt, wie im Winter, dann bildet sich in ihr die Kraft aus, Geschlechtstiere hervorzubringen.

Daraus sehen wir doch wiederum handgreiflich: Das, was also von der Erde kommt, das erzeugt die Geschlechtskräfte; dasjenige, was vom Weltenall kommt, das erzeugt den Verstand und tötet die Geschlechtskräfte ab. Und so wird ein Gleichgewicht hervorgerufen. Wenn die Wespe mehr der Erde ausgesetzt ist, dann entwickelt sie die Geschlechtskräfte. Wenn die Wespe mehr dem Himmel ausgesetzt ist – wenn ich jetzt diesen Ausdruck gebrauchen darf –, dann entwickelt sie nicht die Geschlechtskräfte, sondern erzeugt geschlechtslose Tiere. Und die geschlechtslosen Tiere haben jetzt die Gescheitheit in sich, das ganze Wespennest aufzubauen. Wer baut also das Wespennest? Die Sonne baut es durch die geschlechtslosen Tiere!

Das ist etwas sehr Wichtiges: In Wahrheit baut auf der Erde sowohl das Wespennest als auch den ganzen Biberbau eigentlich die Gescheitheit, die der Erde von der Sonne zufließt.

Sie müssen nur einmal achtgeben darauf, wie sich ein Pferd merkwürdig benimmt, wenn es abends irgendwo an einer Straße steht, wo es beleuchtet ist, und es sieht an einer Wand auf seinen Schatten hin. Man muss nur wissen: Das Tier, das Pferd sieht seinen Schatten nicht so, wie wir ihn sehen. Wir haben die Augen so, dass wir nach vorn schauen, das Pferd hat die Augen so, dass es nach der Seite sieht. Das bewirkt, dass es den Schatten als solchen überhaupt gar nicht sieht, aber es nimmt das Geistige im Schatten wahr. Natürlich sagen die Leute: Das Pferd fürchtet sich vor seinem Schatten. – Aber es ist wirklich so, dass es den Schatten gar nicht sieht, sondern es nimmt das Geistige im Schatten wahr.

Wenn Sie sich zum Beispiel die nach auswärts gestellten Pferdeaugen ansehen, dann werden Sie das Gefühl bekommen, dass einfach durch die Stellung seiner Augen das Pferd zu seiner Umgebung in eine andere Lage versetzt ist als der Mensch. Was da zugrunde liegt, kann ich Ihnen am besten dadurch klarmachen, dass ich Folgendes hypothetisch aufstelle. Denken Sie sich, Ihre beiden Arme wären so gestaltet, dass Sie in die Unmöglichkeit versetzt wären, die Arme nach vorn zusammenzubringen, so dass sie sich niemals übergreifen könnten. […] Das Pferd ist nun in Bezug auf die übersinnlichen Fangarme seiner Augen in dieser Lage: Es kann niemals den Fangarm des linken Auges berühren lassen von dem Fangarm des rechten Auges. Der Mensch ist durch seine Augenstellung eben in der Lage, fortwährend diese zwei übersinnlichen Fangarme seiner Augen miteinander sich berühren zu lassen. Darauf beruht die Empfindung – die übersinnlicher Natur ist – von dem Ich. Würden wir überhaupt niemals in die Lage kommen, rechts und links miteinander in Berührung zu bringen, oder würde die Berührung von rechts und links eine so geringe Bedeutung haben, wie es bei den Tieren der Fall ist, die niemals so ganz richtig die Vorderpfoten, sagen wir, zum Gebet oder zu irgendeinem ähnlichen Geistigen verwenden, dann würden wir auch nicht zu einer vergeistigten Empfindung unseres Selbstes gelangen.

Denn ebenso wie Tier und Mensch seinesgleichen durch seinen anderen Organismus hervorbringt, so bringt der Mensch auf geistige Weise sich selbst hervor: eben die Gedankenwelt. Die Gedankenwelt ist der vergeistigte Mensch, wobei heraufgenommen ist ins bewegliche Übersinnliche, was sonst in der Außenwelt ausgestaltet ist. […]

Wer diesen Gedanken in seiner ganzen Tragweite erfassen kann, der findet auch noch, dass in ihm auch etwas anderes rein organmäßig veranlagt ist. Zwei Momente lernt er im tierischen Leben beobachten: den Moment der Konzeption und den des Todes. Sie liegen auseinander wie Anfang und Ende des tierischen Lebens. […] Das Tier wird von allem ergriffen, was zusammenhängt mit der Konzeption und der darauffolgenden Produktion. Diese Evolution, diese Entwicklung ist die höchste Entfaltung des organischen Lebens. Es ist genauso wie bei einer Steigerung des organischen Lebens, meinetwillen bei Fieberzuständen, dass der gewöhnliche, für sein Wesen richtige Bewusstseinszustand zurückgedrängt wird. So ist mit der Erregung des organischen Lebens eine Zurückdrängung des Bewusstseins, eine Abdämpfung des Bewusstseins verbunden […]. Der Moment der höchsten Aufhellung, des intensivsten Bewusstseins – und als Geistesforscher darf ich sagen: ein Moment, wo das tierische Element nahe herankommt an das menschliche, man versuche nur einmal, Tiere im Sterben zu beobachten! –, das ist der Moment, wo das Tier stirbt. Diese zwei Momente höchster Verdunkelung und höchster Erhellung des Bewusstseins, Konzeption und Tod, sind beim Tier wie zwei auseinanderliegende Punkte, wie Anfang und Ende.

Beim Menschen ist es anders. Dadurch, dass sich das Haupt [...] heraushebt aus der ganzen übrigen Organisation, ist der Mensch so organisiert, dass er fortwährend das Durcheinanderspielen von Konzeption und Tod erlebt. Das geht durch das ganze menschliche Leben durch. Wir sind so organisiert, dass wir [...] bei jeder Produktion eines Gedankens [...] das erleben, was sonst vom Tier nur einmal erlebt wird während der Konzeption. Und andererseits spielt dadurch, dass der zum Haupt umgestaltete Organismus eben in dem Haupt seinen Geistesorganismus hat, fortwährend in unser Bewusstsein ein Sterben hinein. Wir sterben in jedem Augenblick. Genauer ausgedrückt: Jedes Mal, wenn wir einen Gedanken fassen, wird der menschliche Wille geboren in dem Gedanken, und jedes Mal, wenn wir ein Wollen ins Auge fassen, stirbt der Gedanke in den Willen hinein. [...] Was beim Tier nur am Anfang und Ende erlebt werden kann, [zieht] sich beim Menschen durch das ganze Leben hindurch [...]; in einem feinen traumhaften Durcheinander ist in seiner Unterbewusstheit ein fortwährendes leises Erleben von Konzeption und Tod.

Das tierische Leben stellt sich als eine Leiter dar, am Anfang die Empfängnis, am Ende der Tod. [...] Und etwas wie ein Anflug eines Ich-Bewusstseins tritt in dem einzigen Augenblick des Sterbens beim Tier auf. [... Wer] tierisches Sterben zu beobachten in der Lage ist, [kann] schon eine Vorstellung davon bekommen [...], wie im Grunde genommen das, was beim Menschen durch das ganze Leben läuft, das Ich-Bewusstsein, für das Tier nur in diesem Moment des Herausgehens aus dem Leben vorhanden ist.

Können wir in einem gewissen Sinne bei Tier, Pflanze, Mineral von Selbstbewusstsein sprechen? – Die Menschen, die einfach sagen: Warum sollte nicht auch jeder Stein in demselben Sinne ein Ich haben wie der Mensch, nur dass der Mensch kein solches wahrnimmt?, die sprechen ohne Kenntnis der Sache. Denn auf dem, was wir den physischen Plan nennen, hat nur der Mensch Selbstbewusstsein, ein Ich, nicht das Tier, nicht die Pflanze, nicht das Mineral. Dadurch unterscheidet sich der Mensch von Tier, Pflanze, Mineral, dass er dieses Ich hier auf dem physischen Plan, in der gewöhnlichen Welt hat.

Nun müssen Sie die Worte, die ich jetzt spreche, nicht so nehmen, dass Sie gleich wieder mit einem Entweder-Oder darüber denken. Sie müssen sich klar bewusst sein, dass gewisse höhere Tiere, namentlich solche, die mit dem Menschen viel zusammenleben, wie die Haustiere, eine Art von Selbstbewusstsein haben [...]. Überall sind Gradunterschiede.

Gruppenseele

Die geistigen Wesenheiten nun, welche da von der zweiten Hierarchie abgespalten werden und sich heruntersenken in die Reiche der Natur, das sind diejenigen Wesenheiten, welche wir im Okkultismus bezeichnen als die Gruppenseelen der Pflanzen, der Tiere, die Gruppenseelen in den einzelnen Wesenheiten. So dass der okkulte Blick auf der zweiten Stufe in den Wesenheiten, die zum Pflanzen-, zum Tierreich gehören, geistige Wesenheiten findet, welche nicht so wie beim Menschen als individuelle Geister in den einzelnen menschlichen Persönlichkeiten sind, sondern wir finden Gruppen von Tieren und Pflanzen, die ähnlich gestaltet sind, beseelt von einer gemeinsamen geistigen Wesenheit. Sagen wir, wir finden die Form der Löwen, die Form der Tiger, andere Formen beseelt von gemeinsamen Seelenwesen. Die gemeinsamen Seelenwesen, wir nennen sie die Gruppenseelen, und diese Gruppenseelen sind abgespaltene Nachkommen der Wesenheiten der zweiten Hierarchie, wie die Naturgeister Nachkommen der Wesenheiten der dritten Hierarchie sind.

DIEJENIGEN EIGENSCHAFTEN, die wir als Eigenschaften der Menschenseele kennen, werden Sie im Umkreise des Tierreiches irgendwie finden [...]. Ist es nun [...] notwendig, zu der materialistischen Erklärung zu kommen, dass alles dasjenige, was der Mensch als Inhalt seiner Seele hat, nichts weiter ist als eine Umgestaltung, eine Höhergestaltung dessen, was wir in der Tierwelt finden? Sind diese verwandten Züge in der Tierseele und in der Menschenseele ein Beweis dafür, dass der Mensch nichts weiter ist als eine Art höheres Tier? [...]

Die Geisteswissenschaft würde sich die Augen verschließen, wollte sie dem Tiere die Seele absprechen. Das Tier hat, im Sinne der Geisteswissenschaft, Seelenhaftes wie der Mensch. Aber es hat dieses Seelenhafte auf eine andere Art. [...] Genau den Umfang des Interesses, das uns das einzelne Menschenwesen abringt in seiner Entwicklung von der Geburt bis zum Tode, genau denselben Umfang des Interesses erweckt uns die ganze tierische Gattung. Der Mensch ist als Individualität eine Gattung für sich. Was wir etwa beim Löwen haben als Vater, Sohn, Enkel, Urenkel, hat so viel miteinander gemein, dass wir uns für den Löwen als Gattung oder Art, als diesen bestimmten Typus, in demselben Maße nur interessieren, wie wir uns für die einzelne Menschenindividualität, für den einzelnen Menschen interessieren. Daher hat im wahren Sinne des Wortes nur der einzelne Mensch seine Biografie, und diese Biografie ist für den einzelnen Menschen genau dasselbe, was für das Tier die Beschreibung der Gattung ist. […] «Hundeväter» oder «Katzenmütter» […] sagen […], sie könnten von ihrer Katze, ihrem Hunde genau ebenso eine Biografie entwerfen wie von einem Menschen. […] Und wenn Sie wirklich auf die Sache eingehen, so werden Sie finden, dass gewisse Einzelheiten, gewisse Besonderheiten immer da sind. Besonderheiten hat auch eine Schreibfeder, wodurch sie sich von anderen Schreibfedern unterscheidet. Aber darauf kommt es nicht an. Es kommt auf den Innenwert des betreffenden Wesens an, es kommt darauf an, dass in der Tat das einzelne Wesen, wenn es eine gesunde Natur hat, unser Interesse in demselben Sinne in Anspruch nimmt, wie die ganze tierische Gattung.

Das ist zunächst nur ein logischer Hinweis auf dasjenige, was Ihnen nun die Geisteswissenschaft als Eigentümlichkeit der sogenannten Tierseele gibt. Wir sprechen in der Geisteswissenschaft beim Menschen von der individuellen Seele, beim Tier von einer Gruppen-, einer Gattungs-, einer Art- oder Typusseele. Das heißt, genau dasselbe, was wir dem einzelnen Menschen zuschreiben, was in dem einzelnen Menschen, in seiner Haut enthalten ist, das sprechen wir dem ganzen tierischen Typus, der ganzen tierischen Art als Seele zu. Wir suchen die Seele des Menschen in ihm, im Menschen; wir suchen als Geisteswissenschafter die Seele des Tieres außerhalb des Tieres, so grotesk es auch aussieht. […]

Des Menschen individuelle Seele ist heruntergestiegen aus einer höheren Welt in den physischen Körper. Sie ist nicht physisch, aber sie ist heruntergestiegen bis in die physische Welt. Sie durchglüht und durchgeistigt den Leib. Die tierische Seele, die eine Art-, Typus- oder Gattungsseele ist, die kann man als Seele, als individuelles Geschöpf überhaupt nicht finden in der physischen Welt. Dann aber, wenn des Menschen geistige Augen geöffnet werden, treffen Sie die tierische Seele. Dann treffen Sie diese als in sich abgeschlossenes Geschöpf, wie Sie die einzelne Menschenseele im einzelnen Menschen finden, wenn Sie den Menschen kennenlernen. [...]

So wie wir in der physischen Welt in sich abgeschlossene Menschenindividualitäten finden, so finden wir abgeschlossene Wesenheiten seelischer Art innerhalb der astralischen Welt, nur gehören ganze Gruppen von Tieren – gleichgeartete Gruppen von Tieren – zu diesen Gruppenseelen. Wenn ich das durch einen Vergleich klarmachen soll, so stellen Sie sich vor, ich stünde vor Ihnen, vor mir stünde eine Wand, so dass Sie mich nicht sehen können, eine Wand mit Löchern, so groß, dass ich die zehn Finger durchstecken könnte. Sie sehen dann zehn Finger, mich sehen Sie nicht. Aus Ihrer Erfahrung aber wissen Sie, dass da irgendwo ein Mensch sein muss, zu dem diese Finger gehören. Wenn Sie die Wand durchbrechen, entdecken Sie den Menschen. In einem ähnlichen Verhältnis steht gegenüber der höheren Welt der Geistesforscher. Er sieht in der physischen Welt verschiedene, aber gleichgestaltete Tierindividuen, wie zum Beispiel Löwen, Tiger, Affen und so weiter. Das sind für ihn einzelne Tiere, die nicht zu einem gemeinsamen physischen Körper gehören, wohl aber zu einem gemeinsamen Seelenwesen. Die Wand, die diese Seelenwesen zudeckt, ist einfach die Grenzwand zwischen der physischen und der astralischen Welt. Wo auch die einzelnen Löwen sind, ob der eine in Afrika oder in Europa, in europäischen Menagerien ist, darauf kommt es nicht an. Ebenso wie die Verbindungslinien von meinen zehn Fingern zu dem Menschen führen, ebenso führen die einzelnen Verbindungslinien der einzelnen Tiere zu der Gattungsseele. Wo immer es eine Geisteswissenschaft gegeben hat, hat man Mensch und Tier so unterschieden, dass man sich klar wurde darüber, dass das, was für das Tier noch in einer geistigen Welt ist, in einer übersinnlichen Welt, und was es in seiner Offenbarung wie einen Arm hinunterstreckt in die physische Welt, beim Menschen in den Leib eingezogen ist. Dass der

Mensch davon in seiner Individualität Besitz ergreift, das ist des Menschen höhere Entwicklung, so dass man nicht verwundert zu sein braucht, wenn uns die einzelnen Tiere intelligente Äußerungen zeigen. So wie Sie nun auch an meinen Händen, wenn sie durch die Wand durchgestreckt werden, intelligente Äußerungen sehen, sehen, wie sie dieses oder jenes ergreifen, so können Sie auch sehen, wie die einzelnen Bienen, einzelne Tiere überhaupt, dieses oder jenes tun. Der eigentliche Täter ist aber gar nicht heruntergestiegen in die physische Welt. Der Täter gebraucht das Tier wie ein Organ, wie ein Glied, das er ausstreckt bis in die physische Welt hinein.

Nun, betrachten wir eines der Beispiele auf diese Voraussetzung hin. Sagen wir etwa, wir nehmen uns jene Sandwespe, die als ausführendes Organ sich die Beute holt, sie vor das Nest legt, dann hineingeht und sie dann wieder holt. Intelligenz liegt dem zugrunde, wenn auch nicht die gleiche Intelligenz wie die, welche der Intelligenz des Zeigefingers zugrunde liegt. Wenn nun in einem einzelnen Fall das Tier auch in der Handlung abirren könnte, könnte da gleichsam von der «Zentralbehörde», von der Gattungsseele aus die Ordnung aufrechterhalten werden? Nein! Nur dadurch, dass bei der zentralen Instanz, bei der Gattungsseele die Intelligenz ist und diese im Einzelfalle nicht dem einzelnen Tier überlassen ist, nur dadurch ist es möglich, dass Weisheit im ganzen Tierreich herrscht. Da oben, wo die Gattungsseele ist, da herrscht Weisheit. Daher sehen wir auch überall, wo diese Gattungsseele in Betracht kommt, wo Modifikationen eintreten müssen gegenüber den äußeren Bedingungen, dass sie da auch eintritt. [...]

So sehen wir über den Tieren Fähigkeiten und Eigenschaften ausgebreitet, Weisheit und Intelligenz. Wir sehen dem Menschen auch Weisheit zugrunde liegen. Auch das Tier hat sie. Fragen Sie nach dem Gedächtnis: Der Mensch hat es. Fragen Sie bei dem Tier, da müssen Sie die Sache umkehren und sagen, das Gedächtnis «hat» das Tier, die Vorstellungskraft «hat» das Tier. Das Tier wird besessen von der Vorstellungskraft, wird besessen von dem Gedächtnis. Das Tier ist ein Glied eines höheren Wesens, das Gedächtnis und Vorstellungskraft hat. Das Tier wird geschoben von der hinter ihm stehenden weisen Gruppenseele, die nicht in dem einzelnen Tier drinnen ist.

Wie verhält es sich nun mit der Zähmung der Tiere und dergleichen? Sie können sich das unter diesen Voraussetzungen sehr gut erklären. Wir üben eine Hand als eine einzelne Hand. Indem wir sie als einzelne Hand üben, müssen wir gewisse Betätigungen unseres Zentralorgans in Szene setzen. Aber außerdem muss die Hand geübt werden, und wird die Hand geübt, dann haftet die Übung als Gewohnheit an der Hand. So können wir allerdings, wenn wir das einzelne Tier pflegen und erziehen, wissen, dass dieses einzelne Tier geradeso wie das einzelne Glied in gewisser Weise vorwärtsschreitet. Zurück wirkt es aber auf die Zentralinstanz. Es zeigt sich, dass es so tief hineingeht in die Gattungsseele, dass solche zur Gewohnheit gewordenen Eigenschaften in den Nachkommen ohne weiteres wieder erscheinen. Das ist beim Menschen nicht so. Beim Menschen werden solche einzelnen Dinge sich nicht ohne weiteres vererben, weil beim Menschen das Gattungsmäßige durch das Individuelle überschattet, oder besser gesagt, überleuchtet wird. [...]

Daher finden wir Fähigkeiten wie übersinnliches Gedächtnis, übersinnliche Vorstellungskraft und Intelligenz nicht in den Tieren, sondern über den Tieren. Das Geistige aber finden wir in den Menschen hineingelegt, es ist eingezogen in den Menschen. Daher brauchen wir uns nicht zu wundern, dass wir, wenn wir das Weltenwerden zurückverfolgen, einen Zeitpunkt finden, wo längst Tiere herumgewandelt sind auf unserer Erde, während wir den

Menschen nur bis in das Tertiär oder in das alte Diluvium zurückverfolgen können. Weiter geht es nicht in der Geologie. Die Menschenseele hat gewartet mit der Verkörperung, nachdem die Tiere schon physisch geworden waren. Der menschliche Leib hat sich herauskristallisiert aus dem Geistigen.

So erblicken wir den göttlichen Geist in der Aufeinanderfolge der Tiergestalten. Jede Tiergestaltung ist eine einseitige Darstellung des göttlichen Geistes. Aber ein harmonischer, allseitiger Ausdruck davon ist der Mensch. Deshalb konnte Paracelsus aus diesem Bewusstsein heraus sagen, was noch so schwer verstanden wird: Wenn wir hinausschauen in die Tierwelt, dann ist uns jedes Tier wie ein Buchstabe, und der Mensch ist das Wort, das aus den einzelnen Buchstaben zusammengesetzt ist. – Das ist ein wunderbarer Vergleich für das Verhältnis der Tiere zum Menschen. Viel gründlicher hat sich Goethe mit den einzelnen Tierformen bekanntgemacht. Er hat sich gesagt: Wenn wir das Tier ansehen und seine Form studieren, dann können wir sehen, wie sich in der größten Mannigfaltigkeit, in weitem Bilde das Götterschaffen auslebt; dann können wir überhaupt den Urgedanken sehen, der in seine verschiedensten Formen verzweigt ist auf die verschiedensten Tiere. [...]

Goethe hat [...] gefunden, dass so, wie ein Gedanke des Menschen über die verschiedenen Gattungen verteilt ist, so jedem Tier der ursprüngliche Typus zugrunde liegt, nur kommt beim Tier das einzelne Organ, das sich in harmonischer Art beim Menschen einschaltet, einseitig heraus. Goethe sagt: Nehmen wir einmal einen Löwen und vergleichen wir ihn mit einem gehörnten oder geweihtragenden Tier. Derselbe Urgedanke liegt da zugrunde. Aber der Löwe hat eine bestimmte Kraft, die Zähne bildet. Dieselbe Kraft, die beim Löwen Zähne bildet, bildet beim geweihtragenden Tier das Geweih. Daher kann keinem geweihtragenden Tier eine volle Reihe von Zähnen im Oberkiefer wachsen. Daher sucht Goethe den Mangel auf der anderen Seite im Tier.

Im Schoße der Natur ist das Tier selbst vollkommen geschaffen. Alle Glieder ordnen sich nach ewigen Gesetzen, und die entsprechende Form bewahrt im Geheimen das Urbild. Und das Urbild, das schon geschaffen war im unvollkommensten Wesen, das die Seele darstellt im unvollkommensten Tier, das erlangt im Menschen die vollkommenste Gestalt im Träger der individuellen Seele. Deshalb ist dem Menschen nicht nur wie den Tieren Gestalt zuteil geworden, sondern der Mensch lässt dieses Urbild in schöpferischen Gedanken selbst in sich lebendig werden. […] Indem wir diesen Gedanken selbst vorgestellt sehen, sagt Goethe, diesen Stufengang zu der Höhe verfolgend: Freue dich, höchstes Geschöpf der Natur, dass du in deinem Inneren zu fassen vermagst den großen Gedanken, nach dem sich die Reihenfolge der Wesen bis herauf zu dir gestaltet hat.

Diese Tier-Iche sind nicht menschenähnlich, obwohl, geistig angesehen, sie sich wohl miteinander vergleichen lassen, denn ein Tier-Gruppen-Ich ist eine sehr, sehr weise Wesenheit. […]

Die Gruppenseelen sind in fortwährender Bewegung. Der Seher sieht längs des Rückgrats der Tiere ein beständiges Flimmern. Das Rückgrat ist wie von Flimmerlicht eingeschlossen. Die Tiere werden durchzogen von Strömungen, die um die ganze Erde gehen in allen Richtungen in unendlicher Zahl, wie die Passatwinde, und welche auf die Tiere wirken, indem sie das Rückenmark umströmen. Diese Tiergruppenseelen sind fortwährend in kreisförmiger Bewegung in jeder Höhe und Richtung um die Erde begriffen. Diese Gruppenseelen sind sehr weise, aber es fehlt ihnen eines, was sie noch nicht haben: Sie kennen nicht die Liebe, was auf der Erde so genannt wird. Liebe ist nur beim Menschen mit der Weisheit in der Individualität verbunden.

Die Gruppenseele ist weise, aber das einzelne Tier hat die Liebe als Geschlechtsliebe und Elternliebe. Die Liebe ist im Tiere individuell, aber die weise Einrichtung, die Weisheit des Gruppen-Ichs ist noch liebeleer. Der Mensch hat Liebe und Weisheit vereint; das Tier hat im physischen Leben die Liebe und auf dem astralischen Plan hat es die Weisheit.

Nehmen wir nun das Löwen-Gruppen-Ich und das Affen-Gruppen-Ich. Jeder Löwe ist ein einzelnes Glied, in das die Gruppenseele einen Teil ihrer Substanz hineingießt. Wenn ein Löwe stirbt, fällt von der Gruppenseele das äußere Physische ab wie beim Menschen ein Fingernagel. Die Gruppenseele nimmt dann zurück, was sie hineingesandt hatte und gibt es einem anderen Löwen, der neu geboren wird. Oben bleibt die Gruppenseele. Sie streckt gleichsam Fangarme aus, die sich im Physischen verhärten, dann abfallen und wieder ersetzt werden.

Daher kennt die Tiergruppenseele nicht Geburt und Tod. Das einzelne Tier ist etwas, was abfällt und anwächst; die Gruppenseele bleibt unberührt von Leben und Tod.

Nehmen wir zum Beispiel den Affen. Der Affe nimmt von dem Gruppengeist zu viel hinunter in die einzelne Gestalt, die unten ist; und während sonst beim niederen Tier alles wieder zurückgeht in den Gruppengeist, behält der Affe, weil er zu kompliziert geworden ist, in seiner physischen Organisation etwas zurück. Da ist zu viel eingeflossen vom Gruppengeist, das kann nicht wieder zurück. Das ist der fortschreitende Gruppengeist. Er wirkt so, dass er bei den niederen Tieren ein Glied schafft; dann saugt er das ganze Wesen wieder auf, erzeugt ein neues, saugt das wieder auf und so weiter. Beim Löwen ist das auch so. Wenn Sie aber zum Beispiel einen Affen nehmen, da erzeugt die Gruppenseele den Affen, aber der Affe nimmt aus der Gruppenseele etwas heraus, das kann nicht wieder zurück. Während es beim Löwen, wenn er stirbt, so ist, dass das Physische sich auflöst und das Seelische wieder in den Gruppengeist zurückgeht, ist es beim Affen so, dass dasjenige, was er vom Gruppengeist abschnürt, nicht wieder zurückkann. Beim Menschen haben Sie das Ich so, dass es von Inkarnation zu Inkarnation geht und fähig ist, sich zu entwickeln, weil es neue Inkarnationen annehmen kann. Das haben Sie beim Affen nicht. Die Affen können aber auch nicht wieder zurück. Daher wirkt auf das naive Ge müt der Affe so sonderbar, weil er in der Wirklichkeit ein von dem Gruppengeist abgeschnürtes Wesen ist; es kann nicht mehr zum Gruppengeist zurück, aber es kann sich auch nicht selbst neu inkarnieren. Beuteltiere sind eine andere Art solcher Tiere, die etwas aus dem Gruppengeist herausreißen. Dasjenige nun, was von diesen sozusagen individuellen Tierseelen zurückbleibt, was sich aber auch nicht wieder inkarnieren kann, das ist der wahre Ursprung einer […] Gruppe von Elementargeistern. Das sind abgeschnürte Teile solcher Tiere, die nicht wieder zum Gruppengeist zurückkommen können, weil sie in der Evolution den normalen Punkt übersprungen haben. Von zahlreichen Tieren bleiben solche ich-artige Wesenheiten zurück, und das sind dann die Salamander. Das ist die höchste Form der Naturgeister, denn sie ist ich-artig.

Kapitel IV: Die Dreigliederung des Tierreiches

Rudolf Steiner forschte nach eigener Aussage dreißig Jahre lang «im Stillen», bis er schließlich 1917 in seiner Schrift *Von Seelenrätseln* (GA 21) öffentlich über die Dreigliederung zu sprechen begann. Denken, Fühlen und Wollen standen ihm in seiner seelisch-geistigen Beobachtung schon lange wesenhaft vor Augen:

Ich konnte nicht stehen bleiben bei den Abstraktionen, an die man gewöhnlich denkt, wenn man von Denken, Fühlen und Wollen spricht. Ich sah in diesen inneren Lebensoffenbarungen schaffende Kräfte, die den «Menschen als Geist» im Geiste vor mich hinstellten. Blickte ich dann auf die sinnliche Erscheinung des Menschen, so ergänzte sich mir dies im betrachtenden Blicke durch die Geistgestalt, die im Sinnlich-Anschaubaren waltet. Ich kam auf die sinnlich-übersinnliche Form, von der Goethe spricht, und die sich sowohl für eine wahrhaft naturgemäße wie auch für eine geistgemäße Anschauung zwischen das Sinnlich-Erfassbare und das Geistig-Anschaubare einschiebt. Anatomie und Physiologie drängten Schritt für Schritt zu dieser sinnlich-übersinnlichen Form.

Was sich Steiner zuerst im Geiste zeigte, bestätigte sich stufenweise über sinnlich-übersinnliche Zwischenformen bis hin zum Auffinden physiologischer und anatomischer Entsprechungen. Was sich zunächst auf den Mikrokosmos Mensch bezog, fand Steiner dann auch als makrokosmisches Grundprinzip im Sozialen und in der Natur, im Speziellen in der Tierwelt und – das mag erstaunen – im Jahreslauf. Zwischen dem Sommer als Stoffwechsel-Gliedmaßen-Pol und dem Winter (Nerven-Sinnes-Pol) werden Ostern und Michaeli als das rhythmische System des Jahreslauf-Organismus aufgefasst. In diesem Zusammenhang kommt Steiner 1923 an seinem Lebensende noch einmal ganz prinzipiell auf die Bedeutung der Dreigliederung zu sprechen:

WORAUF ES ANKOMMT, ist, dass wir als Menschen mit dem Weltenlauf uns so verbinden können, dass wir das lebendige Übergehen von der Einheit in die Dreiheit, das Zurückgehen von der Dreiheit in die Einheit zu verfolgen in der Lage sind. Dann, wenn wir […] die Urdreiheit in allem Sein in der richtigen Weise […] empfinden, dann werden wir sie in unsere ganze Seelenverfassung aufnehmen. Dann werden wir in der Lage sein, einzusehen, dass in der Tat alles Leben auf der Betätigung und dem Ineinanderwirken von Urdreiheiten beruht. […] Dann werden wir eine Inspiration, einen Natur-Geistimpuls haben, um in alles zu beobachtende und zu gestaltende Leben die Dreigliederung, den Dreigliederungsimpuls einzuführen. Und von der Einführung dieses Impulses hängt es doch zuletzt einzig und allein ab, ob die Niedergangskräfte, die in der menschlichen Entwicklung sind, wiederum in Aufgangskräfte verwandelt werden können.

Die Dreigliederung möge «menschliche Seelenverfassung werden, weltendurchdringende, mit Welten sich verbündende menschliche Seelenverfassung» werden, so Steiner. Er führt dann die verschiedensten Felder an, in denen sich die Dreigliederung manifestiere, wobei deutlich wird, wie umfassend er dabei dachte: Alchemie (Sal, Merkur, Sulfur); soziale Dreigliederung (Freiheit im Geiste, Gleichheit im Rechtsleben, Brüderlichkeit im Wirtschaftsleben); Kunst, Wissenschaft und Religion; Christus zwischen den Verführermächten Ahriman und Luzifer; Dreifaltigkeit (Vater, Sohn, heiliger Geist).

Die Anregung, die Tierwelt dreizugliedern, gibt Steiner vor allem in pädagogischen Zusammenhängen. Hierbei ist die gesamte Tierwelt als ein «ausgebreiteter Mensch» aufzufassen: «Das ganze Tierreich ist ein Riesenmensch, nur nicht synthetisiert, sondern analysiert in lauter Einzelheiten.»

Nicht das einzelne Tier ist dreigegliedert – das gilt eben erst für den Menschen –, sondern die Tierwelt als Ganze. Das einzelne Tier ist, so Steiner explizit in seinem *Landwirtschaftlichen Kurs* (GA 327), zweigegliedert aufzufassen (siehe hierzu Kapitel V).

Es fällt auf, dass Steiner selbst verschiedene Ansätze zu einer Dreigliederung des Tierreiches vorschlägt: Die klassische Aufgliederung in Adler, Löwe und Stier ist uns schon aus Kapitel I bekannt. Für den Waldorfschulunterricht am Übergang von der Unter- zur Oberstufe regt Steiner aber beispielsweise an, für den Kopfbereich die Schalentiere zu nehmen (also nicht die Vogelwelt), denn die Schalentiere zeigen durch die äußere harte Schale und die innere amorphe Substanz (wie etwa bei der Muschel) einen, dem menschlichen Kopf (Schädel und Gehirn) verwandten Aufbau. Hierbei orientiert sich Steiner offensichtlich an der phylogenetischen Abfolge, die der ontogenetischen des Menschen entspricht: Mensch und Welt inkarnieren sich vom Kopf beginnend über das mittlere System zu den Gliedmaßen, die erst zuletzt voll ergriffen werden.

Die Anregung, die Tierwelt dreizugliedern, ist nach Steiners Tod insbesondere durch die goetheanistische Forschungsgemeinschaft aufgegriffen worden, und sie zeigte sich dort in ihrer ganzen Fruchtbarkeit. Beispielhaft sei hier auf die Arbeiten insbesondere von Wolfgang Schad und Andreas Suchantke hingewiesen.

Adler, Löwe, Stier

WENN MAN EINE KUH anschaut, bekommt man sehr bald heraus: Da ist in der Kuh dasjenige einseitig ausgebildet, was wir Menschen namentlich im Verdauungsapparat haben; die Kuh ist ganz und gar ein Verdauungsapparat, und die anderen Organe sind mehr oder weniger Ansätze. Daher ist es interessant – verzeihen Sie, wenn ich das erwähne –, der Kuh beim Verdauen zuzuschauen. Sie verdaut, wenn sie da auf der Weide liegt, mit einem solchen Enthusiasmus, einem körperhaften Enthusiasmus, sie ist ganz Verdauung. Sehen Sie sie nur einmal an; Sie sehen förmlich, wie die Stoffe übergehen aus dem Magen in die anderen Körperteile. Sie sehen es an dem Behagen, an dem Seelischen der Kuh, wie sich das alles vollzieht.

Sehen Sie dagegen den Löwen an. Haben Sie nicht das Gefühl: Wenn das Herz nicht durch den Verstand daran gehindert würde, zu schwer in die Glieder zu wirken, Ihr Herz würde so warm, wie der Löwe es ist? Es ist der Löwe so organisiert, dass er einseitig die Brustorganisation des Menschen ausbildet; das andere sind wieder nur Anhangsorgane.

Und die Vögel: Der Vogel ist eigentlich ganz und gar ein Kopf, wenn wir ihn anschauen. Das andere ist alles verkümmert an ihm, er ist wirklich ein Kopf.

Und so können wir [...] bei allen möglichen Tieren sehen, dass sie in einer einseitigen Weise ein Stück Mensch verkörpern. Irgendetwas, was in der menschlichen Natur ganz harmonisiert ist, wo immer eines so ausgebildet ist, dass es durch das andere gemildert und harmonisiert ist, bildet sich bei dem einen oder anderen Tier für sich aus. Was würde die menschliche Nase, wenn sie nicht im Zaume gehalten würde durch die andere Organisation! Sie finden Tiere, welche die Nasenorganisation besonders ausgebildet haben. Was würde der menschliche Mund, wenn er für sich allein wirken würde, wenn er nicht gemildert würde durch die anderen Organe! So finden Sie immer an Tierformen die einseitige Ausbildung eines Stückes des Menschen.

Kopf-, rhythmische und Gliedmaßentiere

Und so stellt man das Kind lebendig in die Natur, in die Welt hinein. Es lernt verstehen, wie der Pflanzenteppich der Erde zu dem Organismus Erde gehört. Es lernt aber auf der anderen Seite auch verstehen, wie alle Tierarten, die über die Erde ausgebreitet sind, in einer gewissen Weise der Weg zum Menschenwachstum sind. Die Pflanzen zur Erde, die Tiere an den Menschen herangeführt, das muss Unterrichtsprinzip werden. [...]

Sehen wir uns den Menschen an. Wir wollen [...] dem Kinde die Menschenwesenheit vor das Seelenauge führen, und man kann es, wenn man es in der Weise künstlerisch vorbereitet hat [...]. Da wird das Kind, wenn auch in primitiver Weise, unterscheiden lernen, wie der Mensch zu gliedern ist in eine dreifache Organisation. Wir betrachten die Kopforganisation, bei der im Wesentlichen die weichen Teile im Inneren sind, wie eine harte Schale insbesondere um das Nervensystem herumwächst, wie also die Kopforganisation in einer gewissen Weise nachbildet die kugelförmige Erde, wie sie im Kosmos drinnen steht, wie diese Kopforganisation im Wesentlichen den weichen Innenteil, insbesondere nach dem Gehirn zu, und die harte äußere Schale umfasst.

Man wird möglichst anschaulich künstlerisch das Kind durch alle möglichen Mittel an ein Verstehen der Kopforganisation heranführen, und man wird dann versuchen, ebenso das Kind heranzuführen an das zweite Glied der menschlichen Wesenheit, an alles dasjenige, was zusammenhängt mit dem rhythmischen System des Menschen, was die Atmungsorgane, was die Blutzirkulationsorgane mit dem Herzen umfasst. Man wird, grob gesprochen, das Kind heranführen an die Brustorganisation, wird – ebenso wie man plastisch-künstlerisch die schalenförmigen Kopfknochen, welche die Weichteile des Gehirnes umschließen, betrachtet – jetzt die sich Glied an Glied heranreihenden Rückgratknochen der Wirbelsäule künstlerisch betrachten, an die sich die Rippen anschließen.

Man wird die ganze Brustorganisation mit Einschluss des Atmungs-, des Zirkulationssystems, kurz, der rhythmischen Wesenheit des Menschen, in ihrer Eigenart betrachten und wird dann zum dritten Glied der menschlichen Organisation, zur Stoffwechsel-Gliedmaßen-Organisation übergehen. Die Gliedmaßen als Bewegungsorgane unterhalten im Wesentlichen den Stoffwechsel, indem sie durch ihre Bewegung eigentlich die Verbrennung regulieren. Sie hängen zusammen mit dem Stoffwechsel. Die Gliedmaßen-Stoffwechsel-Organisation ist eine einheitliche.

So gliedern wir den Menschen zunächst in diese drei Glieder. Und wenn man den nötigen künstlerischen Sinn als Lehrer hat und dabei bildhaft vorgeht, so kann man durchaus diese Anschauung von dem dreigliedrigen Menschen schon dem Kinde beibringen.

Jetzt führt man die Aufmerksamkeit des Kindes auf die in dem Erdendasein ausgebreiteten verschiedenen Tierarten. Man führt das Kind zunächst zu den niederen Tieren, zu denjenigen Tieren besonders, welche Weichteile im Inneren haben, Schalenförmiges nach außen, zu den Schalentieren, zu den niederen Tieren, die eigentlich nur aus einer das Protoplasma umhüllenden Haut bestehen; und man wird dem Kinde beibringen können, dass gerade diese niederen Tiere primitiv die Gestalt der menschlichen Hauptesorganisation an sich tragen.

Unser Haupt ist das aufs höchste ausgestaltete niedere Tier. Wir müssen – wenn wir das menschliche Haupt, namentlich die Nervenorganisation ins Auge fassen – nicht auf die Säugetiere schauen, nicht auf die Affen, sondern wir müssen zurückgehen gerade bis zu den niedersten Tieren. Wir müssen auch in der Erdengeschichte zurückgehen bis in älteste Formationen, wo wir Tiere finden, die gewissermaßen nur ein einfacher Kopf sind. Und so müssen wir die niedere Tierwelt dem Kinde als eine primitive Kopforganisation begreiflich machen.

Wir müssen dann die etwas höheren Tiere, die um die Fischklasse herum gruppiert sind, die besonders die Wirbelsäule ausgebildet haben, die «mittleren Tiere» den Kindern begreiflich machen als solche Wesen, die eigentlich nur den rhythmischen Teil des Menschen stark ausgebildet und das andere verkümmert haben. Indem wir das Haupt des Menschen betrachten, finden wir also in der Tierwelt auf primitiver Stufe die entsprechende Organisation bei den niedersten Tieren; wenn wir die menschliche Brustorganisation betrachten, finden wir die Tierart, die um die Fischklasse herum ist, als diejenige, welche in einseitiger Weise die rhythmische Organisation äußerlich offenbart.

Und gehen wir zu der Stoffwechsel-Gliedmaßen-Organisation, dann kommen wir herauf zu den höheren Tieren. Die höheren Tiere bilden besonders die Bewegungsorgane in der mannigfaltigsten Weise aus. Wie schön hat man Gelegenheit, mit künstlerischem Sinn den Bewegungsmechanismus im Pferdefuß zu betrachten, in dem Krallenfuß des Löwen, in dem Fuß, der mehr ausgebildet ist zum Waten beim Sumpftier. Welche Gelegenheiten hat man, von den menschlichen Gliedmaßen aus die einseitige Ausbildung des Affenfußes zu betrachten. Kurz, kommt man zu den höheren Tieren herauf, so fängt man an, das ganze Tier durch besondere Gliederung, durch plastische Ausgestaltung der Bewegungsorgane oder auch der Stoffwechselorgane zu begreifen. Die Raubtierarten unterscheiden sich von den Wiederkäuerarten dadurch, dass bei den Wiederkäuerarten ganz besonders das Darmsystem zu einer starken Länge ausgebildet ist, während bei den Raubtierarten der Darm kurz ist, dafür aber alles dasjenige, was das Herz und die Blutzirkulation zur Verdauung beitragen, besonders stark und kräftig ausgebildet ist.

Und indem man gerade die höheren Tiere betrachtet, erkennt man, wie einseitig diese höhere Tierorganisation dasjenige gibt, was im Menschen in der Stoffwechsel-Gliedmaßen-Organisation ausgebildet ist. Anschaulich kann man da schildern, wie beim Tiere die Kopforganisation eigentlich nur der Vorderteil des Rückgrates ist. Da geht ja das ganze Verdauungssystem beim Tiere in die Kopforganisation hinein. Beim Tier gehört der Kopf wesentlich zu den Verdauungsorganen, zum Magen und Darm. Man kann beim Tiere eigentlich den Kopf nur im Zusammenhange mit Magen und Darm betrachten. Der Mensch setzt gerade dasjenige, was, man möchte sagen, jungfräulich geblieben ist, bloß als Weichteile von Schale umgeben ist, auf diese Stoffwechsel-Gliedmaßen-Organisation, die das Tier noch im Kopfe trägt, darauf und erhebt dadurch die menschliche Kopforganisation eben über die Kopforganisation des Tieres, die nur eine Fortsetzung des Stoffwechsel-Gliedmaßen-Systems ist; während der Mensch mit seiner Kopforganisation zurückgeht zu demjenigen, was in der einfachsten Weise die Organisation selber gibt: Weichteile, umschlossen von schaligen Organen, von schaligen Knochen. Man kann anschaulich entwickeln, wie die Kieferorganisation gewisser Tiere im Grunde genommen am besten betrachtet wird, wenn man den Kiefer, Unterkiefer, Oberkiefer als die vordersten Gliedmaßen betrachtet. So versteht man plastisch am allerbesten den Tierkopf.

Auf diese Weise bekommt man den Menschen als eine Zusammenfassung dreier Systeme: Kopfsystem, Brustsystem, Gliedmaßen-Stoffwechsel-System; die Tierwelt als einseitige Ausbildung entweder des einen oder des anderen

Systems. Niedere Tiere, zum Beispiel Schalentiere, entsprechen also dem Kopfsystem; die anderen lassen sich aber auch in einer gewissen Weise dadurch betrachten. Dann Gliedmaßentiere: Säugetiere, Vögel und so weiter. Brusttiere, die also das Brustsystem vorzugsweise ausgebildet haben: Fische, und was ähnlich noch den Fischen ist, die Reptilien und so weiter. Man bekommt das Tierreich als den auseinandergelegten Menschen, als den in fächerförmige Glieder über die Erde ausgebreiteten Menschen. Wie man die Pflanzen mit der Erde zusammenbringt, bringt man die fächerförmig ausgebreiteten Tierarten der Welt mit dem Menschen zusammen, der in der Tat die Zusammenfassung der ganzen Tierwelt ist. [...]

Man kann jede Tierart als die einseitige Ausbildung eines menschlichen Organsystems auf diese Weise hinstellen; die ganze Tierwelt als die fächerartige Ausbreitung des Menschenwesens über die Erde; den Menschen als die Zusammenfassung der ganzen Tierwelt.

Bringt man das zustande, versteht das Kind die Tierwelt als den Menschen, der seine einzelnen Organsysteme einseitig ausgebildet hat – das eine Organsystem lebt als diese Tierart, das andere Organsystem als die andere Tierart –, dann kann man, wenn sich das zwölfte Lebensjahr naht, wieder heraufkommen zum Menschen. Denn dann wird das Kind wie selbstverständlich begreifen, wie der Mensch gerade dadurch, dass er seinen Geist in sich trägt, eine symptomatische Einheit, eine künstlerische Zusammenfassung, eine künstlerische Ausgestaltung der einzelnen Menschenfragmente ist, welche die Tiere, die in der Welt verbreitet sind, darstellen. Eine solche künstlerische Zusammenfassung ist der Mensch dadurch, dass er seinen Geist in sich trägt.

Kurzform des Tierkreises

Bei dieser Gelegenheit möchte ich [für den Unterricht in der Unterstufe], wenn auch mit einigem Vorbehalt die Einteilung geben, die auch dabei als Leitmotiv dienen könnte. Man müsste, aber mit Vorbehalt, eigentlich die gesamte Zoologie so behandeln, dass man drei Gruppen zu je vier Unterabteilungen, was zwölf Gesamtabteilungen ergibt, als Tierartklassen oder Typen anführt. [...]

Erste Hauptgruppe:

1. Protisten, ganz undifferenzierte Infusorien, Protozoen;
2. Schwämme, Korallen, Anemonen; dann
3. Echinodermen, von den Haarsternen bis zu den Seeigeln; dann
4. Manteltiere, wo also nicht mehr eine so ordentliche äußere Schalenbildung vorhanden ist, wo die Schalenbildung schon zurückgeht.

Zweite Hauptgruppe:

5. Weichtiere;
6. Würmer;
7. Gliedertiere;
8. Fische.

Dritte Hauptgruppe:

9. Amphibien;
10. Reptilien;
11. Vögel;
12. Säuger.

Bei der Tierkreiszuteilung, da müssten Sie beginnen mit den Sängern und die an den Löwen stellen; Vögel – Jungfrau; Reptilien – Waage; Amphibien – Skorpion; Fische – Schütze; Gliedertiere – Steinbock; Würmer – Wassermann. Dann geht es nach der anderen Seite weiter. Da bekommen Sie Protisten beim Krebs; Korallen – Zwillinge; Stier – Echinodermen; Manteltiere – Widder; Weichtiere – Fische.

Sie müssen bedenken, dass der Tierkreis zu einer Zeit entstanden ist, wo ganz andere Benennungen und Zusammenfassungen waren. In der hebräischen Sprache kommt «Fisch» nicht vor, so dass es ganz begründet ist, dass Sie im Schöpfungswerk die Fische auch nicht erwähnt finden, weil die hebräische Sprache gar keinen Ausdruck für Fische hat. Sie galten als Vögel, die im Wasser leben. – So teilen sie sich im Tierkreis auf, und namentlich zu sieben und fünf, dem Tag und der Nacht zu.

Darin liegt auch das, was der Dreigliederung des Menschen entspricht.

Die erste Gruppe sind die Kopftiere: Protisten, Schwämme, Echinodermen, Manteltiere.

Die zweite Gruppe sind die rhythmischen Tiere: Weichtiere, Würmer, Gliedertiere, Fische. Das ist der mittlere Mensch und der Kopf.

Die dritte Gruppe sind die Gliedmaßentiere, wobei aber immer das andere dazutritt. Also Gliedmaßen und Rhythmisches und Kopf; die Dreigliederung anstrebend, aber noch nicht ausführend.

Wenn man es als ausgebreiteten Menschen nehmen will, würde der Kopf entsprechen der ersten Gruppe, der rhythmische Mensch der zweiten Gruppe, der Gliedmaßenmensch der dritten Gruppe.

Geologisch genommen geht es vom Kopf aus. Sie müssen die geologischen Formationen auch durch die zwölf Reihen verfolgen, müssen anfangen mit der ersten Gruppe, durch die zweite Gruppe zur dritten Gruppe. Mit den Formationen muss man es komplettieren. Da reichen die Infusorien zurück als die erste Gruppe. Die Formen der ersten Gruppe, die jetzt vorkommen, sind dekadente Formen von den ätherischen Formen der Vorzeit. Halbdekadente Formen sind die zweite Gruppe. Eigentlich gehören hierher nur ihre nichtdekadenten Vorfahren. Nichtdekadente, eigentlich primäre Formen sind erst die dritte Gruppe.

Deshalb bildet das schon einen Anhaltspunkt für die Formationenlehre.

Mit der Tiergeografie handelt es sich darum, dass man aufsucht den Tierkreis und mit Berücksichtigung dessen, was jetzt gesagt worden ist, dass man von der Projektion des Tierkreises auf der Erde ausgeht, und dann die Ausstrahlungsbezirke der Tiergruppen auf der Erde findet.

Und die Tiere – ja, zu den Tieren gewinnt das Kind überhaupt kein Verhältnis, wenn Sie ihm das Nebeneinander entwickeln. Sie können da dem Kinde schon etwas mehr zumuten, weil das Behandeln des Tierischen ja erst eintritt im 10., 11. Lebensjahr. Dem Kinde die Tiere so nebeneinander beizubringen – gewiss, wissenschaftlich ist das ganz gut, aber wirklichkeitsgemäß ist es nicht. Wirklichkeitsgemäß ist nämlich, dass das ganze Tierreich ein ausgebreiteter Mensch ist. Nehmen Sie den Löwen: Er ist die einseitige Ausbildung besonders der Brustorganisation. Nehmen Sie den Elefanten: Die ganze Organisation ist auf die Verlängerung der Oberlippe hin ausgebildet; die Giraffe: Die ganze Organisation ist auf die Verlängerung des Halses hin ausgebildet. Wenn Sie jedes Tier so begreifen, dass irgendein Organsystem des Menschen vereinseitigt ist im Tier, und dann die ganze Tierreihe überblicken bis zum Insekt, und noch weiter hinunter kann das durchgeführt werden bis zu den geologischen Tieren [...], dann kommen Sie dazu, sich zu sagen: Das ganze Tierreich ist ein fächerförmig auseinandergefalteter Mensch, und der Mensch ist seiner physischen Organisation nach die Zusammenfaltung des ganzen Tierreiches.

Der Vogel entspricht der Lunge

Man lacht heute darüber, dass eigentlich im ersten Drittel des 19. Jahrhunderts noch bei vielen Menschen ein Gefühl vorhanden war dafür, dass die ganze Tierwelt ein ausgebreiteter Mensch ist. [...] Man suchte draußen in der Natur niedere Tiere. [... Man kann doch sehen], wie dasjenige, was menschliches Haupt ist, außen die knöcherne Schale, innen die weichen Teile, gerade gewissen niederen Tieren ähnlich sieht. Nehmen Sie Schnecken, nehmen Sie Muscheltiere, die sind ähnlich dem menschlichen Haupte. Und wenn Sie unsere mehr oder weniger entwickelten Vö gel nehmen, so werden Sie sich sagen müssen: Da ist in Anpassung an die Luft, in Anpassung an die ganze übrige Lebensweise dasjenige ganz besonders ausgebildet, was beim Menschen zurücktritt als innere Lungenbildung und dergleichen. Wenn Sie sich das wegdenken, was beim Menschen in die Gliedmaßen fließt, wenn Sie sich denken die ganze Organisation mehr im Innern gehalten und angepasst an die Lebensverhältnisse in der Luft, dann bekommen Sie die Organisation des Vogels. Vergleichen Sie die Organisation des Löwen oder der Katze mit der Organisation des Rindes, Sie werden überall sehen: Bei der einen Tiergattung ist das eine Glied der Organisation mehr ausgebildet, bei der anderen Tiergattung ein anderes Glied der Organisation mehr ausgebildet. Jede Tiergattung ist auf eines hin besonders organisiert. Von der Schnecke können wir sagen: Sie ist fast ganz Kopf, sie hat nichts anderes als Kopf. Nur ist sie ein einfacher, primitiver Kopf. Der menschliche Kopf ist komplizierter. Vom Vogel können wir sagen: Er ist gewissermaßen ganz Lunge, entsprechend umgebildet, weil alles andere verkümmert ist. Vom Löwen können wir sagen: Er ist gewissermaßen ganz Blutzirkulation und Herz. Vom Rind können wir sagen: Es ist ganz Magen. Und so können wir draußen in der Natur die verschiedenen Gattungen und Arten so charakterisieren, dass wir hinschauen auf die einzelnen Organe. Das, was ich jetzt sage, das kann durchaus auch in sehr einfacher, primitiver Weise gesagt werden. Und dann, wenn man die Welt des Tierreiches überschaut und alles dasjenige, was da wie der große Fächer von Wesenheiten auseinandergebreitet ist, wenn man das dann vergleicht mit der menschlichen Organisation, wie im Menschen alles abgerundet ist, wie kein Organisationssystem sich vordrängt, eines an das andere angepasst ist, da finden wir: Ja, bei den Tieren sind immer die Organsysteme an die Außenwelt angepasst; beim Menschen sind nicht die Organsysteme an die Außenwelt angepasst, sondern eins ans andere. Der Mensch ist eine abgeschlossene Totalität, eine abgeschlossene Ganzheit [...].

Denken Sie sich einmal, wir verwenden alles, was wir verwenden können, das naturgeschichtliche Kabinett der Schule, jeden Spaziergang, den wir mit den Kindern machen, alles dasjenige, was das Kind erlebt hat, wir verwenden alles, um in lebendiger Darstellung zu schildern, wie der ganze Mensch gewissermaßen ein Kompendium der Tierwelt ist, wie in ihm alles harmonisch gestaltet, abgerundet ist, wie die Tiere einseitige Ausbildungen darstellen und deshalb keines die volle Beseelung haben kann und wie der Mensch die Anpassung des einen Organsystemes an das andere darstellt und gerade dadurch die Möglichkeit, ein vollbeseeltes Wesen zu sein, erhält. Wir können uns, wenn wir selber ganz überzeugt und durchgeistigt sind von diesem Verhältnis des Menschen zur Welt der Tiere, dann aufschwingen, dieses Verhältnis auch lebendig zu schildern, so dass die Darstellung eine ganz objektive ist, aber dass zu gleicher Zeit der Mensch sein Verhältnis zur Welt fühlt.

Kapitel V: Die Ökologie des Tieres

Denn in der Natur steht alles in Wechselwirkung

In der Natur, im Weltenwesen überhaupt steht alles in Wechselwirkung miteinander. Es wirkt immer das eine auf das andere. Heute, in der materialistischen Zeit, verfolgt man nur die groben Wirkungen des einen auf das andere; wenn das eine durch das andere gefressen, verdaut wird, oder wenn der Mist von den Tieren auf die Äcker kommt. Diese groben Wechselwirkungen verfolgt man allein.

Es finden ja außer diesen groben auch durch feinere Kräfte und auch durch feinere Substanzen, durch Wärme, durch in der Atmosphäre fortwährend wirkendes Chemisch-Ätherisches, durch Lebensäther, fortwährend Wechselwirkungen statt. Und ohne dass man diese feineren Wechselwirkungen berücksichtigt, kommt man für gewisse Teile des landwirtschaftlichen Betriebes nicht vorwärts. Wir müssen namentlich auf solche, ich möchte sa gen, naturintimeren Wechselwirkungen hinschauen, wenn wir es zu tun haben mit dem Zusammenleben von Tier und Pflanze innerhalb des landwirtschaftlichen Betriebes. Und wir müssen da hinschauen nicht bloß wiederum auf diejenigen Tiere, die uns zweifellos nahestehen, wie Rinder, Pferde, Schafe und so weiter, sondern wir müssen auch in verständiger Weise hinschauen, sagen wir zum Beispiel auf die bunte Insektenwelt, welche die Pflanzenwelt während einer gewissen Zeit des Jahres umflattert. Ja, wir müssen sogar verstehen, in verständiger Weise hinzuschauen auf die Vogelwelt. Darüber macht sich heute die Menschheit noch nicht richtige Begriffe, welchen Einfluss die Vertreibung gewisser Vogelarten aus gewissen Gegenden durch die modernen Lebensverhältnisse für alles landwirtschaftliche und forstmäßige Leben eigentlich hat. In diese Dinge muss wiederum durch eine geisteswissenschaftliche, man könnte ebenso gut sagen, durch eine makrokosmische Betrachtung hineingeleuchtet werden. Nun können wir einiges von dem, was wir auf uns haben wirken lassen, jetzt verwenden, um zu weiteren Einsichten zu kommen.

Dieses Zitat aus dem sogenannten *Landwirtschaftlichen Kurs* sei als Motto an den Beginn dieses Kapitels gestellt. Der in Koberwitz im Sommer 1924 gehaltene Kurs ist die Wiege der heutigen Demeter-Landwirtschaft – und mit dieser letztlich der gesamten biologisch-organischen Landwirtschaft. Der Begriff «naturintim» ist ein Schlüsselbegriff. Steiner geht es darum, aus dem *Wesen*, aus der *Natur* von Stein, Pflanze, Tier und Mensch ihr gegenseitiges Zusammenleben und -weben zu begreifen. Es geht ihm also nicht um eine äußerliche, sondern um eine «innerliche» oder auch spirituelle Ökologie (siehe hierzu die Angaben im Anhang).

Im Zentrum steht das Verhältnis von Pflanze und Tier. Sie sind – auf das Intimste – aufeinander bezogen: Die Pflanze lebt vom Geben, das Tier lebt vom Nehmen; oder anders ausgedrückt: Das Tier als geistige Entität braucht die Pflanze, um im irdischen Kontext erscheinen zu können. Die Pflanze gehört zum Erdenplaneten, die Tiere sind hier «nur» Gäste aus dem Kosmos. Die Blüte ist der «festgehaltene Schmetterling», der Schmetterling die «umherflatternde Blüte».

Wie die vorhergehenden Kapitel zeigen, findet sich das Wesen der Tiere (ja das der ganzen Natur) im Blick auf ihr kosmisches Werden. Die Organismen sind essenziell mit dem Kosmos verbunden. Eine spirituelle Ökologie geht daher über die irdischen Zusammenhänge hinaus und bezieht die kosmischen Einflüsse mit ein: Das «Allerwichtigste besteht darinnen, dass man weiß, unter welchen Bedingungen der Weltenraum mit seinen Kräften auf das Irdische wirken kann», so Rudolf Steiner.

Einmal mehr spielt auch in einer spirituellen Ökologie das Ich eine entscheidende Rolle. Einerseits wartet die Land(wirt)schaft darauf, durch den Dung der Kuh und durch den die Landschaft geistig durchdringenden Menschen zu einer Individualität entwickelt zu werden. Andererseits wird der Mensch abermals – nun nicht durch den evolutiven Prozess des Heraussetzens (siehe Kapitel II), sondern durch seine Ich-Begabung – zum Schuldner gegenüber der Natur, im Speziellen gegenüber dem Tierwesen. Wie das?

Was ein Adler erlebt, erlebt er als Adler und nicht als ein einzelnes individuelles Tier. Das allen Adlern gemeinsame Ich lebt in der geistigen Welt und nicht als solches inkarniert. Wenn man so will, kommt das Tier nie wirklich auf die Erde, es bleibt Gast. Daher kann beim Tier auch nicht von Reinkarnation und Karma die Rede sein. Als Mensch inkarniert zu sein, heißt, in dem Wechsel zwischen einem Leben auf der Erde und einem solchen in der geistigen Welt von Inkarnation zu Inkarnation zu schreiten. Dadurch verweben sich Geistiges und Physisches in einer ‹problematischen› Weise: Der Mensch ist in seiner Ich-Begabung ein geistiges Wesen. Für seine Entwicklung sind ihm nur solche Erfahrungen fruchtbar, die ihm in geistiger Substanzialität zukommen. Daher löst er sich nach dem Tode auch von seinem physichen und Ätherleib. Was ihm von den irdischen Erfahrungen bleiben darf, ist der geistig-wesenhafte Gehalt seiner Erfahrungen. Diese wertet er aus, um sich für ein nächstes Erdenleben vorzubereiten. Die Erde indes ist auf ein physisch-ätherisches Dasein angelegt. Alles, was als Physisches zu sehr vom Geist fixiert wird, gerät jedoch ins Kristalline, Geronnene, mineralischknochenhaft Tote – vergleichbar einer allzu materialistischen Auffassung der Sinneswelt, die einer einseitigen Betonung unserer Kopfnatur entspringt. Die Erde gewinnt neues Leben bzw. bleibt in der Lebenssphäre, wenn ihr Dasein nicht physisch-materiell fixiert, sondern ins Geistig-Substanzielle gehoben wird.

Im Jahreslaufkontext baut Steiner die Polarität von geistdurchwobener Materie und materiedurchwobenem Geist aus. Letzterer entspricht dem mit Leben erfüllten Sommerhalbjahr, in dem die Erde ihren Stoff-Wechsel-Gliedmaßen-Pol auslebt und damit der Kuh gleich wird. Im Winter lebt die Erde mit ihrer geistdurchwobenen Materie kristallin ihr Kopf-Dasein und gleicht damit dem losgelösten und austrocknendem Dasein des Adlers.

Der aus irdischer Substanz gebildete Kopf wird von der geistigen Tätigkeit des Denkens durchwoben; die Substanz der Gliedmaßen ist geistiger, die sich in ihnen betätigenden Kräfte sind irdischer Natur. Nach seinem Tode hinterlässt der Mensch einerseits mit seinem Schädel eine für die Erde unverdauliche, geistdurchwobene, irdische Substanz und nimmt andererseits mit seinen Erfahrungen, die er durch seinen Gliedmaßenmenschen gemacht hat, geistige Substanz mit, die aber eigentlich der Erde zustünde. Dadurch wird er zu einem doppelten Schuldner an der Erde. Die Tiere gleichen an unserer statt die Schulden aus: «Der Adler entnimmt der Erde das, was sie nicht mehr brauchen kann, was zurück muss ins Geisterland. Die Kuh trägt in die Erde das herein, was die Erde fortwährend an erneuernden Kräften aus dem Geisterland braucht. […] Der Löwe nimmt mir ab diejenigen Aufgaben, die ich nicht selber erfüllen kann durch mein rhythmisches System. So wird aus mir und den drei Tieren ein Ganzes im kosmischen Zusammenhange.»

Es mag verwundern, wenn Rudolf Steiner an anderer Stelle die Tiere als «Krankheiten der Erde» bezeichnet. Verständlich wird dies, wenn man die Gesamtheit der Tiere als den Astralleib oder auch als Bewusstseinspol der Erde auffasst. So wie unser Bewusstsein gegenüber unserer ätherisch-physischen Organisation abbauend wirkt (deshalb müssen wir uns durch den Schlaf immer wieder regenerieren, indem Astralleib und Ich aus dem Äther- und physischen Leib herausgelöst werden), so kann auch die Tierwelt als «abbauend» für die physisch-ätherische Organisation der Erde verstanden werden. Jede Krankheit kann als eine je andere Schwächung des Physisch-Ätherischen aufgefasst werden, und somit auch jedes Tier als eine eigene Krankheit.

Weil das Tier nicht wirklich auf die Erde kommt, weil es eigentlich nur «Gast auf dieser Erde ist», kann auch nicht davon ausgegangen werden, dass es ein gegenständliches Sinnesbild von der Welt entwirft, wie es indes beim Tagbewusstsein des Menschen der Fall ist. Vielmehr leben die Tiere in ihrem Innenwesen ein eher träumendes Dasein. Sie leben dort in einem ständigen, konstitutionellen Abgleichen ihres hinteren Pols mit ihrem vorderen. Der vordere Pol führt (durch die Sinne) zu einer Aufhellung des Bewusstseins, der hintere dagegen zu einer Abdunklung, indem er zu mehr oder weniger unbewussten, «instinktiven» Handlungen den Antrieb gibt. Rudolf Steiner betont daher, dass das Tier zweigegliedert (und nicht dreigegliedert) anzuschauen sei, und er spricht auch nicht primär von einem Nerven-Sinnes- und einem Stoffwechselpol, sondern von einem Sonnen- und einem Mondenpol des Tieres.

In seiner horizontalen Ausrichtung kann es das Tier nicht zu dem vollen Wachbewusstsein des Menschen bringen: Die Darmmasse ist ein auf dem halben Weg zur Gehirnwerdung zu früh Herausgesetztes. Sie trägt die Anlage zur Ergreifung durch ein Ich-Bewusstsein in sich und ist bestens als Dung für die Bildung einer landwirtschaftlichen Individualität geeignet. Weil das Kuhhorn die kosmischen Kräfte in das Innere des Organismus zurückstaut, verstärkt es diese Veranlagung zum Dung. All diese Einsichten in das Wesen des Tieres sind Voraussetzung für die Entwicklung des Hornmist- und des Hornkieselpräparates, die maßgeblich sind für die gedeihliche Wirkung des Demeter-Impulses. Sie sind aber auch Voraussetzung für eine wesensgemäße Tierfütterung. Sie dient einerseits dem Wohl der einzelnen Tiere und andererseits dazu, dass sich die gesamte Natur im Zusammenspiel mit dem kosmischen Schicksal des Menschen heilsam weiterentwickeln kann. Eine spirituelle Ökologie klammert also den Menschen keineswegs aus der Natur aus oder will einen «unberührten» Status Quo erhalten, sie ist vielmehr auf eine mirkro- und makrokosmische Weiterentwicklung ausgerichtet. Ökologie wandelt sich so von einer Wissenschaft des Naturhaushaltes zu einer auf das zukünftige Miteinander zielenden Praxisform.

Die Fruchtbarkeit der Erde: ihr Samenchaos

Der Erdboden ist ein wirkliches Organ, er ist ein Organ, das wir etwa vergleichen können, wenn wir wollen, mit dem menschlichen Zwerchfell. Und wir bekommen eine richtige Vorstellung von demjenigen, was da eigentlich vorliegt – es ist nicht ganz genau gesprochen, sondern es soll nur verdeutlichen und genügt dazu –, wir gelangen zu einer Vorstellung, wenn wir uns sagen: Über dem Zwerchfell sind beim Menschen gewisse Organe, vor allem der Kopf und dasjenige, was ihn aus Atmung und Zirkulation heraus versorgt, und unter dem Zwerchfell sind andere

Organe. Wenn wir nun von diesem Gesichtspunkte aus vergleichen sozusagen den Erdboden mit dem menschlichen Zwerchfell, so müssen wir sagen: Der Kopf ist dann unter dem Erdboden für diejenige Individualität, die da in Betracht kommt, und wir mit allen Tieren zusammen leben im Bauch dieser Individualität. Das, was über der Erde ist, ist eigentlich durchaus dasjenige, was zum Eingeweide der – um ein Wort zu haben – landwirtschaftlichen Individualität gehört. Auf einer Landwirtschaft gehen wir eigentlich im Bauche der Landwirtschaft herum, und die Pflanzen wachsen in den Bauch der Landwirtschaft herauf. Also wir haben es durchaus mit einer Individualität zu tun, die auf dem Kopfe steht und die wir auch nur richtig anschauen, wenn wir sie als auf dem Kopfe stehend betrachten, auch auf dem Kopfe stehend in Bezug auf den Menschen. In Bezug auf das Tier [...] ist das etwas anderes.

Nun handelt es sich darum, gerade für die Bebauung des Bodens ein Allerwichtigstes zu durchschauen. Sehen Sie, dieses Allerwichtigste [...] besteht darinnen, dass man weiß, unter welchen Bedingungen der Weltenraum mit seinen Kräften auf das Irdische wirken kann. Gehen wir, um das einzusehen, einmal aus von der Samenbildung. Den Samen, aus dem sich das Embryonale entwickelt, sieht man gewöhnlich an als ein außerordentlich kompliziertes molekulares Gebilde. Und man legt den größten Wert darauf, diese Samenbildung aufzufassen in ihrer komplizierten Molekularstruktur. [...]

Man denkt sich, wenn da das Eiweißmolekül ist, so muss das ungeheuer kompliziert sein. Denn aus dieser Kompliziertheit heraus wächst ja der nächste Organismus. [...] Aber aus dieser höchsten Kompliziertheit würde niemals ein neuer Organismus hervorgehen, niemals.

Denn der Organismus geht eben nicht auf die Art aus den Samen hervor, dass sich dasjenige, was sich als Samen gebildet hat, aus der Mutterpflanze oder dem Muttertier nur fortsetzt in demjenigen, was als Kinderpflanze oder Kindertier entsteht. Das ist eben gar nicht wahr. Wahr ist vielmehr, [dass der Samen ein kleines Chaos birgt]. Dann beginnt das ganze umliegende Weltenall auf den Samen zu wirken und drückt sich in ihm ab und baut aus dem kleinen Chaos das auf, was von allen Seiten durch die Wirkungen aus dem Weltenall in ihm aufgebaut werden kann [...]. Und wir bekommen in dem Samen ein Abbild des Weltenalls. [...] Jedes Mal baut sich in dem Samenchaos aus dem ganzen Weltenall heraus der neue Organismus auf. Der alte Organismus hat nur die Tendenz, den Samen in diejenige Weltenlage hineinzubringen, durch seine Affinität zu dieser Weltenlage, dass aus den richtigen Richtungen her die Kräfte wirken [...].

Aber, was in der einzelnen Pflanze [und im einzelnen Tier] abgebildet wird, ist immer das Abbild irgendeiner kosmischen Konstellation, wird aus dem Kosmos heraus aufgebaut. Wenn wir überhaupt den Kosmos zur Wirkung bringen wollen in seinen Kräften innerhalb unseres Irdischen, dann ist dazu notwendig, dass wir das Irdische möglichst stark ins Chaos hineintreiben. Überall, wo wir den Kosmos zur Wirkung bringen, müssen wir das Irdische möglichst stark ins Chaos hineintreiben.

Die Zweigliederung des Tieres: Sonnen- und Mondenpol

Nun aber dasjenige, was auf der Erde als Pflanzenwachstum ist, ist noch nicht alles, sondern zu einem bestimmten Erdgebiete gehört ebenso ein bestimmtes Tierisches. [...] Vom Tierischen können wir nicht absehen; denn es besteht das Eigentümliche, dass die beste, wenn ich so sagen soll, kosmische qualitative Analyse sich selber vollzieht im Zusammenleben eines gewissen mit Pflanzen bewachsenen Gebietes mit dem, was an Tieren in diesem Gebiete lebt. [...] Es besteht die Beziehung, dass, wenn man das richtige Maß von Kühen, Pferden und anderen Tieren auf irgendeiner Landwirtschaft hat, diese Tiere alle miteinander gerade so viel Mist geben, als man braucht für die Landwirtschaft, als man braucht, um dem Chaosgewordenen noch etwas dazuzusetzen. Und zwar, wenn man die rechte Anzahl Pferde, Kühe, Schweine hat, so ist auch das Mischungsverhältnis im Mist das Richtige. Das hängt zusammen damit, dass die Tiere das richtige Maß dessen, [...] was die Erde hergeben kann an Pflanzen, fressen. Aus dem Grunde entwickeln sie auch im Verlaufe ihres organischen Prozesses soviel Mist, als notwendig ist, um wieder der Erde zurückgegeben zu werden. Eigentlich gilt da das [...], dass man, wenn man genötigt ist, irgendwelchen Mist von außen zu beziehen, diesen nur zu benutzen, zu behandeln hat als ein Heilmittel für eine schon erkrankte Landwirtschaft. Gesund ist sie nur insofern, als sie sich den Mist durch ihren Tierbestand selber gibt. [...]

Denn natürlich gehört zu dem, was wir angeführt haben über das Bauchsein über dem Erdboden, das Kopfsein unter dem Erdboden, gehört wiederum auch das Verstehen des tierischen Organismus. Der tierische Organismus lebt ja im ganzen Zusammenhang des Naturhaushalts drinnen. So dass er mit Bezug auf seine Form- und Farbengestalt, auch mit Bezug auf die Struktur und Konsistenz seiner Substanz von vorne nach hinten zu, also von der Schnauze gegen das Herz zu, die Saturn-, Jupiter-, Marswirkungen hat, in dem Herz die Sonnenwirkung und hinter dem Herzen, gegen den Schwanz zu, die Venus-, Merkur-, Mondenwirkungen (Abb. S. 194). In dieser Beziehung sollten eigentlich diejenigen, die interessiert sind an diesen Dingen, in Zukunft nun wirklich die Erkenntnisse nach dem Anschauen der Form hin ausbilden.

Denn diese Ausbildung der Erkenntnisse nach der Form,

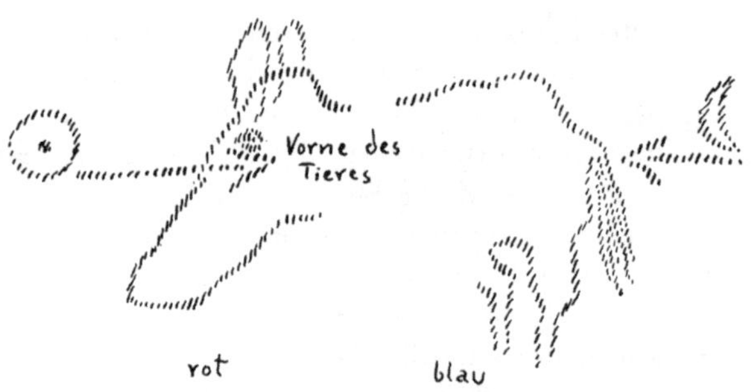

nach dem Anschauen der Form, ist von einer ungeheuren Bedeutung. Gehen Sie einmal in ein Museum und schauen Sie sich das Skelett von irgendeinem Säugetier an, und gehen Sie mit dem Bewusstsein hin: In der Kopfbildung ist vorzugsweise wirkend in der Gestaltung die Sonnenbestrahlung, wie sie so ins Maul hineinströmt, die direkt strahlende Sonnenwirkung; und je nachdem aus anderen Untergründen heraus, wie wir auch hier besprechen werden – das Tier sich so oder so der Sonne exponiert – ein Löwe exponiert sich anders als ein Pferd –, je nachdem ist der Kopf gestaltet und dasjenige, was sich unmittelbar an den Kopf anschließt. So haben wir es beim Vorne des Tieres mit der direkten Sonnenbestrahlung zu tun, und damit der Ausbildung des Kopfes.

Nun denken Sie, das Sonnenlicht kommt noch auf einem anderen Wege in den Umkreis der Erde hinein, indem es vom Monde zurückgeworfen wird. Und wir haben es nicht nur mit dem Sonnenlicht zu tun, sondern wir haben es mit dem vom Mond zurückgeworfenen Sonnenlicht zu tun. Dieses vom Mond zurückgeworfene Sonnenlicht ist ganz unwirksam, wenn es auf den Kopf eines Tieres scheint. Da entfaltet es keine Wirkung. Diese Dinge gelten namentlich für das Embryonalleben. Aber das vom Monde zurückgestrahlte Licht entwickelt seine höchste

Wirkung, wenn es auf den hinteren Teil des Tieres fällt. Und sehen Sie sich die Skelettbildung im hinteren Teil an, in ihrer eigentümlichen Beziehung zu der Kopfbildung. Entwickeln Sie ein Formgefühl für diesen Gegensatz, für die Art und Weise, wie da die Schenkel sich ansetzen, wie der Verdauungsauslauf da gestaltet ist im Gegensatz zu dem, was ganz als Gegenpol vom Kopf herein gestaltet wird. Dann haben Sie beim Vorderen und Hinteren des Tieres den Gegensatz von Sonne und Mond. Und wenn Sie weitergehen, so finden Sie, dass die Sonnenwirkung bis zum Herzen geht, vor dem Herzen zurückbleibt, dass für die Kopf- und Blutbildung Mars, Jupiter, Saturn wirkt, dass dann vom Herz weiter zurück unterstützt wird die Mondenwirkung durch die Merkur- und Venuswirkung, so dass, wenn Sie das Tier so aufstellen, drehen und derart aufrichten, dass es den Kopf in die Erde steckt und das Hintere nach oben streckt, Sie dann die Einstellung haben, die unsichtbar die landwirtschaftliche Individualität hat.

Damit haben Sie die Möglichkeit, jetzt aus dieser Formgestalt des Tieres heraus eine Beziehung zu finden zwischen demjenigen, was das Tier an Mist zum Beispiel liefert im Verhältnis zu demjenigen, was die Erde braucht, deren Pflanzen das Tier frisst. Denn Sie müssen ja wissen, dass zum Beispiel die kosmischen Wirkungen, die in einer Pflanze zur Geltung kommen, die vom Innern der Erde heraus kommen, hinaufgeleitet werden. Ist also eine Pflanze besonders reich an solchen kosmischen Wirkungen und frisst diese ein Tier, das nun seinerseits gleichzeitig Mist liefert aus seiner Organisation heraus auf Grundlage eines solchen Futters, so liefert dieses Tier den besonders geeigneten Mist für diesen Boden, wo die Pflanze wächst.

Sie sehen also, durchschaut man formhaft die Dinge, dann kommt man auf alles, was gebraucht wird in dieser in sich geschlossenen Individualität, die eine Landwirtschaft ist. Nur muss man den Tierstand dazurechnen.

Beim Tier haben wir nicht eine so scharfe Dreigliederung des Organismus wie beim Menschen. Wir haben beim Tiere auch ausgesprochen den Nerven-Sinnes-Organismus und den Stoffwechsel-Gliedmaßen-Organismus. Die sind scharf voneinander getrennt, aber der mittlere, der rhythmische Organismus ist bei verschiedenen Tieren verschwommen. […] Beim Menschen redet man ganz exakt von dieser Dreigliederung des Organismus. Aber beim Tier sollte man sprechen von der im Kopfe vorzugsweise lokalisierten Nerven-Sinnes-Organisation und von der im Hinterleib und in den Gliedmaßen organisierten, aber wiederum den ganzen Organismus durchdringenden Stoffwechsel-Gliedmaßen-Organisation. Und in der Mitte, da wird beim Tier der Stoffwechsel rhythmischer als beim Menschen, und auch die Nerven-Sinnes-Organisation wird rhythmischer, und die beiden schwimmen ineinander, so dass das Rhythmische nicht als so stark Selbständiges entsteht beim Tier. Es ist ein mehr undeutliches Ineinanderklingen von den beiden äußersten Polen. Beim Tiere sollte man also eigentlich von einer Zweigliederung des Organismus sprechen, so dass aber die beiden Glieder in der Mitte sich miteinander vermischen und dadurch die sogenannte tierische Organisation entsteht.

Hörner und Geweihe – Hornmist und Hornkiesel

Haben Sie schon einmal nachgedacht, warum die Kühe Hörner haben, oder gewisse Tiere Geweihe haben? Das ist eine außerordentlich wichtige Frage. […] Beantworten wir uns die Frage, warum die Kühe Hörner haben. Sehen Sie, ich habe gesagt, das Organische, das Lebendige, muss nicht immer nur nach außen gerichtete Kraftströme haben, sondern kann auch nach innen gerichtete Kraftströmungen haben. […] Die Kuh hat Hörner, hat Klauen. Was geschieht an den Stellen, wo die Klaue, das Horn wächst? Da wird ein Ort gebildet, der in besonders starker Weise die Strömungen nach innen sendet. Da wird das Äußere ganz besonders stark abgeschlossen. Da ist nicht nur die Kommunikation durch die durchlässige Haut oder das Haar, sondern da werden die Tore für das nach außen Strömende vollständig verschlossen. Daher hängt die Hornbildung zusammen mit der ganzen Gestalt des Tieres. Hornbildung und Klauenbildung hängen zusammen mit der ganzen Gestaltung des Tieres.

In ganz anderer Weise ist es bei der Geweihbildung. Bei der Geweihbildung handelt es sich nicht darum, dass die Ströme zurückgeführt werden in den Organismus, sondern dass gewisse Strömungen gerade ein Stück nach außen geführt werden, dass Ventile da sind, wodurch gewisse Strömungen – die müssen ja nicht immer flüssig und luftförmig sein, sondern sie können auch Kraftströmungen sein, die in dem Geweih lokalisiert sind –, dass diese da außen entladen werden. Der Hirsch ist schön dadurch, dass er eine starke Kommunikation mit seiner Umgebung dadurch hat, dass er gewisse seiner Strömungen nach außen sendet und mit der Umgebung lebt, dadurch aufnimmt alles dasjenige, was in den Nerven und Sinnen organisch wirkt. Er wird ein nervöser Hirsch. In gewisser Beziehung sind alle die Tiere, die Geweihe haben, von einer leisen Nervosität durchströmt, was man ihnen in den Augen schon ansehen kann.

Die Kuh hat Hörner, um in sich hineinzusenden dasjenige, was astralisch-ätherisch gestalten soll, was da vordringen soll beim Hineinstreben bis in den Verdauungsorganismus, so dass viel Arbeit entsteht gerade durch die Strahlung, die von Hörnern und Klauen ausgeht, im Verdauungsorganismus. Wer daher die Maul- und Klauenseuche verstehen will, also das Zurückwirken des Peripherischen auf den Verdauungstrakt, der muss diesen Zusammenhang durchschauen. Und unser Maul- und Klauenseuche-Mittel ist aufgebaut auf dem Durchschauen dieses Zusammenhanges. Nun, sehen Sie, dadurch haben Sie im Horn etwas, was durch seine besondere Natur und Wesenheit gut dazu geeignet ist, das Lebendige und Astralische zurückzustrahlen in das innere Leben. Etwas Lebenstrahlendes, und sogar Astralisch-Strahlendes, haben Sie im Horn. Es ist schon so. Würden Sie im lebendigen Kuhorganismus herumkriechen können, so würden Sie, wenn Sie drin wären im Bauch der Kuh, das riechen, wie von den Hörnern aus das Astralisch-Lebendige nach innen strömt. Bei den Klauen ist das in einer ähnlichen Weise der Fall.

Sehen Sie, das gibt nun einen Fingerzeig zu solchen Dingen, wie sie von unserer Seite empfohlen werden können, um dasjenige, was nun zum gewöhnlichen Stalldünger verwendet wird, in seiner Wirksamkeit weiter zu erhöhen. Der gewöhnliche Stalldünger, was ist er denn eigentlich? [... Er] hat sich durchzogen im Astralischen mit den Kräften, die stickstofftragend sind, im Ätherischen mit den Kräften, die sauerstofftragend sind. Mit dem hat sich die Masse, die nun als Mist erscheint, durchdrungen. [...]

Wir müssen eigentlich furchtbar dankbar sein, dass der Mist übrig bleibt; denn er trägt Ätherisches und Astralisches aus dem Innern der Organe heraus ins Freie. Das bleibt daran. Wir müssen es nur in entsprechender Weise erhalten, so dass wir also im Mist vor uns haben etwas, was ätherisch und astralisch ist. Dadurch wirkt es schon belebend und auch astralisierend auf den Erdboden, im Erdigen. Nicht bloß im Wässrigen, sondern namentlich im Erdigen. Es hat die Kraft, das Unorganische des Erdigen zu überwinden. [...]

Nehmen wir Dünger, wie wir ihn bekommen können, stopfen wir damit ein Kuhhorn aus und geben wir in einer gewissen Tiefe – ich will sagen etwa dreiviertel bis ein halb Meter tief, wenn wir einen unten nicht zu tonigen oder zu sandigen Boden haben – das Kuhhorn in die Erde. Wir können ja einen guten Boden dazu, der nicht sandig ist, auswählen. Sehen Sie, dadurch, dass wir nun das Kuhhorn mit seinem Mistinhalt eingegraben haben, dadurch konservieren wir im Kuhhorn drinnen die Kräfte, die das Kuhhorn gewohnt war, in der Kuh selber auszuüben, nämlich rückzustrahlen dasjenige, was Belebendes und Astralisches ist. Dadurch, dass das Kuhhorn äußerlich von der Erde umgeben ist, strahlen alle Strahlen in seine innere Höhlung hinein, die im Sinne der Ätherisierung und Astralisierung gehen. Und es wird der Mistinhalt des Kuhhorns mit diesen Kräften, die nun dadurch alles heranziehen aus der umliegenden Erde, was belebend und astralisch ist, es wird der ganze Inhalt des Kuhhorns den ganzen Winter hindurch, wo die Erde also am meisten belebt ist, innerlich belebt. Innerlich belebt ist die Erde am meisten im Winter. Das ganze Lebendige wird konserviert in diesem Mist, und man bekommt dadurch eine außerordentlich konzentrierte, belebende Düngungskraft in dem Inhalte des Kuhhorns.

Dann kann man das Kuhhorn ausgraben; man nimmt dasjenige, was da als Mist drin ist, heraus. Bei unseren letzten Proben in Dornach haben sich die Herrschaften selber davon überzeugt, dass, als wir den Mist herausgenommen haben, er überhaupt nicht mehr gestunken hat. Es war das ganz auffällig. Er hatte keinen Geruch mehr, aber er fing natürlich an, etwas zu riechen, als er nun wieder mit Wasser bearbeitet wurde. Das bezeugt, dass alles Riechende in ihm konzentriert und verarbeitet ist. Da ist eine ungeheure Kraft darinnen an Astralischem und an Ätherischem, die Sie brauchen können dadurch, dass Sie nun dasjenige, was Sie da aus dem Kuhhorn herausnehmen, nachdem es überwintert hat, mit gewöhnlichem Wasser, das nur vielleicht etwas erwärmt sein sollte, verdünnen. […] Dann hat man nötig, diesen ganzen Inhalt des Kuhhorns aber in eine gründliche Verbindung zu bringen mit dem Wasser. Das heißt, man muss jetzt anfangen zu rühren, und zwar so zu rühren, dass man schnell rührt am Rande des Eimers, an der Peripherie herumrührt, so dass sich im Innern fast bis zum Boden herunter ein Krater bildet, so dass das Ganze in der Tat rundherum durch Drehung in Rotierung ist. Dann dreht man schnell um, so dass das Ganze nun nach der entgegengesetzten Seite brodelt. Wenn man das eine Stunde fortsetzt, so bekommt man eine gründliche Durchdringung. [...]

Man nimmt wiederum Kuhhörner, füllt sie aber jetzt aus [...] mit bis zu Mehl zerriebenem Quarz oder Kiesel, oder auch Orthoklas, Feldspat, und bildet aus diesem einen Brei, der etwa die Dicke eines ganz dünnen Teiges hat, und füllt damit das Kuhhorn aus. Jetzt, statt dass man das Kuhhorn überwintern lässt, lässt man es übersommern, nimmt es alsdann, nachdem es übersommert hat, im Spätherbst heraus, bewahrt nun den Inhalt bis zum nächsten Frühjahr, dann nimmt man heraus dasjenige, was da dem sommerlichen Leben in der Erde ausgesetzt war, und behandelt es in ähnlicher Weise, nur dass man jetzt viel geringere Quantitäten braucht. Sie können also ein erbsengroßes Stückchen verteilen durch Rühren auf einen Eimer Wasser, vielleicht auch nur ein stecknadelkopfgroßes Stückchen. Nur muss man das auch eine Stunde lang rühren. Wenn Sie das verwenden zum äußeren Bespritzen der Pflanzen selber – es wird sich insbesondere bewähren bei Gemüsepflanzen und dergleichen –, nicht zum brutalen Begießen, sondern zu einem Bespritzen, dann werden Sie sehen, wie nun das der Wirkung, die von der anderen Seite durch den Kuhhornmist aus der Erde kommt, unterstützend zur Seite steht.

In der an den Vortrag anschließenden Fragebeantwortung zeigt sich Rudolf Steiner gegenüber den von ihm gegebenen «Rezepturen» zugleich humorvoll strikt als auch sachkundig beweglich. In dem einen Fall besteht er darauf, dass die Hörner von Kühen und nicht von Ochsen stammen sollten: Mit einem Ochsenhorn würde es nicht funktionieren, denn es käme auf die Kuh an und Kühe seien eben bekanntlich weiblichen Geschlechts. In dem anderen Fall lässt er auch Pferdmist als Füllung der Hörner zu, will aber zugleich die Hörner mit Haaren der Pferdemähne umsponnen sehen.

Zusammenklang von Pflanze und Tier

Nun schauen wir uns den Baum an. Was ist er denn eigentlich im ganzen Haushalt der Natur? [...] Der Baum ist nämlich wirklich für dasjenige, was da an den Zweigen wächst, die Erde. Er ist die hügelig gewordene Erde, nur die etwas lebendiger gestaltete Erde als diejenige, aus der unsere Kraut- und Getreidepflanzen herauswachsen. [...]

Da entsteht sogleich die Frage: Ist dann auch diese, also dadurch mehr oder weniger Schmarotzer zu nennende Pflanze am Baum, ist sie dann auch in Wirklichkeit eingewurzelt? [...]

Die Pflanze, die auf dem Baum wächst, hat ihre Wurzel verloren, sie hat sich sogar relativ von ihr getrennt und ist nur mit ihr verbunden, ich möchte sagen, mehr ätherisch. [...] So dass wir die Wurzeln dieser Pflanze eben nicht anders anschauen können, als dass sie durch das Kambium ersetzt werden. [...]

Wir können so recht sehen dann, wie im Baum mit seiner Kambiumschichte, die die eigentliche Bildungsschichte ist und die die Pflanzenzellen erzeugen kann [...], tatsächlich das Erdige sich aufgestülpt hat, hinausgewachsen ist in das Luftartige, dadurch mehr Verinnerlichung des Lebens braucht, als die Erde sonst in sich hat, indem sie die gewöhnliche Wurzel noch in sich hat. Und wir fangen an, den Baum zu verstehen. Zunächst verstehen wir den Baum als ein merkwürdiges Wesen, als dasjenige Wesen, das dazu da ist, die auf ihm wachsenden «Pflanzen»: Stengel, Blüten, Frucht und deren Wurzel auseinanderzutrennen, sie voneinander zu entfernen und nur durch den Geist zu verbinden, respektive durch das Ätherische zu verbinden. [...]

Dasjenige, was da oben an dem Baum wächst, das ist in der Luft und in der äußeren Wärme ein anderes Pflanzenhaftes als dasjenige, was unmittelbar auf dem Erdboden in Luft und Wärme aufwächst und dann ausbildet die aus dem Erdboden herauswachsende krautartige Pflanze. [...] Es ist eine andere Pflanzenwelt, es ist eine Pflanzenwelt, die viel innigere Beziehungen hat zu der umliegenden Astralität, die in Luft und Wärme ausgeschieden ist, damit Luft und Wärme mineralisch sein können, wie es der Mensch und das Tier dann brauchen. Und so ist das der Fall, dass, wenn wir die auf dem Boden wachsende Pflanze anschauen, sie von Astralischem, wie ich gesagt habe, umschwebt und umwölkt ist. Hier aber, an dem Baum, ist diese Astralität viel dichter. Da ist sie dichter, so dass unsere Bäume Ansammlungen sind von astralischer Substanz. Unsere Bäume sind deutlich Ansammler von astralischer Substanz. [...]

Sehen Sie, weit um sich herum macht der Baum die geistige Atmosphäre astralreicher in sich. Was geschieht denn da, wenn das Krautartige oben auf dem Baum wächst? Dann hat er eine bestimmte innere Vitalität, Ätherizität, ein gewisses starkes Leben in sich. Das Kambium dämpft nun dieses Leben etwas mehr herunter, so dass es mineralähnlicher wird. Dadurch wirkt das Kambium also so: Währenddem oben Astralreiches um den Baum entsteht, wirkt das Kambium so, dass im Innern Ätherisch-Ärmeres als sonst da ist, Ätherarmut gegenüber der Pflanze entsteht im Baum. Ätherärmeres entsteht hier. Dadurch aber, dass da im Baum durch das Kambium Ätherärmeres entsteht, wird auch die Wurzel wiederum beeinflusst. Die Wurzel im Baum wird Mineral, viel mineralischer, als die Wurzeln der krautartigen Pflanzen sind.

Dadurch aber, dass sie mineralisierter wird, entzieht sie dem Erdboden aber jetzt in dem, was im Lebendigen drinnen bleibt, etwas von seiner Ätherizität. Sie macht den Erdboden etwas mehr tot in der Umgebung des Baumes, als er sein würde in der Umgebung der krautartigen Pflanze. [...]

Von demjenigen, was da als Astralreiches durch die Bäume hindurchgeht, lebt und webt das ausgebildete Insekt. Und dasjenige, was da unten ätherärmer wird im Erdboden und als Ätherarmut sich durch den ganzen Baum natürlich erstreckt, [...] wirkt über die Larven, so dass also, wenn die Erde keine Bäume hätte, auf der Erde überhaupt keine Insekten wären. Denn die Bäume bereiten den Insekten die Möglichkeit, zu sein. Die um die oberirdischen Teile der Bäume herumflatternden Insekten, also die um den ganzen Wald so herumflatternden Insekten leben dadurch, dass der Wald da ist, und ihre Larven leben auch dadurch, dass der Wald da ist. [...]

Das Bedeutsame ist, dass dasjenige, was am Baum eklatant und deutlich wird, dass das nun wiederum nuanciert bei der ganzen Pflanzenwelt vorhanden ist, so dass in jeder Pflanze etwas drinnen lebt, was baumhaft werden will. In jeder Pflanze strebt eigentlich die Wurzel mit ihrer Umgebung danach, den Äther zu entlassen, und in jeder Pflanze strebt dasjenige, was nach oben wächst, danach, das Astralische dichter heranzuziehen. [...] Daher stellt sich bei jeder Pflanze diese Verwandtschaft zur Insektenwelt heraus, die ich beim Baum besonders charakterisiert habe. Aber es dehnt sich auch aus diese Verwandtschaft zur Insektenwelt zu einer Verwandtschaft zur ganzen Tierwelt. Die Insektenlarven, die eigentlich zunächst auf der Erde nur leben können dadurch, dass Baumwurzeln vorhanden sind, die entwickelten sich zu anderen Tierarten, die ihnen ähnlich sind, die ihr ganzes Tierleben mehr oder weniger in einer Art von Larvenzustand durchmachen [...].

Nun stellt sich das Eigentümliche heraus, dass wir sehen können, wie, allerdings schon von dem Larvenwesen sehr entfernt, unterirdische Tiere nun wiederum die Fähigkeit haben, zu regulieren im Erdboden die ätherhafte Lebendigkeit, wenn sie zu groß wird. Wenn der Erdboden sozusagen zu stark lebendig werden würde und die Lebendigkeit in ihm überwuchern würde, dann sorgen diese unterirdischen Tiere dafür, dass aus dem Erdboden heraus die zu starke Vitalität entlassen werde. Sie werden dadurch wunderbare Ventile und Regulatoren für die in der Erde vorhandene Vitalität. Diese goldigen Tiere, die dadurch für den Erdboden ihre ganz besondere Wichtigkeit haben, das sind die Regenwürmer. Die Regenwürmer, die sollte man eigentlich in ihrem Zusammenleben mit dem Erdboden studieren. Denn sie sind diese wunderbaren Tiere, welche der Erde gerade so viel Ätherizität lassen, als sie für das Pflanzenwachstum braucht.

So haben wir unter der Erde diese, an die Larven nur noch erinnernden Regenwürmer und ähnliches Getier. Und eigentlich müsste man für gewisse Böden, denen man ja das ansehen kann, für eine in ihnen sich befindende günstige Regenwürmerzucht sogar sorgen. Dann würde man sehen, wie wohltätig eine solche Beherrschung dieser Tierwelt unter der Erde auch auf die Vegetation und dadurch wiederum [...] auf die Tierwelt wirkt.

Nun gibt es wiederum eine entfernte Ähnlichkeit von Tieren mit der Insektenwelt, wenn diese Insektenwelt ausgebildet ist und herumfliegt. Das ist die Vogelwelt. [...] Die Insekten nämlich haben eines Tages gesagt: Wir fühlen uns nicht stark genug, die Astralität richtig zu bearbeiten, die um die Bäume herumsprüht. Wir benutzen daher unsererseits das Baumhaft-sein-Wollen der anderen Pflanzen und umflattern diese, und euch Vögeln überlassen wir in der

Hauptsache dasjenige, was an Astralität die Bäume umgibt. Und so ist eine richtige Arbeitsteilung in der Natur zwischen dem Vogelwesen und dem Schmetterlingswesen eingetreten, und beides zusammen wirkt in einer ganz wunderbaren Weise wiederum so, dass dieses Fluggetier in der richtigen Weise die Astralität überall verbreitet, wo sie auf der Oberfläche der Erde, in der Luft gebraucht wird. Nimmt man dieses Fluggetier weg, so versagt die Astralität eigentlich ihren ordentlichen Dienst, und man wird das in einer gewissen Art von Verkümmerung der Vegetation erblicken. Das gehört zusammen: Fluggetier und dasjenige, was aus der Erde in die Luft hineinwächst. Eins ist ohne das andere letzten Endes gar nicht denkbar. Daher müsste innerhalb der Landwirtschaft auch ein Auge darauf geworfen werden, in der richtigen Art Insekten und Vögel herumflattern zu lassen. Der Landwirt selber müsste auch etwas von Insektenzucht und Vogelzucht zu gleicher Zeit verstehen. Denn in der Natur – ich muss das immer wieder betonen – hängt doch alles, alles zusammen. […]

Durch die fliegende Insektenwelt ist die richtige Astralisierung der Luft bewirkt. Sie steht, diese Astralisierung der Luft, im Wechselverhältnis zum Wald, der die Astralität in der richtigen Weise so leitet, wie in unserem Körper das Blut in der richtigen Weise durch gewisse Kräfte geleitet wird. […]

Dann können wir wieder sagen, auch die Würmer- und Larvenwelt, sie steht in einer Wechselwirkung zum Kalk der Erde, also zum Mineralischen, die Insekten- und Vogelwelt, alles dasjenige, was da flattert und fliegt, das steht im Wechselverhältnis zu dem Astralischen. Das, was unter der Erde ist, die Würmer- und Larvenwelt, steht im Wechselverhältnis zum mineralischen und namentlich zum kalkigen Wesen, und dadurch wird in der richtigen Weise das Ätherische abgeleitet, was ich Ihnen von einem anderen Gesichtspunkte vor ein paar Tagen gesagt habe. Es obliegt dem Kalk diese Aufgabe, aber er übt diese Aufgabe in Wechselwirkung mit der Larven- und Würmerwelt aus. [...]

Und dann findet man, dass die Vogelwelt dann schädlich wird, wenn sie nicht an ihrer Seite den Nadelwald hat, damit dasjenige, was sie vollbringt, ins Nützliche umgewandelt werde. Und jetzt wiederum wird der Blick weiter geschärft, und man bekommt eine andere Verwandtschaft heraus. Hat man diese merkwürdige Verwandtschaft der Vögel gerade mit den Nadelwäldern erkannt, dann bekommt man eine andere Verwandtschaft heraus [...]. Nämlich zu all dem, was nun zwar nicht Baum wird, aber auch nicht kleine Pflanze bleibt, zu den Sträuchern, zum Beispiel Haselnusssträuchern, da haben die Säugetiere eine innere Verwandtschaft, und man tut daher gut, zur Aufbesserung seines Säugetierwesens in einer Landwirtschaft in der Landschaft strauchartige Gewächse anzupflanzen. Einfach schon dadurch, dass die strauchartigen Gewächse da sind, üben sie einen günstigen Einfluss aus. Denn in der Natur steht alles in Wechselwirkung.

Aber man gehe weiter. Die Tiere sind ja nicht so töricht wie die Menschen, die merken nämlich sehr bald, dass diese Verwandtschaft da ist. Und wenn sie merken, dass sie die Sträucher lieben, dass ihnen die Liebe dazu angeboren ist, dann bekommen sie auch diese Sträucher zum Fressen gern, und sie fangen an, das Nötige davon zu fressen, was ungeheuer regulierend wirkt auf das andere Futter. Aber man kann, wenn man so diese intime Verwandtschaft in der Natur verfolgt, von da aus wiederum Blicke gewinnen für das Wesen des Schädlichen.

So wie der Nadelwald eine intime Beziehung zu den Vögeln hat, die Sträucher eine intime Beziehung zu den Säugetieren haben, so hat wiederum alles Pilzige eine intime Beziehung zu der niederen Tierwelt, zu Bakterien und ähnlichem Getier, zu den schädlichen Parasiten nämlich.

Und die schädlichen Parasiten halten sich mit dem Pilzartigen zusammen, sie entwickeln sich ja dort, wo das Pilzartige in Zerstreuung auftritt. Und dadurch entstehen jene Pflanzenkrankheiten, entstehen auch gröbere Schädlichkeiten bei den Pflanzen. Bringen wir es aber dahin, nicht nur Wälder zu haben, sondern Auen in entsprechender Nachbarschaft der Landwirtschaft, so werden diese Auen dadurch ganz besonders wirksam werden für die Landwirtschaft, dass in ihnen ein guter Boden vorhanden ist für Pilze. Und man sollte darauf sehen, dass die Auen besetzt sind in ihrem Boden mit Pilzen. Und da wird man das Merkwürdige erleben, dass, wo eine Aue, eine pilzreiche Aue, wenn auch vielleicht gar nicht von starker Größe, in der Nähe einer Landwirtschaft ist, dass da dann diese Pilze nun durch ihre Verwandtschaft mit den Bakterien und dem anderen parasitären Getier dieses Getier abhalten von dem anderen. Denn die Pilze halten mehr zusammen mit diesem Getier, als das die anderen Pflanzen tun.

Die Pflanze gibt, das Tier nimmt

Jetzt ist auch noch die Zeit, diejenigen Gesichtspunkte zu unserer Einsicht zu bringen, die uns überhaupt das Verhältnis des Pflanzlichen zum Tierischen und umgekehrt, des Tierischen zum Pflanzlichen, vor die Seele stellen. Was ist denn eigentlich ein Tier, und was ist eigentlich die Pflanzenwelt? […] Dass das als Verhältnis aufgesucht werden muss, das geht daraus hervor, dass man nur, wenn man etwas davon versteht, auch vom Füttern der Tiere etwas verstehen kann. Denn das Füttern ist ja nur dann richtig zu vollziehen, wenn es im Sinne des richtigen Verhältnisses von Pflanze und Tier eben gehalten ist. Was sind Tiere? […]

Sehen Sie, da ist es so, dass das Tier unmittelbar verarbeitet aus seiner Umgebung in seinem Nerven-Sinnes-System und einem Teile seines Atmungssystems alles dasjenige, was erst geht durch Luft und Wärme. Das Tier ist im Wesentlichen, insofern es ein eigenes Wesen ist, ein unmittelbarer Verarbeiter von Luft und Wärme durch sein Nerven-Sinnes-System.

So dass wir das Tier schematisch so zeichnen (Abb.). In alledem, was in seiner Peripherie, Umgebung liegt, in seinem Nerven-Sinnes-System und in einem Teile seines Atmungssystems ist das Tier ein eigenes Wesen, das unmittelbar lebt in Luft und Wärme. Zu Luft und Wärme hat das Tier einen ganz unmittelbaren Bezug, und eigentlich aus der Wärme heraus ist sein Knochensystem geformt, indem Mond- und Sonnenwirkungen durch die Wärme namentlich vermittelt werden. Aus der Luft ist sein Muskelsystem geformt, in dem wiederum die Kräfte von Sonne und Mond auf dem Umwege durch die Luft wirken.

In unmittelbarer Weise dagegen, so in unmittelbarer Verarbeitung, kann das Tier sich nicht verhalten zu dem Erdigen und zu dem Wässrigen. Erde und Wasser kann das Tier so unmittelbar nicht verarbeiten. Es muss Erde und Wasser in sein Inneres aufnehmen, muss also von außen

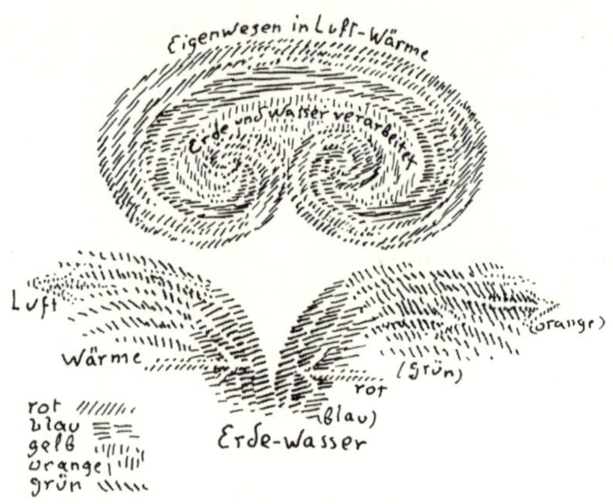

nach innen gehend den Verdauungskanal haben und verarbeitet in seinem Innern alles dann mit dem, was es geworden ist durch Wärme und Luft, verarbeitet Erde und Wasser mit seinem Stoffwechselsystem und einem Teil seines Atmungssystems. […] Es muss also das Tier schon da sein durch Luft und Wärme, wenn es Erde und Wasser verarbeiten soll. *So* lebt das Tier im Bereiche der Erde und im Bereiche des Wassers. Natürlich geschieht die Verarbeitung […] mehr im kraftmäßigen Sinne als im Substanziellen. Fragen wir demgegenüber, was ist nun eine Pflanze?

Sehen Sie, die Pflanze hat nun ebenso einen unmittelbaren Bezug zu Erde und Wasser wie das Tier zu Luft und Wärme; so dass wir bei der Pflanze haben, dass sie auch durch eine Art von Atmung und durch etwas, was dem Sinnessystem entfernt ähnlich ist, unmittelbar in sich aufnimmt alles dasjenige […], was Erde und Wasser ist. Die Pflanze lebt also unmittelbar mit Erde und Wasser. […]

Während das Tier aufnimmt Irdisches und Wässriges und in sich verarbeitet, [scheidet] die Pflanze gerade Luft und Wärme aus […], indem sie mit dem Erdboden zusammen sie erlebt. Also Luft und Wärme gehen nicht hinein, oder sind wenigstens nicht wesentlich weit hineingegangen, sondern es gehen heraus Luft und Wärme und werden, statt aufgezehrt von der Pflanze, ausgeschieden.

Und dieser Ausscheidungsprozess ist dasjenige, um das es sich handelt. Die Pflanze ist in Bezug auf das Organische in jeder Beziehung ein Umgekehrtes von dem Tier, ein richtig Umgekehrtes. Was beim Tier die Nahrungsaufnahme ist in ihrer Wichtigkeit, das ist bei der Pflanze die Ausscheidung von Luft und Wärme, und die Pflanze lebt in dem Sinne, wie das Tier aus der Nahrungsaufnahme lebt, so lebt die Pflanze in dem Sinne aus der Ausscheidung von Luft und Wärme. Das ist das, man möchte sagen, Jungfräuliche an der Pflanze, dass sie nicht gierig etwas aufnehmen will durch ihre eigene Wesenheit, sondern eigentlich das gibt, was das Tier nimmt aus der Welt, und dadurch lebt. So gibt die Pflanze und lebt vom Geben.

Im Tier-Entstehen offenbarte sich [dem urzeitlichen Menschen] etwas, was nach Enträtselung rang. Wie eine Frage entstand das Tierreich innerhalb des Kalkigen. Ins Kieselige sah man hinein: Da antwortete das Pflanzenwesen mit demjenigen, was es aufgenommen hat als das Sinneswesen der Erde, und enthüllte die Rätsel, die das Tierreich aufgab. Die Wesen selbst waren es, die sich gegenseitig enträtselten. Das eine Wesen, hier das Tierische, gibt die Frage auf, die anderen Wesen, hier das Pflanzliche, geben die Antwort darauf. Und die ganze Welt wird zur Sprache.

So dass einmal unsere Erde in einem Zustand war, den man ungefähr so beschreiben könnte: Sie war mit Wolken umgeben, die Pflanzenleben in sich hatten, und an diese Wolken kamen aus dem Umkreis heran andere Wolken; die befruchteten sie, und die waren tierischer Art. Und aus dem Weltenraum kam die Tierheit und von der Erde herauf die Pflanzenheit.

Das hat sich alles verändert. Die damaligen Pflanzen sind zu unseren festbegrenzten Blumen geworden, die aus der Erde herauswachsen, die keine großen Wolken mehr bilden. Aber es ist diesen Blumen das geblieben, dass sie von der Umgebung einen Einfluss erleben wollen. Da wächst aus der Erde heraus eine Rose. Da ist das Rosenblatt, da ein anderes Rosenblatt, ein drittes und so weiter. [...]

Aber dasjenige, was da drinnen gelebt hat und was da verbunden war mit dem, was von überall her als Tierheit gekommen ist, das ist trotzdem in den Rosenblättern und -blüten geblieben! Das sitzt da drinnen. In jedem Rosenblatt ist etwas, was gar nicht anders sein kann, als gewissermaßen befruchtet zu werden von der ganzen Umgebung.

In die mineralische Grundlage der Erde sind die andern Reiche, das Pflanzen- und das Tierreich, eingebettet. In alle dem leben die Kräfte, die sich im Jahreslauf in ihren verschiedenen Erscheinungsformen zeigen. Man sehe auf die Pflanzenwelt. Im Herbst und Winter zeigt sie physisch ersterbende Kräfte. [...] Im Frühling und Sommer zeigen sich im Pflanzenleben wachsende, sprossende Kräfte. Das schauende Bewusstsein nimmt in diesem Wachsen und Sprossen nicht nur das wahr, was den Pflanzensegen für das Jahr erstehen lässt, sondern einen *Überschuss.* Dieser Überschuss ist ein solcher der *Keimkraft.* Die Pflanzen enthalten *mehr* Keimkraft, als sie für Blätter-, Blüten- und Fruchtwachstum verbrauchen. Dieser Überschuss an Keimkraft strömt vor dem schauenden Bewusstsein hinaus in den außerirdischen Makrokosmos.

Ebenso strömt aber auch überschüssige Kraft vom Mineralreich in den außerirdischen Kosmos. *Diese* Kraft hat die Aufgabe, die von den Pflanzen kommenden Kräfte an die rechten Orte im Makrokosmos zu bringen. Es wird unter dem Einfluss der Mineralkräfte aus den Pflanzenkräften ein neugestaltetes Bild eines Makrokosmos.

Ebenso gibt es vom Tierischen ausgehende Kräfte. Diese wirken aber *nicht* in dem Sinne, wie die mineralischen und pflanzlichen, von der Erde ausstrahlend, sondern so, dass sich, was in Gestaltung durch die mineralischen Kräfte an Pflanzlichem ins Weltall getragen wird, zur Sphäre (Kugel) zusammenhält und dadurch das Bild eines allseitig geschlossenen Makrokosmos ersteht.

Schmetterling und Pflanze

Wir können [...] gut unterscheiden zwischen dem Saturn-Sonnenhaften-Luftartigen und dem Mond-Erdigen-Wässrigen. Das eine ist oben, das andere ist unten. [...]

Man sollte glauben, dass schon das bloße Gefühl diese flatternde, flimmernde Insektenwelt in einen gewissen Zusammenhang bringen müsste mit dem Oberen, mit dem Saturn-Sonnenhaft-Luftartigen. Es ist das durchaus der Fall. Wenn wir uns den Schmetterling ansehen: Er flattert in der Luft, in der lichtdurchflossenen, lichtdurchglänzten Luft mit seinen schillernden Farben. Er wird getragen von den Wogen der Luft. Er berührt eigentlich kaum, was mond-erdig-wässrig ist. Sein Element ist dasjenige, was oben ist. Wenn man dann nachforscht, wie eigentlich die Entwicklung ist, so kommt man gerade bei dem kleinen Insekt merkwürdigerweise in sehr frühe Zeiten der Erdenmetamorphose. Was heute in der lichtdurchglänzten Luft als Schmetterlingsflügel schimmert, das hat sich zuerst in der Anlage gebildet während des alten Saturn, hat sich weiterentwickelt während der alten Sonnenzeit [...] Die Kräfte, die wirksamen Kräfte in der Schmetterlingsnatur müssen wir oben suchen, müssen wir bei Sonne, Mars, Jupiter, Saturn suchen. Wenn wir genauer eingehen auf diese wunderbare Schmetterlingsentwicklung [...], so finden wir: Der Schmetterling flattert zunächst lichterschimmernd, luftgetragen oben über der Erde.

Der Kosmos schenkt der Erde das Schmetterlingsmeer. Saturn gibt die Farben der Schmetterlinge. Die Sonne gibt die Kraft des Fliegens, hervorgerufen durch die tragende Kraft des Lichtes und so weiter. [...] Die Schmetterlinge, die Insekten überhaupt, die Libellen, ebenso die anderen Insekten sind durchaus die Gaben von Saturn, Jupiter, Mars und Sonne. Und die Erde könnte kein einziges Insekt hervorbringen, nicht einmal einen Floh, wenn nicht die über der Sonne befindlichen Planeten mit der Sonne zusammen der Erde diese Gabe des Insektenwesens schenken würden. Tatsächlich, dass Saturn, Jupiter und so weiter so freigebig sein können, dass sie hereinflattern lassen können die

Insektenwelt, das ist verdankt den ersten beiden Metamorphosen, welche die Erdenentwicklung erlebt hat. [...]

Sie sehen also, wir können zwei Sätze vor uns hinstellen, die ein großes Geheimnis der Natur ausdrücken:

Schaue die Pflanze
Sie ist der von der Erde
gefesselte Schmetterling.

Schaue den Schmetterling
Er ist die vom Kosmos
befreite Pflanze.

Die Pflanze – der durch die Erde gefesselte Falter! Der Falter – die durch den Kosmos von der Erde befreite Pflanze! [...] Kein Wunder, dass jene innige Beziehung besteht zwischen der Schmetterlings- und Insektenwelt überhaupt und der Pflanzenwelt. Denn eigentlich müssen ja jene geistigen Wesenheiten, welche den Insekten, den Schmetterlingen zugrunde liegen, sich sagen: Hier unten sind unsere Verwandten, mit denen müssen wir es halten, wir müssen uns mit ihnen verbinden, wir müssen, genießend ihre Säfte und so weiter, uns mit ihnen verbinden, denn sie sind unsere Brüder. Sie sind die Brüder, die hinuntergewandelt sind in das Erdenreich, die von der Erde gefesselt sind, die das andere Dasein gewonnen haben.

Und wiederum, es könnten die Geister, welche die Pflanzen beseelen, hinaufschauen zu den Schmetterlingen und könnten sagen: Das sind die Himmelsverwandten der Erdenpflanze. [...]

Es ist etwas ganz Eigenes, das Insekt auf der Pflanze sitzen zu sehen, und zu gleicher Zeit dann zu sehen, wie über der Pflanzenblüte das Astralische waltet. Da strebt die Pflanze aus dem Irdischen hinaus. Die Sehnsucht der Pflanze nach dem Himmel waltet über den farbenschimmernden Blütenblättern. Die Pflanze selber kann diese Sehnsucht nicht befriedigen. Da strahlt ihr entgegen aus dem Kosmos dasjenige, was der Schmetterling ist. In dem sieht sie, ihn anschauend, die Befriedigung ihrer eigenen Wünsche. Das ist jene wunderbare Verbindung innerhalb der Erdenumgebung, dass die Sehnsuchten der Pflanzenwelt gestillt werden im Anblicke der Insekten, namentlich der Schmetterlingswelt. Das, was die Blumenblütenfarbe ersehnt, indem sie hinausstrahlt in den Weltenraum ihre Farbe, das wird ihr wie eine Erkenntniserfüllung ihrer Sehnsucht, indem ihr der Falter mit seinem Farbenschimmer entgegenkommt. Ausstrahlende, Wärme ausstrahlende Sehnsucht, vom Himmel hereinstrahlende Befriedigung: Das ist der Verkehr der Pflanzenblütenwelt mit der Schmetterlingsfalterwelt.

Fütterung und Düngung

BEDENKEN SIE NUR, dass ja heute wenig Einsicht gerade auf einem der allerwichtigsten Gebiete vorhanden ist: Das ist auf dem Gebiete der Fütterung unserer landwirtschaftlichen Tiere. […]

Sehen Sie […] dasjenige, was die Nahrung für das Tier und auch für den Menschen bedeutet, wird ja immer durchaus falsch angesehen. Es handelt sich nicht darum, dass das Grobe geschieht, dass Nahrungsstoffe von außen aufgenommen werden und dann, wie man sich doch immer mehr oder weniger vorstellt, wenn man dabei auch an allerlei Umwandlungen denkt, abgelagert werden im Organismus. Man stellt sich im Rohen, Groben doch vor, nun ja, da draußen sind die Nahrungsmittel; das Tier nimmt sie auf, lagert dasjenige, was es brauchen kann, in sich ab, scheidet dasjenige, was es nicht brauchen kann, aus. Und man muss dann auf Verschiedenes sehen, darauf sehen zum Beispiel, dass das Tier nicht überladen wird, dass es möglichst Nahrhaftes bekommt, so dass es vieles brauchen kann von demjenigen, was in den Nahrungsstoffen enthalten ist.

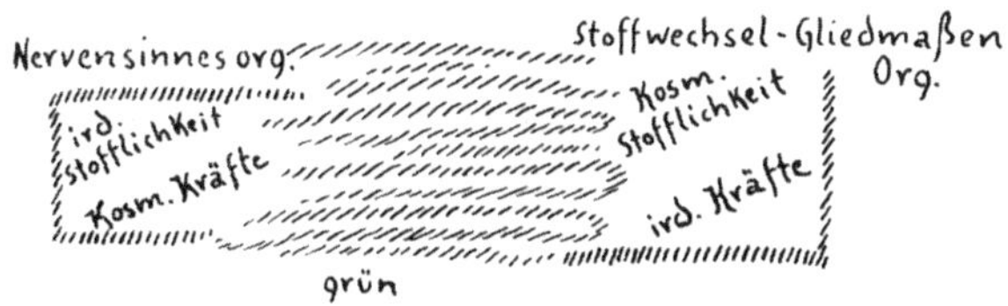

Nun, alles dasjenige, was an Substanzen in der Kopforganisation ist [...], was in der Kopforganisation ist, das ist von irdischer Materie. Was da an Materie drinnen ist im Kopf, ist von irdischer Materie. Schon im Embryonalen wird irdische Materie hineingeleitet in die Kopforganisation. Die Organisation des Embryos muss so eingerichtet sein, dass der Kopf seine Stoffe bekommt von der Erde aus. Also da drinnen haben wir Irdisch-Stoffliches. Dagegen alles, was wir an Stofflichkeit haben in der Stoffwechsel-Gliedmaßen-Organisation, was da unsere Därme, unsere Gliedmaßen, unsere Muskeln, unsere Knochen und so weiter durchsetzt, das stammt nicht von der Erde, sondern das stammt von demjenigen, was aus der Luft und aus der Wärme über der Erde aufgenommen wird. Das ist kosmische Stofflichkeit. Es ist wichtig, dass Sie nicht eine Klaue so ansehen, als ob sie sich bildete dadurch, dass die physische Materie, die das Tier frisst, bis zur Klaue käme und sich dort ablagerte. Das ist eben nicht wahr, sondern durch Sinne und Atmung wird aufgenommen die kosmische Materie.

Und dasjenige, was das Tier frisst, ist bloß dazu da, die Bewegungskräfte im Tier zu entwickeln, dass das Kosmische in die Stoffwechsel-Gliedmaßen-Organisation, also zur Klaue hineingetrieben werden kann, so dass hier überall kosmische Stofflichkeit ist. Dagegen mit den Kräften ist es umgekehrt. Da haben wir es im Kopfe, gerade weil da die Sinne vorzugsweise stationiert sind und die Sinne aus dem Kosmos wahrnehmen, mit kosmischen Kräften zu tun. In der Stoffwechsel-Gliedmaßen-Organisation, da haben wir es – denken Sie nur daran, wenn man geht, schaltet man sich fortwährend in die Erdenschwere ein, und so ist alles, was man mit den Gliedmaßen tut, an das Irdische gebunden –, da hat man es mit erdigen, irdischen Kräften zu tun, also mit kosmischen Stoffen und mit irdischen Kräften.

Es ist wirklich nicht gleichgültig, dass die Kuh mit ihren Gliedmaßen, die sie braucht zur Arbeit, wenn sie ein Arbeitstier werden soll, oder ein Ochse, wenn er ein Arbeitstier werden soll, dass sie so gefüttert werden, dass sie möglichst viel von der kosmischen Stofflichkeit in sich hineinkriegen und dass die Nahrung, die durch den Magen geht, so eingerichtet werden muss, dass sie viele Kräfte entwickelt, um diese kosmische Stofflichkeit überall in die Glieder, Muskeln, in die Knochen hineinzuleiten. Ebenso muss man wissen, dass man dasjenige, was man brauchen kann an Substanzen im Kopfe, gerade durch die Nahrung beziehen muss und dass in den Kopf geleitet werden müssen die verarbeiteten, durch den Magen geleiteten Nahrungsmittel. Der Kopf ist gerade auf den Magen angewiesen, nicht die große Zehe in dieser Beziehung; und man muss sich klar sein, dass der Kopf diese Nahrung, die er aus dem Leibe bekommt, nur verarbeiten kann, wenn er in entsprechender Weise die Kräfte aus dem Kosmos beziehen kann. Dass man also die Tiere nicht einfach in dumpfen Ställen abschließt, wo keine kosmischen Kräfte zu ihnen fließen können, sondern, dass man sie über die Weide führt und überhaupt ihnen Gelegenheit gibt, auch sinnlich-wahrnehmungsmäßig in Beziehung zu treten zur Umwelt. Sehen Sie, da muss man Folgendes zum Beispiel beachten: Stellen Sie sich einmal ein Tier vor, das im dumpfen Stall an dem Futtertrog steht und dasjenige zubemessen erhält, was die Weisheit der Menschen in diesen Futtertrog tut. Ja, dieses Tier weist einen großen Unterschied auf, wenn es nicht Abwechslung drin hat – es kann sie ja nur im Freien haben –, von dem andern Tier, das sich seiner Sinne, zum Beispiel seines Geruchsorgans bedient, sich in Freiheit draußen seine Nahrung selber sucht, dem Geruchsorgan nachgeht, nach Maßgabe des Geruchsorgans den kosmischen Kräften nachgeht, sich die Nahrung aufsucht, sie sich da selber nimmt, seine ganze Aktivität in diesem Nehmen der Nahrung drinnen entwickelt.

Ein Tier, das man an den Futtertrog stellt, wird [...] nicht gleich zeigen, dass es keine kosmischen Kräfte in sich hat; es vererbt sie noch, aber es erzeugt allmählich Nachkommen, welchen die kosmischen Kräfte nicht mehr in dieser Weise angeboren sind, die sie nicht mehr haben. Und das Tier wird vom Kopf aus schwach, das heißt, es kann nicht mehr den Körper ernähren, weil es nicht aufnehmen kann die kosmischen Stoffe, die gerade wieder in den Körper hineinkommen sollen.

Was ist denn nun eigentlich im Kopfe enthalten? Irdische Stofflichkeit. Wenn man also das edelste Organ herausschneidet aus dem Tier, das Gehirn, man hat drinnen irdische Stofflichkeit. Beim Menschen hat man im Gehirn irdische Stofflichkeit, nur die Kräfte sind kosmisch, die Stofflichkeit ist eine irdische. Wozu dient dieses Gehirn? Es dient als Unterlage für das Ich. Das Tier hat noch nicht das Ich. Halten wir das ganz richtig fest: Das Gehirn dient als Unterlage für das Ich, das Tier hat noch nicht das Ich, sein Gehirn ist erst auf dem Wege zur Ich-Bildung. Beim Menschen geht das immer weiter zu der Ich-Bildung hin. Das Tier hat also ein Gehirn; auf welche Weise ist es entstanden?

Nehmen Sie den ganzen organischen Prozess. Alles dasjenige, was da vorgeht, dasjenige, was im Gehirn zum

Vorschein kommt als Irdisch-Materielles, wird einfach ausgeschieden, ist Ausscheidung aus dem organischen Prozesse. Da wird irdische Materie ausgeschieden, um als Grundlage für das Ich zu dienen. Nun ist eine bestimmte Menge irdischer Materie auf der Grundlage des Prozesses, der von der Nahrungsaufnahme durch die Verdauungsverteilung im Stoffwechsel-Gliedmaßen-System sich bildet, fähig, um von da die irdischen Nahrungsmittel hineinzuleiten in den Kopf und das Gehirn, da ist eine bestimmte Menge irdischer Stofflichkeit, welche diesen Weg durchmacht, und die dann im Gehirn richtig abgeschieden wird. Aber es wird diese Nahrungsstofflichkeit nicht nur abgeschieden im Gehirn, sondern schon auf dem Wege im Darm. Dasjenige, was nicht weiter verarbeitet werden kann, wird im Darm abgeschieden, und hier tritt Ihnen eine Verwandtschaft entgegen, die Sie außerordentlich paradox finden werden, die aber nicht übersehen werden darf, wenn man verstehen will die tierische und auch die menschliche Organisation. Was ist die Hirnmasse? Die Hirnmasse ist einfach zu Ende geführte Darmmasse. Verfrühte Gehirnabscheidung geht durch den Darm. Der Darminhalt ist seinen Prozessen nach durchaus verwandt dem Hirninhalt.

Wenn ich grotesk rede, würde ich sagen, ein fortgeschrittener Dunghaufen ist das im Gehirn sich Ausbreitende; aber es ist sachlich durchaus richtig. Der Dung ist es, der durch den eigenen organischen Prozess in die Edelmasse des Gehirns umgesetzt wird und da zur Grundlage für die Ich-Entwicklung wird. Beim Menschen wird möglichst viel umgesetzt von Bauchdünger in Gehirndünger, weil der Mensch ja sein Ich auf der Erde trägt; beim Tier weniger, daher bleibt mehr drinnen in dem Bauchdünger, der dann zum wirklichen Dünger verwendet wird. Da bleibt mehr Ich in der Anlage drinnen. Weil es das Tier nicht zum Ich bringt, bleibt da mehr Ich in der Anlage drinnen. Daher sind tierischer Mist und menschlicher Mist zwei ganz verschiedene Dinge. Tierischer Mist enthält noch die Ich-Anlage. Und wir finden, wenn wir misten, wenn wir Dünger von außen her an die Wurzel, das Ich an die Wurzel, an die Pflanzen herangebracht haben, dass wir, wenn wir vollständig die Pflanze zeichnen, hier unten die Wurzel haben, oben die sich entwickelnden Blätter und Blüten haben, dass sich hier das Astralische hinzuentwickelt durch den Verkehr mit der Luft, hier sich entwickelt durch den Verkehr mit dem Dünger die Ich-Anlage der Pflanze.

Es ist wirklich solch eine Landwirtschaft ein Organismus. Da entwickelt er sein Astralisches oben, und das Vorhandensein von Obst und Wald entwickelt das Astralische. Wenn von dem, was dann über der Erde ist, die Tiere richtig fressen, dann entwickeln sie in demjenigen, was von ihnen als Dünger kommt, die richtigen Ich-Kräfte, die wiederum aus der Wurzel heraus die Pflanzen in der richtigen Weise in der Richtung der Schwerkraft wachsen lassen. […]

Nun sehen Sie, dadurch, dass das so ist, ist eine Landwirtschaft eine Art Individualität. […] Daher ist es in einem gewissen Sinne schon eine Beeinträchtigung der Natur, wenn man den Dünger nicht bezieht von den Tieren, die zur Landwirtschaft gehören, sondern diese Tiere abschafft und von Chile den Dunginhalt bezieht. Denn da geht man über das hinweg, dass das ein in sich selbst geschlossener Kreislauf ist, etwas ist, was in sich selbst sich erhalten soll. Natürlich muss man dann die Sache so einrichten, dass es in sich selbst sich erhalten kann. Man muss einfach so viele Tiere und solche Tiere in der Landwirtschaft haben, dass man in der Landwirtschaft genügend und richtigen Mist erhält. Und man muss wiederum darauf sehen, dass man solches anpflanzt, was die Tiere, die man haben will, durch ihren Instinkt fressen wollen, was sie sich suchen.

Sehen wir uns die Wurzel an: die Wurzel, die in der Regel in der Erde sich drinnen entwickelt, die durch den Dünger von einer werdenden Ich-Kraft durchzogen ist; sie absorbiert die werdende Ich-Kraft durch die ganze Art, wie sie in der Erde drinnen ist, und wird unterstützt im Absorbieren dieser Ich-Kraft, wenn die richtige Salzmenge von ihr gefunden werden kann in der Erde. [...] Wir müssen nun die Wurzeln erklären als diejenigen Nahrungsmittel, die am leichtesten, wenn sie in den menschlichen Organismus hineinkommen, den Weg zum Kopfe finden durch die Verdauung. Die Wurzelnahrung werden wir daher da anwenden, wo wir die Voraussetzung machen müssen, dass wir Substanz, materielle Stoffe dem Kopfe geben wollen, damit die kosmischen Kräfte, die durch den Kopf wirken, eben den richtigen Stoff zu ihrer plastischen Tätigkeit finden. [...] Ja, denken Sie denn da nicht gleich an das Kalb und an die Möhre? Wenn das Kalb die Möhre frisst, so haben Sie ja den ganzen Prozess erfüllt. [...]

Jetzt muss [...] der Kopf nun arbeiten können, willenshaft, und dadurch auch Kräfte erzeugen können im Organismus, so dass wiederum in den Organismus solche Kräfte hineinverarbeitet werden können. Es darf nicht bloß der Möhrenmist im Kopfe abgelagert werden, sondern es müssen von demjenigen, was da abgelagert, das heißt im Abbau begriffen ist, Kräfteausstrahlungen in den Organismus hineinkommen, das heißt, Sie müssen ein zweites Nahrungsmittel haben, was, nachdem einem Gliede des Körpers, also hier dem Kopfe, gedient ist, dieses Glied wiederum in der richtigen Weise an dem übrigen Organismus arbeiten lässt. [...]

Da brauche ich dasjenige, was strahlige Form hat in der Natur, oder diese strahlige Form richtig zusammensammelt in, sagen wir, konzentrierter Bildung zusammensammelt. [...] Der Blick wird dann gelenkt auf Leinsamen und dergleichen. Und wenn Sie das zufüttern bei Jungvieh,

Möhre und Leinsamen oder etwas, was in anderer Weise so zusammenpasst, wie, sagen wir, frisches Heu mit Möhren auch, dann kriegen Sie heraus dasjenige, was wirklich in das ganze Tier beherrschend hereinwirkt, was das Tier einfach auf den Weg bringt, zu dem es veranlagt ist. So dass wir eben werden versuchen müssen, bei Jungvieh solche Nahrung zu geben, welche auf der einen Seite die Ich-Kraft fördert und auf der anderen Seite dasjenige, was von oben nach unten geht, die astralischen Ausfüllungen fördert. Das ist insbesondere der Fall bei alle demjenigen, was langstengelig ist [...] und in dieser Langstengeligkeit einfach überlassen wird der eigenen Entwicklung, also langstengelig ist und Heu wird. [...]

Gehen wir weiter in dieser Sache. Nehmen wir ein Tier, das gerade in diesem Mittelgebiete stark werden soll, wo da die Kopforganisation, die Nerven-Sinnes-Organisation, sich mehr nach der Atmung hin entwickelt und wiederum, wo die Stoffwechselorganisation sich mehr nach dem Rhythmischen hin entwickelt, wo das dann durcheinandergeht. Was sind das für Tiere, die da stark werden sollen? Das sind gerade die Milchtiere. Die sollen da stark werden. In der Milchproduktion wird einfach die Forderung erfüllt, dass die Tiere in diesem Gebiet stark werden. Ja, worauf müssen wir denn da sehen? Da müssen wir darauf sehen, dass in der Strömung, die vom Kopfe nach hinten geht, die vorzugsweise eine Kräfteströmung ist, und in der Strömung, die von hinten nach vorn geht, die vorzugsweise eine Stoffströmung ist, dass da das richtige Zusammenwirken geschieht. Geschieht dieses richtige Zusammenwirken so, dass dasjenige, was von hinten nach vorn strömt, möglichst gut durchgearbeitet wird durch die Kräfte, die von vorn nach hinten strömen, dann entsteht die gute Milch und die reichliche Milch. Denn in der guten Milch ist enthalten dasjenige, was im Stoffwechsel besonders ausgebildet ist, ist enthalten eine solche stoffliche Präparierung, die noch nicht durch das Sexualsystem durchgegangen ist, aber möglichst ähnlich geworden ist im Verdauungsprozess, dem Sexualverdauungsprozess. Die Milch ist einfach umgewandeltes Sexualdrüsensekret, umgewandelt durch dasjenige, was einem auf dem Wege zum Sexualsekret befindlichen Stoffe entgegengebracht wird von den Kopfkräften, die da hineinwirken. [...]

Nun, für alle solche Prozesse, die sich bilden sollen in der Weise, müssen wir suchen diejenigen Nahrungsmittel, welche weniger nach dem Kopfe hin wirken als die Wurzeln, die die Ich-Kraft aufgenommen haben. Aber wir dürfen auch nicht, weil es ja der Sexualkraft verwandt bleiben soll, nicht zu viel Astralisches haben soll, nicht zu viel von dem nehmen, was gegen die Blüte und Frucht hin liegt. Das heißt, wir müssen, wenn es sich um die Milchproduktion handelt, auf dasjenige sehen, was zwischen Blüte und Wurzeln drinnen liegt, auf das Grüne und Blattartige, und auf alles dasjenige, was sich in Blatt und Kraut entfaltet [...].

Wir werden insbesondere in einem Fall, wo wir die Milch fördern wollen, von der wir glauben bei einem Tier, dass sie noch vermehrt werden könnte, diese Vermehrung sicher erreichen, wenn wir das Folgende tun. Nehmen Sie an, ich füttere zunächst, weil es die Verhältnisse so geben, irgendeine Milchkuh mit Kraut-, Laubartigem. Ich will die Milchproduktion vermehren. [...] Was tue ich dann? Ich verwende jetzt Pflanzen, welche den Fruchtprozess, das, was in Blüten und in der Befruchtung sich abspielt, hereinholen in den Laub- und in den Krautprozess. Das tun zum Beispiel die Hülsenfrüchte oder namentlich die Kleearten. Im Stofflichen des Klees entwickelt sich Verschiedenes, das fruchtartig ist, gerade wie ein Kraut. Man wird, wenn man die Kuh so behandelt, an ihr selbst noch nicht viel sehen; aber wenn die Kuh dann kalbt – das Ganze geht gewöhnlich durch eine Generation durch, was man so durch Fütterung reformiert –, dann wird das Kalb eine gut milchende Kuh.

Warum sind denn die Menschen auf das Kochen der Nahrungsmittel gekommen? Es ist schon eine Frage. Man frägt nur das gewöhnlich nicht, was alltäglich um einen ist. Warum sind die Menschen aufs Kochen der Nahrungsmittel gekommen? Sie sind aufs Kochen der Nahrungsmittel gekommen, weil sie eben nach und nach gefunden ha ben, dass in alledem, was nach dem Fruchtenden hinwirkt, eine Rolle spielen die Prozesse, die im Kochen liegen, die in dem Verbrennungsprozess, Erwärmungsprozess, Trocknungsprozess, Dämpfungsprozess liegen, weil alle diese Prozesse vor allen Dingen das Blütenhafte und Samenhafte, aber dann indirekt auch die übrigen Teile der Pflanze, namentlich die nach oben gelegenen, geeignet machen, in besonders starker Weise die Kräfte zu entwickeln, die entwickelt werden sollen im Stoffwechsel-Gliedmaßen-System des Tieres. Schon wenn wir die Blüte, den Samen nehmen, so wirken Blüte und Samenteile der Pflanze so auf das Stoffwechselsystem, auf das Verdauungssystem des Tieres, dass sie dort vorzugsweise durch ihre Kraftentwicklung wirken, nicht durch ihre Stofflichkeit. Denn irdische Kräfte braucht das Stoffwechsel-Gliedmaßen-System. [...]

Nehmen wir auf Alpen weidende Tiere überhaupt. Die [...] müssen herumgehen unter schwierigen Verhältnissen. Die Verhältnisse sind noch dadurch schwierig, dass der Erdboden nicht eben ist. [...] So müssen solche Tiere in sich bekommen dasjenige, was die durch den Willen anzuspannenden Kräfte in der Gliedmaßengegend entwickelt. Sonst würden sie weder gute Arbeits-, noch Milch-, noch Masttiere. Man muss daher sorgen, dass sie genügend Nahrung bekommen, die aus den aromatischen Alpenkräutern stammt, wo durch den Sonnenkochprozess gegen die Blüten hin das Fruchtende, Blühende, weiter behandelt worden ist, sogar durch die Natur selber.

Aber auch durch das künstliche Weiterbehandeln wird

Kraft in die Glieder hineingebracht, namentlich wenn dieses künstliche Behandeln auf Kochen, Sieden und so weiter sich bezieht.

FRAGE: *Hat Jauche die gleiche Ich-Organisationskraft wie der Dung?*

Rudolf Steiner: Es kommt natürlich bei der Frage im Wesentlichen darauf an, dass man Jauche und Dung in entsprechender Vereinigung verwendet, also sie verwendet so, dass beide zu der Organisationskraft des Bodens zusammenwirken. Dieser Zusammenhang mit dem Ich gilt ganz für den Dung. Aber im Allgemeinen gilt das nicht für die Jauche. Denn ein jedes Ich, auch in der Anlage, wie es im Dung ist, muss wiederum im Zusammenhange wirken mit etwas Astralischem, und der Dung würde keine Astralität haben, wenn nicht die Jauche dabei wäre. Die Jauche unterstützt das. Sie hat stärkere astralische Kraft. Der Dung hat stärkere Ich-Kraft. Der Dung ist mehr Gehirn, und die Jauche ist mehr Gehirnsekret, astralische Kraft, mehr das, was flüssig ist am Gehirn, mehr Gehirnwasser.

Ist es überhaupt erlaubt, Futtermassen durch den elektrischen Strom zu konservieren?

Nun aber darf man nicht vergessen, dass die Elektrizität immer besonders einwirkt auf die höhere Organisation, die Kopforganisation des Menschen und des Tieres, dementsprechend bei den Pflanzen auf die Organisation der Wurzel in außerordentlich starker Weise einwirkt. Wenn man also Elektrizität verwendet in der Weise, dass man da die Nahrungsmittel durchelektrisiert, dann erzeugt man Nahrungsmittel, die allmählich dazu führen müssen, das Tier, das sie genießt, zu sklerotisieren. Das ist ein langsamer Prozess – man wird es zunächst nicht gleich bemerken –, man wird zunächst bemerken, dass in irgendeiner Weise diese Tiere früher verenden, als sie es sollten. Man wird nicht auf die Elektrizität als Ursache kommen, man wird es allem Möglichen zuschreiben. Elektrizität ist aber doch einmal nichts, was in das Lebendige hereinwirken sollte und das Lebendige besonders fördern sollte; denn es kann es nicht. Wenn man eben weiß, dass Elektrizität ein Niveau tiefer liegt als das Lebendige, und das Lebendige bestrebt ist, je höher es ist, desto mehr, die Elektrizität abzustoßen – es ist ein Abstoßen –, wenn man das Lebendige nun dazu anleitet, Abwehrmittel dann anzuwenden, wenn gar nichts abzuwehren ist, dann wird das Lebendige nervös und zapplig und sklerotisch nach und nach.

Was sagt die Geisteswissenschaft zu der Konservierung der Futtermittel durch Säuerung, zum Säuerungsverfahren im Allgemeinen?

Wenn man Salzartiges überhaupt anwendet in diesem Prozess in seinem weiteren Sinne, ob man nun schließlich Salzzusätze macht beim unmittelbaren Genießen, ob man den Salzzusatz macht beim Futtermittel, das macht keinen so großen Unterschied. Wenn man Futtermittel hat, die zu wenig Salzgehalt haben, um gewissermaßen an die Stellen des Organismus getrieben zu werden, wo sie wirken sollen, dann ist die Säuerung dieses Futtermittels dasjenige, was auch das ganz Richtige ist. Sagen wir, wir haben in irgendeiner Gegend Rüben. Wir haben gesehen, die sind besonders geeignet, auf die Kopforganisation in der richtigen Weise zu wirken. Sie sind also für gewisse Tiere, zum Beispiel das Jungvieh, ein vorzügliches Mittel. Wenn man dagegen in irgendeiner Gegend merkt, dass sie das Tier dazu bringen, dass es zu früh und zu stark haart, Haare lässt, nun, dann wird man die Futtermittel salzen, weil man weiß, sie werden nicht genügend an der Stelle abgelagert, wo sie hinkommen sollen. Sie kommen nicht so weit. Das

Salz ist dasjenige, was im Allgemeinen ungeheuer stark wirkt darauf, dass im Organismus ein Nahrungsmittel an die Stelle hinkommt, wo es wirken soll.

Zu hohe Milchleistungen bei Kühen

ABER DADURCH, DASS wir heute überhaupt nicht in gesunden sozialen Verhältnissen leben, kommen alle Fragen in eine ungesunde Stellung hinein. Sehen Sie, es ist ja heute auch so, dass Sie auf große Gutswirtschaften kommen. Ja, [...] was Ihnen da der Wirtschaftsverwalter sagt – in der Regel ist es kein Bauer, sondern ein Wirtschaftsverwalter auf großen Gütern –, was Ihnen der sagt über die Menge Milch, die er von seinen Kühen bekommt: Das ist horribel. Er bekommt so viel Liter Milch im Tag, dass derjenige, der die Kuhnatur kennt, weiß: Das ist unmöglich, dass man von der Kuh so viel Milch gewinnt. Man gewinnt sie aber doch! Man gewinnt sie ganz sicher doch. Bei manchen ist es so, dass sie meinetwillen fast auf das Doppelte hinaufkommen von dem, was eine Kuh eigentlich geben kann in der Milchproduktion. Dadurch wird das Gut ungeheuer rentabel, selbstverständlich. Und man kann nicht einmal sagen, dass man irgendwie stark bemerken könnte, dass die Milch nun nicht dieselbe Kraft hätte wie eine Milch, die unter natürlichen Verhältnissen kommt. Also man kann zunächst gar nicht nachweisen, dass da etwas Schlimmes geschieht.

Aber ich will Ihnen zum Beispiel Folgendes sagen. Wir haben Versuche gemacht mit einem Mittel gegen die Maul- und Klauenseuche beim Rind, wie wir ja in den letzten Jahren viele solche Versuche gemacht haben. Diese Versuche sind auf großen Wirtschaften angestellt worden, aber auch auf kleinen Bauernwirtschaften, in denen es nicht zu einer so großen Milchbereitung der Kühe gekommen ist wie in den großen Wirtschaften. Man konnte natürlich manches erfahren, weil man ja ausprüfen musste, wie das Mittel bei der Maul- und Klauenseuche wirkt. [...] Aber das Mittel hat sich außerordentlich gut bewährt. Und etwas verändert wird es ja auch in solchen Mitteln in sehr günstiger Weise angewendet, wie im sogenannten «Staupe-Heil», in dem Mittel gegen die Hundestaupe.

[... Die] Kälber, die von Kühen kommen, die zu viel dressiert werden auf zu viel Milch-Geben, [sind] wesentlich schwächer [...]. Ein Kalb, das abstammt von einer Kuh, die Sie überfüttern und dadurch auf zu viel Milch drängen, ein solches Kalb ist schon schwächer als Kälber, die von Kühen stammen, die weniger auf Milch dressiert werden. Sie können es sehen bei der ersten, zweiten, dritten, vierten Generation. [...] Diese Milchzüchterei gibt es erst kurze Zeit; aber das weiß ich sehr gut: Wenn man so fortfährt, wenn eine Kuh über dreißig Liter Milch im Tag geben soll, wenn man sie so fort malträtiert, dann geht überhaupt die ganze Kuhwirtschaft nach einiger Zeit absolut zugrunde. Da ist gar nichts zu machen.

Rinderwahn

Sie wissen ja, es gibt Tiere, die sind einfach gute vegetarische Wesen. Es gibt doch Tiere, die kein Fleisch essen. Sagen wir also zum Beispiel unsere Kühe, die essen kein Fleisch. Pferde sind auch nicht auf Fleisch erpicht; die fressen ja auch nur Pflanzen. Nun müssen Sie sich klar sein: Das Tier, das schoppt nicht bloß immer die Nahrung in sich hinein, sondern es stößt auch fortwährend das, was in seinem Körper ist, heraus. Bei den Vögeln wissen Sie, dass es so etwas gibt wie die Mauserung. Da verlieren die Vögel ihre Federn und müssen sie durch neue ersetzen. Sie wissen, dass die Hirsche ihre Geweihe abwerfen.

Und Sie schneiden sich die Nägel ab; die wachsen wieder nach. [...] Wir stoßen fortwährend Haut ab. [...]

Also betrachten Sie eine Kuh oder einen Ochsen: Ja, wenn Sie ihn nach Jahren betrachten, so ist ja das Fleisch, das in ihm drinnen ist, ein ganz anderes. [...] Woraus ist aber das Fleisch geworden? Das müssen Sie sich fragen. Das ist ja aus lauter Pflanzenstoffen geworden! Der Ochse hat selber aus Pflanzenstoffen Fleisch in seinem Körper erzeugt. Das ist ja das Allerwichtigste, was man dabei bedenken muss. Also der tierische Körper ist imstande, aus dem Pflanzlichen Fleisch zu machen.

Nun, Sie können Kohl noch so lange kochen, dann kriegen Sie noch immer kein Fleisch daraus! [...] Also das kann man nicht durch äußere Kunst machen. Aber [...] im tierischen Körper wird das gemacht, was man äußerlich nicht machen kann. Es wird eben einfach Fleisch erzeugt im tierischen Körper. Ja, dazu müssen die Kräfte eben erst im Körper sein. Unter unseren technischen Kräften haben wir keine solchen, durch die wir einfach aus Pflanzen Fleisch machen können. Das haben wir nicht. Also in unserem Körper und im tierischen Körper sind Kräfte, welche aus Pflanzensubstanz, Pflanzenstoffen Fleischstoffe machen können. [...]

Nun denken Sie sich, diesem Ochsen fiele es auf einmal ein, zu sagen: Das ist mir zu langweilig, dass ich da herumgehen und mir erst diese Pflanzen abbeißen soll. Das kann für mich ein anderes Vieh machen. Ich fresse gleich dieses Vieh! Nun schön, der Ochse würde anfangen Fleisch zu fressen. Aber er kann doch das Fleisch selber erzeugen! Er hat die Kräfte dazu in sich. Was geschieht also, wenn er statt Pflanzen Fleisch direkt frisst? Er lässt die ganzen Kräfte ungenützt, die in ihm Fleisch erzeugen können! [...] Die Kraft, die im tierischen Körper verlorengeht, die kann ja nicht einfach verlorengehen. Der Ochse ist endlich ganz angestopft von dieser Kraft; die tut etwas anderes in ihm, als aus Pflanzenstoffen Fleischstoffe zu machen. Diese Kraft, die bleibt bei ihm, die ist ja da. […] Und das, was sie tut, das erzeugt in ihm allerlei Unrat. Statt dass Fleisch erzeugt wird, werden schädliche Stoffe erzeugt. Der Ochse würde also, wenn er anfangen würde, plötzlich ein Fleischfresser zu werden, sich mit allen möglichen schädlichen Stoffen ausfüllen. Namentlich mit Harnsäure und mit Harnsäuresalzen würde er sich ausfüllen.

Nun haben solche Harnsäuresalze nämlich auch ihre besonderen Gewohnheiten. Die besonderen Gewohnheiten der Harnsäuresalze sind, dass sie eine Schwäche haben gerade für das Nervensystem und für das Gehirn. Und die Folge davon würde sein, wenn der Ochse direkt Fleisch fressen würde, dass sich in ihm riesige Mengen von Harnsäuresalzen absondern würden; die würden nach dem Gehirn gehen und der Ochse würde verrückt werden. Wenn wir das Experiment machen könnten, eine Ochsenherde plötzlich mit Tauben zu füttern, so würden wir eine ganz verrückte Ochsenherde kriegen. Das ist so der Fall. Trotzdem die Tauben so sanft sind, würden die Ochsen verrückt werden.

Die Tiere gleichen unsere Schulden aus

Man kommt nicht zurecht, wenn man nur von einem physischen Stoff oder einer physischen Substanz spricht. […] So dass wir sehen können auf das Irdische, und wir werden physische Substanz gewahr; so dass wir sehen können auf das Außerirdische, und wir werden geistige Substanz gewahr. […]

Wir müssen sagen: Der untere Mensch stellt uns eigentlich ein Gebilde in geistiger Substanz vor, und je weiter wir gegen das Haupt des Menschen zu kommen, desto mehr ist der Mensch aus physischer Substanz gebildet. Das Haupt ist im Wesentlichen aus physischer Substanz gebildet. Aber die Beine [...] sind im Wesentlichen aus geistiger Substanz gebildet [...]. Wir haben aber an einem solchen Gebilde, wie der Mensch es ist, nicht bloß zu unterscheiden die Substanz, sondern wir haben in seiner Gestaltung die Kräfte zu unterscheiden. Auch da müssen wir wiederum unterscheiden zwischen geistigen Kräften und irdisch-physischen Kräften.

Nun ist es bei den Kräften gerade umgekehrt. Während für Gliedmaßen und Stoffwechsel die Substanz geistig ist, sind die Kräfte da drinnen, zum Beispiel für die Beine die Schwere, physisch. Und während die Substanz des Hauptes physisch ist, sind die Kräfte, die darinnen spielen, geistig. Geistige Kräfte durchspielen das Haupt, physische Kräfte durchspielen die geistige Substanz des Gliedmaßen-Stoffwechsel-Menschen. Nur dadurch kann der Mensch völlig verstanden werden, dass man in ihm unterscheidet seine oberen Gebiete, sein Haupt und auch die oberen Brustgebiete, welche eigentlich physische Substanz sind, durcharbeitet von geistigen Kräften [...], und den unteren Menschen müssen wir ansehen als ein Gebilde von geistiger Substanz, in der physische Kräfte drinnen arbeiten. [...] Aber verstehen kann man den Menschen doch nur, wenn man ihn in dieser Weise als physisch-geistiges Substanzielles und Dynamisches, das heißt Kräftewesen, betrachtet. [...]

Derjenige, der aus der heutigen Initiationswissenschaft heraus dieses Geheimnis vom Menschen weiß, dass eigentlich das hauptsächlichste, das wesentlichste Organ, welches der physischen Substanz bedarf, das Haupt ist, damit es diese physische Substanz mit den geistigen Kräften durcharbeiten kann, und wer weiter weiß, dass im Gliedmaßen-Stoffwechsel-Menschen das Wesentliche die geistige Substanz ist, die der physischen Kräfte bedarf, der Schwerkräfte, der Gleichgewichtskräfte und der anderen physischen Kräfte, um zu bestehen, derjenige, der so dieses Geheimnis des Menschen geistig durchschaut und dann zurückblickt auf dieses menschliche irdische Dasein, der kommt eigentlich sich als Mensch selber wie ein ungeheurer Schuldner gegenüber der Erde vor. [...] Er kommt nämlich darauf, sich sagen zu müssen: Das, was er an geistiger Substanz in sich trägt während des Erdendaseins, das braucht eigentlich die Erde. Das sollte er eigentlich, wenn er durch den Tod geht, der Erde zurücklassen, denn die Erde bedarf zu ihrer Erneuerung fortwährend geistiger Substanz. Er kann es nicht, denn er würde seinen Menschenweg durch die Zeit nach dem Tode nicht zurücklegen können. Er muss diese geistige Substanz mitnehmen für das Leben zwischen dem Tode und einer neuen Geburt, weil er sie braucht, weil er sozusagen verschwinden würde nach dem Tode, wenn er diese geistige Substanz nicht mitnehmen würde durch den Tod.

Nur dadurch kann er jene Veränderungen durchmachen, die er durchmachen muss, dass er diese geistige Substanz seines Gliedmaßen-Stoffwechsel-Menschen durch die Pforte des Todes hinüberträgt in die geistige Welt. Und so würde der Mensch nicht künftigen Inkarnationen unterliegen können, wenn er der Erde das, was er ihr eigentlich schuldet, diese geistige Substanz, geben würde. Er kann es nicht. Er bleibt ein Schuldner. Das ist etwas, was zunächst durch nichts zu verbessern ist, soweit die Erde in ihrem Mittelzustande ist. Am Ende des Erdendaseins wird es anders sein. [...]

Ein Ähnliches ist mit dem, was in der Kopfsubstanz da ist. Dadurch, dass das ganze Erdenleben hindurch geistige Kräfte in der materiellen Kopfsubstanz arbeiten, dadurch wird diese Kopfsubstanz der Erde entfremdet. Der Mensch muss ja die Substanz für seinen Kopf der Erde entnehmen. Aber er muss auch, um Mensch zu sein, diese Substanz seines Kopfes fortwährend mit den geistigen

Kräften des Außerirdischen durchdringen. Und wenn der Mensch stirbt, ist es für die Erde etwas außerordentlich Störendes, dass sie jetzt zurücknehmen muss die Kopfmaterie des Menschen, die ihr so fremd geworden ist. Wenn der Mensch durch die Pforte des Todes gegangen ist und er seine Hauptessubstanz der Erde übergibt, dann wirkt diese Hauptessubstanz, die eigentlich durchaus vergeistigt ist, die geistige Ergebnisse in sich trägt, im Grunde genommen im Ganzen des Erdenlebens vergiftend, eigentlich störend dieses Erdenleben. Der Mensch muss sich eigentlich sagen, wenn er diese Dinge durchschaut: Rechtschaffen wäre es von ihm, diese Substanz nun mitzunehmen gerade durch die Pforte des Todes, weil sie eigentlich viel besser passen würde in die geistige Region hinein, die der Mensch durchschreitet zwischen dem Tode und einer neuen Geburt. Das kann er nicht. Denn der Mensch würde, wenn er diese vergeistigte Erdensubstanz mitnehmen würde, sich fortwährend einen Feind schaffen für all seine Entwicklung zwischen dem Tode und einer neuen Geburt. Es wäre das Furchtbarste, was dem Menschen passieren könnte, wenn er diese vergeistigte Kopfsubstanz mitnehmen würde. Das würde fortwährend an der Vernichtung seiner geistigen Entwicklung zwischen dem Tod und einer neuen Geburt arbeiten.

So muss man sich sagen, wenn man diese Dinge durchschaut: Man wird auch dadurch ein Schuldner an der Erde; denn etwas, was man ihr verdankt, aber unbrauchbar für sie gemacht hat, muss man fortwährend zurücklassen, kann es nicht mitnehmen. Das, was man ihr lassen soll, entzieht man ihr; dasjenige, was man mitnehmen soll, was man unbrauchbar für sie gemacht hat, das übergibt man mit seinem Erdenstaub dieser Erde, die in ihrem Gesamtleben, als Gesamtwesen ungeheuer darunter leidet.

Da ist es dann möglich, von dem Menschen hinwegzuschauen und auf die übrige Natur zu schauen und zu sehen, wie zwar der Mensch, ich möchte sagen, diese Schuld auf sich laden muss [...], wie aber dennoch fortwährend durch die kosmischen Wesenheiten ein Ausgleich geschaffen wird. Da dringt man ein in wunderbare Geheimnisse des Daseins, in Geheimnisse, die in der Tat, wenn man sie zusammenfasst, erst das werden, was man als Vorstellung bekommt von der Weisheit der Welt. [...]

Wenn der Adler stirbt, wird einem erst klar, was für eine merkwürdige, ich möchte sagen, oberflächliche Verdauung der Adler hat gegenüber der gründlichen Verdauung der Kuh mit ihrem Wiederkäuen. Die Kuh ist wirklich das Verdauungstier – wiederum als Repräsentant für viele aus dem Tiergeschlechte. Da wird gründlich verdaut. Der Adler verdaut wie jeder Vogel oberflächlich. [...] Dagegen verläuft gründlich im Adler alles, was auf sein Gefieder verwendet wird. [...] Und solch eine Vogelfeder ist eigentlich ein wunderbares Gebilde. Da kommt nämlich am stärksten zustande dasjenige, was man irdische Materie nennen möchte, die der Adler der Erde entnimmt, und die von den oberen Kräften durchgeistigt wird, aber so, dass es nicht angeeignet wird von dem Adler; denn der Adler macht keinen Anspruch auf Reinkarnation. Ihn braucht es daher nicht zu genieren, was dann geschieht durch das, was da durch die oberen geistigen Kräfte an der irdischen Materie in seinem Gefieder bewirkt wird; ihn braucht nicht zu genieren, wie das nun weiterwirkt in der geistigen Welt.

So sehen wir denn, wenn der Adler stirbt und sein Gefieder nun auch zugrunde geht – wie gesagt, es gilt das für jeden Vogel –, dass da die vergeistigte irdische Materie in das Geisterland hinausgeht, zurückverwandelt wird in geistige Substanz.

Sie sehen, wir haben eine merkwürdige verwandtschaftliche Beziehung in Bezug auf unser Haupt zum Adler. Was wir nicht können, der Adler kann es: Der Adler schafft fortwährend von der Erde fort dasjenige, was in der Erde durch die geistigen Kräfte an physischer Substanz vergeistigt wird.

Das ist es auch, weshalb wir mit unserer Empfindung so merkwürdig den Adler in seinem Flug betrachten. Wir empfinden ihn als etwas Erdenfremdes, als etwas, was mit dem Himmel mehr zu tun hat als mit der Erde, obwohl er ja von der Erde seine Substanz holt. Aber wie holt er sie? Er holt sie so, dass er für die Erdensubstanz nur ein Räuber ist. Ich möchte sagen, es ist nicht im gewöhnlichen banalen Gesetz des Erdendaseins vorgesehen, dass der Adler auch noch etwas bekommt. Er stiehlt sich, er raubt sich seine Materie, wie überhaupt das Vogelgeschlecht vielfach die Materie raubt. Aber er gleicht aus, der Adler. Er raubt sich seine Materie, aber er lässt sie vergeistigen von den Kräften, die als geistige Kräfte in den oberen Regionen sind, und er entführt nach seinem Tode diese vergeisteten Erdenkräfte, die er geraubt hat, ins Geisterland. Mit den Adlern zieht die vergeistigte Erdenmaterie hinaus ins Geisterland.

Das Leben der Tiere ist auch nicht abgeschlossen, wenn sie sterben. Sie haben ihre Bedeutung im Weltenall. Und fliegt der Adler als physischer Adler, so ist er gewissermaßen nur ein Sinnbild seines Daseins; so fliegt er als physischer Adler. Oh, er fliegt weiter nach seinem Tode! Es fliegt die vergeistigte physische Materie der Adlernatur hinein in die Weiten, um sich zu vereinigen mit der Geistmaterie des Geisterlandes. […]

Gehen wir jetzt zu dem anderen Extrem, das wir auch in diesen Tagen betrachtet haben, gehen wir zu der von dem Hindu so verehrten Kuh. […] Und, so sonderbar es klingt, dieses Verdauungstier besteht eigentlich wesenhaft aus geistiger Substanz, in die nur eingespannt und eingestreut ist die physische Materie, die aufgezehrt wird. […] Damit das ganz gründlich geschieht, ist das Verdauungsgeschäft der Kuh ein so ausführliches, gründliches. Es ist das gründlichste Verdauungsgeschäft, das man sich denken kann, und in dieser Beziehung besorgt wirklich die Kuh am gründlichsten das Tiersein. Die Kuh ist gründlich Tier. Sie bringt tatsächlich das Tiersein, diesen Tieregoismus, diese Tier-Ichheit aus dem Weltenall auf die Erde in den Bereich der Schwerkraft der Erde herunter. [...]

So ist die Kuh, die auf der Weide liegt, in der Tat geistige Substanz, welche die Erdenmaterie in sich aufnimmt, absorbiert, sich ähnlich macht.

Wenn die Kuh stirbt, dann ist diese geistige Substanz, die die Kuh in sich trägt, fähig, mit der Erdenmaterie zur Wohltat des Lebens der ganzen Erde von dieser Erde aufgenommen zu werden. Und man tut recht, wenn man der Kuh gegenüber die Empfindung hat: Du bist das wahre Opfertier, denn du gibst im Grunde genommen der Erde fortwährend das, was sie braucht, ohne das sie nicht weiter bestehen könnte, ohne das sie verhärten und vertrocknen würde. Du gibst ihr fortwährend geistige Substanz und erneuerst die innere Regsamkeit, die innere Lebendigkeit der Erde.

Und wenn Sie schauen auf der einen Seite die Weide mit den Kühen, auf der anderen Seite den fliegenden Adler, dann haben Sie da merkwürdige Gegenbilder: der Adler, der die für die Erde unbrauchbar gewordene Erdenmaterie – weil diese Materie vergeistigt ist – hinausträgt in die Weiten des Geisterlandes, wenn er stirbt; die Kuh, wenn sie stirbt, welche die Himmelsmaterie der Erde gibt und so die Erde erneuert. Der Adler entnimmt der Erde das, was sie nicht mehr brauchen kann, was zurück muss ins Geisterland. Die Kuh trägt in die Erde das herein, was die Erde fortwährend an erneuernden Kräften aus dem Geisterland braucht. [...]

Jetzt werden Sie sich noch weniger wundern, dass eine so tief ins Geistige hineingehende religiöse Weltanschauung wie der Hinduismus die Kuh verehrt; denn sie ist das Tier, das die Erde fortwährend vergeistigt, fortwährend der Erde jene Geistsubstanz gibt, welche sie selber aus dem Kosmos entnimmt. Und man müsste eigentlich tatsächlich das Bild real werden lassen, wie unter einer weidenden Kuhherde unten die Erde freudig erregt lebt, die Elementargeister drunten jauchzen, weil sie ihre Nahrung aus dem Kosmos versprochen erhalten durch das Dasein der Wesen, die da weiden. Man müsste eigentlich den tanzendjauchzenden Luftkreis der Elementargeister malen, umschwebend den Adler. Dann hätte man geistige Realitäten wiederum gemalt, und man würde das Physische in den geistigen Realitäten drinnen sehen; man würde den Adler fortgesetzt sehen in seiner Aura, und in die Aura hereinspielend das Jauchzen der elementaren Luftgeister und Feuergeister der Luft.

Man würde diese merkwürdige Aura der Kuh sehen, die so sehr widerspricht dem irdischen Dasein, weil sie ganz kosmisch ist, und man würde das erregt Heitere der Sinne der irdischen Elementargeister sehen, die hier dessen ansichtig werden, was ihnen dadurch verlorengegangen ist, dass sie in der Finsternis der Erde ihr Dasein fristen müssen. Das ist ja für diese Geister Sonne, was in den Kühen erscheint. Diese in der Erde hausenden Elementargeister können sich nicht über die physische Sonne freuen, aber über die Astralleiber der Wiederkäuer. [...]

Der Mensch müsste sich eigentlich sagen, wenn er diese Dinge durchschaut: Der Adler nimmt mir ab die Aufgaben, die ich nicht selber erfüllen kann durch mein Haupt; die Kuh nimmt mir ab die Aufgaben, die ich nicht selber erfüllen kann durch meinen Stoffwechsel, durch mein Gliedmaßensystem; der Löwe nimmt mir ab diejenigen Aufgaben, die ich nicht selber erfüllen kann durch mein rhythmisches System. So wird aus mir und den drei Tieren ein Ganzes im kosmischen Zusammenhange.

Indem das Schmetterlingswesen überhaupt im Bereich des Sonnendaseins bleibt, bemächtigt es sich der irdischen Materie, ich möchte sagen [...] nur wie im feinsten Staub. [...] Er vereinigt mit seiner eigenen Wesenheit nur, was sonnendurcharbeitet ist; er entnimmt schon allem Irdischen das Feinste sozusagen und treibt es bis zur vollständigsten Vergeistigung. [...] Dadurch, dass die Materie des Schmetterlingsflügels farbdurchdrungen ist, ist sie die vergeistigteste Erdenmaterie. [...]

Man kann es sogar geistig sehen, wie der Schmetterling seinen Körper, den er inmitten seiner Farbflügel hat, in einer gewissen Weise verachtet, weil seine ganze Aufmerksamkeit, sein ganzes Gruppenseelentum eigentlich im freudigen Genießen seiner Flügelfarben ruht.

Ebenso wie man dem Schmetterling folgen kann in der Bewunderung seiner schillernden Farben, kann man ihm folgen in der Bewunderung der flatternden Freude über diese Farben. Das ist etwas, was im Grunde genommen bei den Kindern schon kultiviert werden sollte, diese Freude an der Geistigkeit, die herumflattert in der Luft und die eigentlich flatternde Freude ist, Freude am Farbenspiel. [...]

Der Schmetterling ist imstande, dadurch, dass er eben die Sonnenregion gar nicht verlässt, seine Materie so weit zu vergeistigen, dass er nun nicht erst bei seinem Tode, wie der Vogel, sondern schon während seines Lebens fortwährend vergeistigte Materie an die Erdenumgebung, an die kosmische Erdenumgebung abgibt.

Denken Sie einmal, wie das eigentlich ein Großartiges ist in der ganzen kosmischen Ökonomie, wenn wir uns vorstellen können: die Erde, durchflattert von der Schmetterlingswelt in der mannigfaltigsten Weise und fortwährend in den Weltenraum hinausströmend vergeistigte Erdenmaterie, die die Schmetterlingswelt an den Kosmos abgibt! [...] Ihr Flattertiere, ihr strahlt sogar Besseres als das Sonnenlicht, ihr strahlet Geistlicht in den Kosmos hinaus! [...] So dass also, [...] sprühenden Funken gleich, immerfort aufleuchtenden Funken, das, was das Vogelgeschlecht, jeder Vogel nach seinem Tode, aufglänzen lässt, in dieses Weltenall nunmehr strahlenförmig hinausgeht: ein Glimmern von Schmetterlingsgeisteslicht und ein Sprühen von Vogelgeisteslicht! [...]

Der Schmetterling fliegt auch in der Luft [...]. Die Luft sind die Wogen, auf denen er gewissermaßen herumschwimmt, aber sein Element ist das Licht. Der Vogel fliegt in der Luft, aber sein Element ist eigentlich die Wärme, die verschiedenen Wärmedifferenzen in der Luft, und er überwindet in einem gewissen Grade die Luft.

Was macht nun die Fledermaus? Die Fledermaus sondert die vergeistigte Substanz, insbesondere jene vergeistigte Substanz, welche in den gespannten Häuten zwischen den einzelnen Fingern lebt, ab während ihrer Lebenszeit, übergibt sie aber nicht dem Weltenall, sondern sondert sie in der Erdenluft ab. Dadurch entstehen fortwährend, ich möchte sagen, Geistperlen in der Erdenluft. Und so haben wir umgeben die Erde mit diesem kontinuierlichen Glimmen der ausströmenden Geistmaterie des Schmetterlings, hineinsprühend dasjenige, was von den sterbenden Vögeln kommt, aber zurückstrahlend nach der Erde die eigentümlichen Einschlüsse der Luft, da wo die Fledermäuse absondern das, was sie vergeistigen. Das sind die Geistgebilde, die man immer schaut, wenn man eine Fledermaus fliegen sieht. Tatsächlich hat sie immer wie ein Komet etwas wie einen Schwanz hinter sich. [...] Sie sondert Geistmaterie ab, schickt sie aber nicht fort, sondern stößt sie zurück in die physische Erdenmaterie. In die Luft hinein stößt sie sie zurück. [...]

Man könnte von einem Geistmagma in der Luft sprechen, das von den Ausflüssen der Fledermäuse herrührt. [...]

Diese Fledermausreste sind die begehrteste Nahrung dessen, was ich Ihnen […] geschildert habe als den Drachen. Nur müssen sie zuerst in den Menschen hineingeatmet werden, diese Fledermausreste. Und der Drache hat seine besten Anhaltspunkte in der menschlichen Natur, wenn der Mensch seine Instinkte durchsetzt sein lässt von diesen Fledermausresten. Die wühlen da drinnen. Und die frisst der Drache und wird dadurch fett, natürlich geistig gesprochen, und bekommt Gewalt über den Menschen, bekommt Gewalt in der mannigfaltigsten Weise. Und da ist es so, dass auch der heutige Mensch sich wiederum schützen muss. Der Schutz soll kommen von dem, was [geschieht durch …] die neue Form des Streites des Michael mit dem Drachen.

Gäste auf der Erde

Die Tierwelt hat die Kräfte der «Erdentiefe» nicht angenommen. Sie entsteht allein durch die aus der Erden-Umgebung wirksamen Weltenkräfte. Sie verdankt ihr Werden, Wachsen, Sprießen, ihre Ernährungsfähigkeit, ihre Bewegungsmöglichkeiten den auf die Erde einströmenden Sonnenkräften. Sie kann sich fortpflanzen unter dem Einfluss der auf die Erde einströmenden Mondenkräfte. Sie erscheint in vielen Formen und Arten, weil aus dem Weltall herein die Sternenstellungen in der mannigfaltigsten Art gestaltend auf das Tierleben wirken. Aber die Tiere sind vom Weltall auf die Erde nur hereingestellt. Sie nehmen nur mit ihrem dumpfen Bewusstseinsleben an dem Irdischen teil; mit ihrer Entstehung, ihrem Wachsen, mit allem, was sie sind, damit sie wahrnehmen und sich bewegen können, sind sie keine Erdenwesen. […]

Nun ist der Mensch nicht in der Lage, sich der Erde so ferne zu halten wie die Tierheit. Indem man dieses ausspricht, tritt man an das Mysterium der Menschheit ebenso wie an das der Tierheit heran. Diese Mysterien spiegeln sich in dem Tierkult der alten Völker, vor allem der Ägypter. In den Tieren sah man Wesen, die Gäste der Erde sind, an denen man Wesen und Wirksamkeit der geistigen Welt, die an die irdische angrenzt, schauen kann.

Krankheiten der Erde

Es gibt, wenn man so überschaut das Menschengeschlecht, die allerverschiedensten Krankheiten. Diese verschiedenen Krankheiten könnte man nun, wenn man ins Abstrakte geht, aufschreiben. Man könnte dann, wenn man sie in der Ebene aufschreibt, eine Art Landkarte herstellen: in der einen Ecke die verwandten Krankheiten, in der andern Ecke die todbringenden, könnte das hübsch anordnen; dann hätte man eine solche Landkarte der Krankheiten, würde namentlich darauf sehen können, wo ein Kind, das in irgendeiner Weise organisiert ist, hingehört. Und man könnte sich denken, wie dasjenige, was als Krankheitsneigung auftritt, in schematischer Weise auf Wachspapierblättern gezeichnet würde, und man den Namen eines Kindes dorthin schreibt, wo er hingehört. Nun denken Sie sich, man hätte so eine Vorstellung, man täte das.

Die erste Hälfte des 19. Jahrhunderts hatte noch die Vorstellung, dass man dort, wo man die Krankheiten hinschreiben müsste, immer Tiernamen hinschreiben könnte. Sie hatte noch die Meinung, das Tierreich schreibt in die Natur hinein alle möglichen Krankheiten. Jedes Tier, richtig angesehen, bedeutet eine Krankheit. Für das Tier ist die Krankheit sozusagen gesund. Kommt dieses Tier in den Menschen hinein, statt seine eigene Organisation, artet der Mensch nach der Organisation des Tieres hin, so ist er krank. […] Bedenken Sie doch nur, wie hell Sie werden können über die Wesenheit irgendeines Menschen, wenn Sie sagen können, er artet nach dem Löwen, nach dem Adler, nach dem Rinde hin, oder auch er artet nach einem Hinausreißen des Menschen in das zu stark Geistige hin. Oder wenn Sie weitergehen, sich klar werden darüber, dass Sie, wenn, sagen wir, der Ätherleib zu weichlich wird, eine straffe Affinität des Ätherleibes zur physischen Substanz haben, und Sie dann die Organisation, die sonst nur im niederen Tierreich sein kann, angedeutet im Menschen finden.

WENN MAN DAS TIER im ganzen Zusammenhang mit der Naturentwicklung betrachtet, wenn man sich seine Organisation dann ansieht im ganzen Zusammenhang mit der Naturordnung, was ist denn eigentlich mit dem Tiere? Als die alte Mondenentwicklung vorhanden war, da war in Bezug auf die äußere Organisation noch keine Differenzierung eingetreten zwischen den höheren Tieren und dem heutigen Menschen. Die ist erst ein Ergebnis der Erdenentwicklung. Der Mensch hat die normale Erdenentwicklung mitgemacht, das Tier nicht. Das Tier ist gleichsam in der Mondenentwicklung vertrocknet. Es stimmt nicht zusammen seine Organisation mit der Erdenentwicklung. Wer das durchschaut […], der beantwortet sich die Frage: Was ist denn eigentlich das Tier in Bezug auf seine Organisationsform?, damit, dass er sagt: Die Natur wird krank, und die Krankheit der Natur ist das Tier, namentlich das höhere Tier. In der tierischen Organisation waltet die Krankheit der Natur, die Krankheit der ganzen Erde. Das Krankwerden der Erde, das kranke Zurücksinken in die alte Mondenentwicklung ist die höhere Tierheit; nicht so sehr die niederen Tiere, aber die höhere Tierheit.

Kapitel VI: Warum der Hund mit dem Schwanz wedelt

In diesem Kapitel sind mehr oder weniger anekdotische Darstellungen Rudolf Steiners zu ausgewählten Tierarten bzw. damit verbundenen Themen in unkommentierter Weise zusammengestellt. Die Bezüge zu den Inhalten der vorhergehenden Kapitel sind offensichtlich. Die ausgewählten Passagen zeugen von der Achtung und Liebe, aber auch von der großen Lebensnähe und Freude, mit der Rudolf Steiner auf die Welt der Tiere schaute.

Das Wohlempfinden der Kuh beim Verdauen

Interessant ist es, Tiere zu beobachten, wenn sie so, nachdem sie auf der Weide sich reichlich vollgefressen haben, daliegen und verdauen. Es ist interessant zu beobachten. Warum denn? Weil das Tier ganz mit seinem astralischen Wesen in seinen Ätherleib zurückgezogen ist. Was tut denn eigentlich die Seele des Tieres, wenn es da verdaut? Mit unendlichem Wohlbehagen nimmt die Seele teil an dem, was in dem Leibe geschieht. Es liegt da und schaut sich beim Verdauen zu. [...]

Interessant ist es, zum Beispiel eine Kuh verdauen zu sehen, geistig, wenn sie daliegt und nun wirklich ihr innerlich sichtbar werden alle die Vorgänge, die sich da abspielen, indem die Nahrungsstoffe in den Magen aufgenommen sind und vom Magen nun in die übrigen Partien des Leibes befördert werden. Dem schaut das Tier mit innerstem Behagen zu, weil eine innige Korrespondenz zwischen seinem Astralleib und seinem Ätherleib besteht. [...] Das ist eine ganze Welt, welche die Kuh sieht! Allerdings besteht diese Welt nur aus Kuh und aus den Vorgängen, die in der Kuh stattfinden. Aber wahrhaftig, wenn auch alles dasjenige, was dieser astralische Leib in dem Ätherleib der Kuh wahrnimmt, bloß die Vorgänge in dem ganzen Umkreis, in der Sphäre der Kuh sind, so vergrößert sich das alles, so dass es so groß wird für das Bewusstsein der Kuh, wie unser menschliches Bewusstsein groß ist, indem es bis zum Firmament geht. Ich müsste Ihnen die Vorgänge, die da zwischen dem Magen und dem übrigen Organismus der Kuh stattfinden, als eine große Sphäre zeichnen, die sich entfaltet, weit hinaus entwickelt, indem in diesem Augenblick für die Kuh nur der Kuh-Kosmos, aber in riesiger Größe, da ist.

Das ist kein Scherz, das ist so. Und die Kuh fühlt sich ungeheuer gehoben, wenn sie so ihren Kosmos sieht, sich als Kosmos sieht.

Milchernährung der Säugetiere

Es gab auch eine Zeit auf der Erde, in der die Menschheit unmittelbar verknüpft war mit dem Tierischen, eingesenkt in das Tierische und sich auch von dem Tierischen ernährte. Diese Art der Ernährung wird schwer verstanden werden von dem, der nicht hellseherische Kräfte hat. Eine Vorstellung davon können wir uns aber bilden, wenn wir die regelmäßige Ernährungsweise der Säugetiere betrachten, die durch ihre eigene Milch ihre Jungen ernähren. Mit der Spaltung der Produktionskraft trat auch diese Art der Ernährung auf. Früher konnten die Menschen den Nahrungsstoff aus der unmittelbaren Umgebung aufnehmen, so wie heute die Lunge die Luft aufnimmt. Der Mensch war damals durch Saugfäden verbunden mit der ganzen ihn umgebenden Natur, so ähnlich wie heute der menschliche Embryo im Leibe der Mutter ernährt wird. Das war die alte Ernährungsform auf der Erde. Ein Rest davon ist das heutige Säugen der Säugetiere, und die Milch ist wie die Nahrung, die der Mensch in der vorlemurischen Zeit genoss, sie ist die alte Götternahrung, die erste Form der Nahrung auf der Erde. Damals war eben die Natur der Erde so, dass diese Nahrung überall herausgesogen werden konnte. So ist die Milch ein Produkt aus der ersten menschlichen Ernährungsform. Als der Mensch im Physischen noch näher dem Göttlichen war, da sog er die Milch aus der Umgebung heraus.

Rechnende Pferde

Vor einiger Zeit war viel die Rede von sogenannten rechnenden Pferden, Pferden, welche also die Frage gekriegt haben zum Beispiel: Wie viel ist vier und fünf. Dann zählte man: eins, zwei, drei, vier, fünf, sechs, sieben, acht, neun – das Pferd stampfte auf mit dem Fuß. Nicht unbeträchtliche solcher Rechnungen haben die Pferde gemacht. […]

Die Menschen haben sich ja sehr den Kopf zerbrochen über diese rechnenden Pferde. Es ist ja auch etwas ganz Schreckliches im Grunde genommen, dass da plötzlich die Pferde anfangen sollten zu rechnen. Und sie rechneten so fix, dass die Rechenmaschine wirklich schon fast zuschanden kam dabei. Nun, […] wenn das in die Pädagogik überginge und man da die Pferde rechnen lehren könnte, das könnte eine wilde Konkurrenz werden für die Buchhalter und für die Leute, die zum Rechnen angestellt werden! Es ist also natürlich eine schlimme Geschichte mit den rechnenden Pferden. […]

Wirklich rechnen kann ja natürlich das Pferd nicht, und man muss suchen, wie es kommt, dass das Pferd bei neun stampft. Es ist natürlich eine vollständige Idiotie, zu glauben, das Pferd könne rechnen. […] Wenn man nun geisteswissenschaftlich geschult ist und sich die Sache anschaute, dann [... verlief] die Sache [...] so: Da stand auf der einen Seite das Pferd, da stand der Herr von Osten und hatte ein bisschen das Pferd am Zügel. Und in der rechten Rocktasche hatte der Herr von Osten lauter kleine Zuckerstückchen. Und nun gab der Herr von Osten dem Pferd fortwährend kleine Zuckerstückchen. Das leckte daran und fand es süß und liebte den Herrn von Osten sehr. Immer mehr liebte es ihn mit den Zuckerstückchen dann, und dadurch bildete sich eine herzliche Beziehung zwischen dem Pferd und dem Herrn von Osten. Und Herr von Osten brauchte [...] bloß zu denken: Bei neun stimmt die Sache – dann spürte das das Pferd, weil die Tiere eine viel feinere Empfindung haben für das, was um sie herum vorgeht. Sie spüren, was da im Kopfe vorgeht, wenn es auch gar nicht zu einer kleinen Miene kommt, die ein Ross sehen könnte und ein Mensch nicht; das Pferd spürt, was vorgeht im Gehirn, wenn er denkt: neun; dabei stampft das Pferd. Hätte das Pferd nicht den Zucker bekommen, dann hätte sich die Liebe beim Pferd ein bisschen in Hass verwandelt, und da hätte es nicht mehr gestampft.

Also sehen Sie, beim Tier ist eine feine, feine Empfindung vorhanden für Dinge, [...] die tatsächlich nicht sichtbar sind [...]. Solche Dinge muss man eben beobachten; dann weiß man, dass in der Tat die Tiere wunderbar fühlen.

Denken Sie sich einmal, Sie gehen in einen Bienenschwarm hinein und haben eine heillose Angst. Ja, das fühlen die Bienen, dass Sie Angst haben; das ist nicht zu leugnen. Was heißt denn das: Sie haben Angst? – Sie wissen: Wenn man Angst hat, dann wird man blass. [...] Und wenn man blass wird, geht das Blut zurück. Es geht nicht nach außen in die Haut herein. Wenn die Biene nun herankommt an einen Menschen, der Angst hat, dann spürt die Biene im Menschen mehr als sonst, wenn das Blut drinnen wäre in der Haut, diese sechseckig wirkende Kraft und möchte gerade den Honig oder Wachs gewinnen von Ihnen. Währenddem, wenn der Mensch gleichmütig vorgeht und sein Blut gleichmäßig durch die Adern fließen hat, da merkt die Biene etwas ganz anderes. Da merkt sie, dass das Blut diese selbe sechseckig wirkende Kraft hat.

Nun denken Sie sich, wenn der Mensch zornig ist, im Zorn unter die Bienen geht: Ja, der Zorn macht Sie rot. Da kommt gerade viel Blut hin; das Blut will die sechseckig wirkende Kraft aufnehmen. Die Biene merkt das in ihrem feinen Gefühl und glaubt, Sie wollen sie ihr wegnehmen, diese Kraft, und sticht Sie. Das sind eben feine Empfindungen für Naturkräfte, die da spielen, die da drinnen sind.

Und dazu kommt dann die Gewöhnung. Denken Sie sich: Ein Bienenvater, der geht ja für die Bienen nicht bloß so wie sonst ein Mensch zum Bienenstock hin, sondern die Bienen fühlen – wenn ich mich des Ausdrucks bedienen darf – die ganze Ausdünstung, sie fühlen, wie der beschaffen ist. Daran gewöhnen sich die Bienen. Stirbt er, so müssen sie sich umgewöhnen. Und das bedeutet für die Bienen außerordentlich viel. Denken Sie doch nur einmal, was Sie selbst bei Hunden finden: Wenn der Herr starb – das hat es schon gegeben –, sind sie aufs Grab gegangen und dort gestorben, weil sie sich nicht an einen anderen Herrn gewöhnen konnten.

Vom Schwanzwedeln

Wenn Sie einen Hund haben oder nur einen Hund sehen, den Sie gut kennen und der Sie gut kennt, und Sie treffen ihn wiederum, so wedelt er mit dem Schwanz. Ja, warum wedelt er mit dem Schwanz? Weil er Freude hat! Der Mensch kann nicht mit dem Schwanz wedeln, wenn er Freude hat, weil er ihn überhaupt nicht mehr hat. Soweit ist der Mensch verkümmert in Bezug darauf, dass er seine

Freude überhaupt zunächst gar nicht ausdrücken kann. Also der Hund, der riecht den Menschen und wedelt mit dem Schwanz. Durch den Geruch kommt nämlich sein ganzer Körper in Aufregung, und das drückt sich dadurch aus, dass er in seine Schwanzmuskeln dasjenige bekommt, was das Erlebnis der Freude ist, und er wedelt mit dem Schwanz. Beim Menschen ist es soweit gekommen, dass er überhaupt ein solches Organ gar nicht mehr hat, mit dem er seine Freude auf diese Weise ausdrücken könnte.

Wir sehen, der Mensch ist zwar kultivierter als das Hundegeschlecht, aber es fehlt ihm die Möglichkeit, durch sein Rückenmark seinen Geruch herunterzutreiben; denn so ist es ja beim Hund. Er bekommt durch die Nase den Geruch herein, treibt ihn dann durch sein Rückenmark hinunter, und nachher wedelt er mit dem Schwanz. Also das, was er da als Geruch in die Nase hineinbekommt, das geht da in sein Rückenmark hinein. Und das Ende vom Rückenmark ist eben der Schwanz, und da wedelt er. Das kann der Mensch nicht. [...]

Beim Menschen [...] ist es so, dass er die Kraft dieses Rückenmarkes umkehrt. Der Mensch hat ja die Kraft, überhaupt manches umzukehren, was die Tiere nicht können. Die Tiere gehen daher auf allen vieren, oder wenn sie, wie manche Affen, nicht auf allen vieren gehen, dann ist das umso schlimmer für sie, weil sie eigentlich dazu organisiert sind, auf allen vieren zu gehen.

Der Mensch richtet sich aber auf während seines Lebens. Er geht auch zuerst auf allen vieren; dann richtet er sich auf. Das ist diese Kraft, die da durch das Rückenmark geht, und diese Kraft schoppt, möchte ich sagen, das ganze Gehirn hier nach vorne. Man kann wirklich sagen, wenn man einen Hund anschaut: Das ist furchtbar interessant, besonders wenn man ihn wedeln sieht. Wenn man sich mit ihm vergleicht als Mensch, so muss man eigentlich sagen: Donnerwetter, der kann wedeln; ich kann das nicht! – Aber die ganze Kraft, die da in diesem Wedelschwanz liegt, die hat der Mensch zurückgeschoppt und hat das ins Gehirn hier heraufgeschoppt. […] Nun, diese ganze Wedelkraft, die kehren wir um, und eigentlich, wenn da nicht die Schädeldecke wäre, dann könnten wir mit diesem Gehirn, wenn wir einen angenehmen Geruch wahrnehmen würden, da oben wedeln. Wir würden also eigentlich, was sehr interessant ist […], wenn wir uns freuen, wenn wir jemanden se hen, wenn unsere Gehirnknochen da nicht unser Gehirn zusammenhielten, mit dem Gehirn nach vorne wedeln. […]

Also diese Wedelkraft, die wird zwar entwickelt, aber sie wird umgekehrt. Wir wedeln nämlich in Wirklichkeit auch, und manche Menschen haben dafür sogar ein feines Gefühl. Nicht wahr, Hofräte, die um die Herzöge herum sind, die wedeln, wenn die Herzöge in der Nähe sind – nun, so wie der Hund wedeln sie nicht, aber manche Menschen haben das Gefühl: Die wedeln wirklich. Die wedeln nämlich seelisch. Das ist so etwas, das wie Wedeln ausschaut. Aber sehen Sie, wenn man sich die Empfindung angeeignet hat, die man manchmal […] Hellsehen nennt […], dann hat man nicht nur das Gefühl, dass der Hofrat vor dem Herzog wedelt, sondern dann sieht man es sozusagen; nur wedelt er nicht da hinten (wie der Hund), sondern er wedelt da vorne. Er wedelt wirklich! […] Da wedelt vorne der Ätherkörper, der feinere Körper […]. Das ist wahr: Der Ätherkörper wedelt.

Nun aber, durch das Ganze wird ja beim Hund, oder beim Elefanten, eben das Rückenmark ausgebildet. […] Im Gehirn drinnen begegnen sich jetzt zwei Sachen: dasjenige, was da als Wedelorgan nach vorne geschoppt ist, was nur beim Menschen da ist, und dasjenige, was der Riechnerv ist, der auch beim Menschen vorhanden ist. Aber dieser Riechnerv, der schiebt sich beim Hund zu einer riesigen Größe ins Gehirn hinein, weil ihm nichts entgegenwirkt, denn das, was ihm entgegenwirken könnte, wedelt ja hinten heraus. Der Mensch aber kehrt das um. Diese ganze Wedelkraft kommt der Nase entgegen. Daher wird beim Menschen das, was da als Riechnerv hineingeht, so klein als möglich gemacht, weil es zusammengeschoppt wird von dem, was ihm entgegenkommt. Und so hat der Mensch da drinnen ein Organ, das erstens seinen Geruch zurückdrängt, aber das ihn eigentlich in gewisser Beziehung zum Menschen macht. Das sind die heraufgeschoppten Kräfte.

Daher kann man sagen, dass da im Vordergehirn drinnen beim Hund und beim Elefanten viel vom Riechnerv liegt, ein riesig großer Riechnerv liegt da drinnen. Beim Menschen ist der Riechnerv etwas verkümmert; dagegen lagern sich vor die Nerven, die von unten heraufgeschoppt werden. [...] Und die Folge davon ist, dass da im Vorderhirn eigentlich beim Menschen der Sinn vorhanden ist für Mitgefühl, für Verständnis der Menschen überhaupt. Etwas sehr Edles ist da. Das, was der Hund auswedelt, das ist beim Menschen in etwas sehr Edles umgestaltet. Und der Mensch hat da im Vorderhirn, gerade an der Stelle, wo die sehr verachtete Nase sonst ihren Riechnerv hineinschickt, eigentlich ein außerordentlich edles Organ. [...]

Man könnte schon sagen, ein besonders gescheiter Mensch ist eigentlich ein solcher, der die Hundenatur in sich möglichst groß überwunden hat. [...] Die Gescheitheit, das Unterscheidungsvermögen, das rührt überhaupt davon her, dass der Mensch den Geruchssinn überwindet. Der Elefant und der Hund haben ihre Gescheitheit in der Nase, also ziemlich außerhalb von sich selbst; der Mensch hat seine Gescheitheit in sich. Das ist eben eigentlich der Unterschied. So dass man eben nicht bloß darauf schauen darf, ob der Mensch und die Tiere dieselben Organe haben.

NUN, SEHEN SIE, wir Menschen, wir können nur schmecken. Aber warum können wir nur schmecken? Hätten wir Flossen und wären wir Fische – es wäre auch ein interessantes Dasein –, dann würde jedes Mal, wenn wir schmecken, der Geschmack auch durch die Flossen wirken. Aber wir müssten im Wasser schwimmen, damit wir recht gut immer alles aufgelöst hätten, auch die feinen Stoffe, denn der Fisch schmeckt alle die feinen Stoffe, die im Wasser sind, und nach seinem Geschmack richtet er sich; das geht immer gleich in die Flossen herein, und er schwimmt weiter mit den Flossen. Wenn ihm also von irgendeiner Seite etwas Angenehmes zuschwimmt, so schmeckt er das, und seine Flossen bewegen sich gleich dahin. […]

Die Fische haben einen feinen Geschmackssinn, aber keinen innerlichen Geschmack. Wir Menschen verinnerlichen den Geschmack; den erleben wir, währenddem die Fische eigentlich in dem ganzen Wasser drinnen leben, mit dem Wasser zusammen den Geschmack erleben. Daher ist es bei den Fischen auch so […], dass sie weit ins Meer hinausschwimmen, wenn sie ihre Eier absetzen wollen. Sie schwimmen sogar in den Atlantischen Ozean, an ganz andere Erdflächen. Und die Jungen kommen dann langsam wieder zurück in die europäischen Flüsse. Warum ist das so? Nun, die europäischen Flüsse, in denen die alle herumschwimmen, die sind Süßwasser. In dem süßen Wasser können die Eier nicht ausreifen. Die Fische schmecken, wie ein bisschen Salz herankommt gegen die Mündung zu; das schmecken diese Fische und schwimmen ins Meer hinaus. Und wenn auf der anderen Seite die Sonne anders auf die Erde scheint, schmecken sie das, und nach dem Geschmack schwimmen sie über die halbe Erde hinüber. Und die Jungen erst wiederum schmecken sich zurück, dahin, wo die Alten gelebt haben. Die richten sich also überhaupt nach dem Geschmack.

Sehen Sie, der Hund würde nämlich etwas ganz anderes tun; wenn er nicht ein Hund, sondern ein Vogel wäre, würde er nämlich fliegen unter dem Einfluss des Geruches!

Geradeso wie der Fisch schwimmt, so würde der Hund fliegen, wenn er ein Vogel wäre. Nun, der Hund, der hat keine Flügel, und so benutzt er das Ersatzorgan und kann bloß wedeln. Es reicht ihm nicht; aber es ist dieselbe Kraftentfaltung. Und bei uns Menschen ist es auch so. Weil wir fortwährend fein riechen – wir bemerken es gar nicht –, wollen wir eigentlich immer fliegen. [...]

Denken Sie sich nur einmal die Schwalben. Die Schwalben leben bei uns im Sommer. Da gefällt ihnen dasjenige, was aufsteigt als Düfte aus den Blumen und so weiter. Das gefällt ihnen eben im Geruchsorgan, und da bleiben sie da. Wenn aber bei uns der Herbst kommt, oder der Herbst nur herannaht, näher herankommt, ja, wenn da die Schwalben untereinander sich verständigen könnten, dann würden sie sagen: Da fängt es an, übel zu riechen! Der Geruchssinn der Schwalbe, der ist furchtbar fein. Und wie ich Ihnen gesagt habe, dass die Menschen bis Arlesheim wahrnehmbar sind, so ist der Geruch, der dem Süden entströmt, für die Schwalben wahrnehmbar, wenn der Herbst herankommt; der breitet sich aus bis nach dem Norden. Da unten riecht es gut; da oben fängt es an, mistig zu riechen! – Da fangen die Schwalben an, dahin zu fliegen, wo der gute Geruch sie anzieht, denn der kommt herauf vom Süden nach dem Norden. [...]

Durch ihre Geruchsorgane werden die Schwalben nach dem Süden geführt, und dann wiederum nach dem Norden. Wenn bei uns der Frühling kommt, da fängt es wiederum da unten an, mistig zu riechen für die Schwalben. Die feinen Frühlingsdüfte kommen zu ihnen nach dem Süden, und da fliegen sie herauf nach dem Norden.

DASS DAS WASSER, so wie es in Flüssen und im Meere angeordnet ist, eine ebenso große Bedeutung für die Erde hat, das beachtet man gewöhnlich nicht. [...] Wenn man nun das eigentliche Salzwasser, das sehr salzhaltige Meerwasser untersucht, da kommt man darauf, dass dieses salzhaltige Meerwasser wenig mit dem Weltenraum in Beziehung steht. [...] Dagegen steht für die Erde in ganz großer Beziehung mit dem Himmelsraume alles das, was Land ist, wo die Gewässer durchfließen [...].

Die Quellen sind nämlich die Augen der Erde. Mit dem Meere sieht die Erde nicht hinaus in den Weltenraum, weil das Meer salzig ist [...]. Die Quellen, die süßes Wasser haben, sind frei für den Weltenraum und sind wie unsere Augen, die sich auch hinaus ins Freie öffnen. So dass wir sagen können: Da auf den Ländern, wo Quellen sind, da schaut die Erde weit in den Weltenraum hinaus, da sind die Sinnesorgane der Erde, während der Körper der Erde, mehr die Eingeweide der Erde, im salzigen Meer sind. [...] Und alles das, wodurch die Erde in Verbindung steht mit dem Weltenraum, alles das kommt vom süßen Wasser. Alles dasjenige, wodurch die Erde ihre Eingeweide hat, kommt vom salzigen Wasser.

Nun will ich Ihnen einen Beweis liefern davon, dass das so ist. [...] Mit dem Himmelsraum steht auch die Fortpflanzung des Menschen und der Tiere in Verbindung. Ich sagte Ihnen: Das hängt nicht allein davon ab, dass das Ei, der Keim im mütterlichen Leibe, sich nur in diesem mütterlichen Leibe ausbildet, sondern da wirken die Kräfte vom Weltenall herein, und dadurch, dass die Kräfte vom Weltenall hereinwirken, entsteht eben gerade erst das Ei in seiner Rundung. Wie wir außen rund sehen die Bewegung des Weltenalls, so ist dieses kleine Eichen ein Abbild des Weltenalls, weil die Kräfte von allen Seiten wirken. Also da, wo die Fortpflanzung wirkt, da wirkt eigentlich das Himmlische auf die Erde. Ebenso sehen Sie beim Auge: Das ist eine Kugel. […] Es ist auch vom Weltenall hereingebildet. [Fortpflanzungs- und] Sinnesorgane und Auge sind vom Weltenall hereingebildet.

[…] Die Fische sind in einer besonderen Lage, denn die kommen eigentlich niemals ans Land. […] Sie kommen nicht dahin, wo die Erde sich dem Weltenlauf öffnet. Daher kommen die Fische sehr schwer dazu, ihre Sinne auszubilden und namentlich ihre Fortpflanzungsorgane auszubilden. […] Die Fische müssen daher das Wenige, was vom Licht und von der Wärme aus dem Weltenall ins Meer hineinfällt, sorgfältig benützen, damit sie sich fortpflanzen und Sinnesorgane haben können. Aber die Natur sorgt ja für vieles; Sie können es sehen bei den sogenannten Goldfischchen. Die benützen ihre ganze Haut, um unter den Einfluss des Lichtes zu kommen; daher werden sie so golden. Die Fische benützen jede Gelegenheit, um das aufzuschnappen, was vom Weltenall ins Wasser fällt. Und sie müssen ihre eigenen Eier überall da ablegen, wo Licht noch etwas hineinkann, damit von außen diese Eier bebrütet werden. […] Die Meeresfische aber zeigen überall, dass sie darauf eingerichtet sind, ja alles, was noch ins Salzwasser kommt vom Weltenall, zu benützen, um die Fortpflanzung zu haben.

Eine ganz merkwürdige Ausnahme aber macht der Lachs. Der Lachs hat nämlich eine sonderbare Organisation. Der Lachs muss im Meere leben, damit er ordentliche Muskeln kriegt. […] Aber wenn der Lachs nun im Meere lebt, dann kann er sich nicht fortpflanzen, weil er so eingerichtet ist, dass er durch das Meerwasser ganz abgeschlossen wird vom Weltenall […]. Während sie sich stark machen im Meere – sie bekommen da ihre Muskeln –, sind die Lachse erstens ziemlich blind, und zweitens können sie sich nicht fortpflanzen. Ihre Fortpflanzungsorgane und ihre Sinnesorgane werden schwach, sie sind stumpf. Die Lachse im Meer aber werden dick. Nun, damit der Lachs nicht ausstirbt [...], wandert der Lachs jedes Jahr in den Rhein herein. [...] Aber der Rhein macht den Lachs mager; er verliert wieder seine Muskeln. Das, was er im salzigen Meer an Dicke gewonnen hat, das verliert er im Rhein. Der Lachs wird ganz schlank; und seine Sinnesorgane und namentlich seine Fortpflanzungsorgane, beim Männchen und Weibchen, bilden sich kolossal aus, und der Lachs kann sich im Rhein fortpflanzen. So muss der Lachs also jedes Jahr vom salzigen Meer nach dem süßen Rhein wandern, damit er sich fortpflanzen kann. Er muss da sogar mager werden, weil das süße Wasser nicht beitragen kann zu seiner Muskelbildung. Dann wandert, wenn die Alten noch leben und die Jungen da sind, wiederum alles zum Meere, um aus der Schlankheit in die Dicke zu kommen.

Sie sehen, die Sache stimmt vollkommen. Man kann sagen, da wo die Erde salzig ist, da wirkt sie mit den Erdenkräften. Sie wirkt auf diejenigen Organe, die von der Erde aus gebildet sind. Unsere eigenen Muskeln werden von der Erde aus gebildet, wenn wir uns mit der Schwerkraft bewegen. Schwerkraft ist die Erdenkraft. Auf alles Muskulöse wirkt die Erde, auf alles Knochige wirkt die Erde. Die Erde teilt uns ihr Salz mit, und wir kriegen starke Knochen, starke Muskeln. Mit diesem Salzabgang der Erde könnten wir aber gar nichts machen für die Sinnes- und Fortpflanzungsorgane; die würden dabei verkümmern. Die müssen immer unter den Einfluss der außerirdischen Kräfte, der Himmelskräfte kommen. Und der Lachs zeigt das, welchen Unterschied er macht zwischen Salz- und Süßwasser. Er geht ins Salzwasser, um dick zu werden, nimmt die Erdenkräfte auf, und um fortpflanzungsfähig zu werden, geht er ins Süßwasser, nimmt die Himmelskräfte auf. [...]

Wenn man in dieser Weise das am Lachs kennenlernt, dann hat man ja auch ein Bild von noch etwas anderem, was uns immer vor Augen ist, und was ein so wunderbares Schauspiel ist: die Zugvögel. Die ziehen nur in der Luft herum, hin und her; der Lachs zieht im Wasser hin und her. Die Lachszüge sind im Wasser geradeso wie die Vogelzüge in der Luft, nur dass der Lachs hin und her geht zwischen Salzwasser und Süßwasser, und die Vögel in der Luft hin und her gehen zwischen kälteren Partien und wärmeren Partien, die sie brauchen. Wer die Lachszüge versteht, hat auch ein Bild von den Vogelzügen. Und man kann sagen: All das hängt damit zusammen, dass auch die Vögel, um in die rechten Wärme-Erdenkräfte zu kommen, nach Süden ziehen müssen; da bilden sie mehr ihre Muskulatur aus. Um Himmelskräfte zu haben, da müssen sie mehr in die reinere Luft des Nordens kommen; da bilden sie ihre Fortpflanzungsorgane aus. Diese Tiere brauchen die ganze Erde. Nur die höheren Tiere, die Säugetiere, und der Mensch, die sind mehr von der Erde unabhängig geworden, haben sich mehr emanzipiert von der Erde, sind in ihrer ganzen Organisation mehr unabhängig geworden.

Es gibt einen Fisch – in seinen großen Arten heißt er Heilbutt, in seinen kleinen Arten Scholle –, dieser Fisch ist ein sehr guter Nährfisch, hat sehr viel Nährstoffe, die meisten Nährstoffe fast von allen Fischen. Das zeigt schon, dass er sich zu der Erde neigt, weil von der Erde die Nährstoffe kommen. Er hält es sozusagen mit der Erde, der Heilbutt. Was können wir denn erwarten von diesen Fischen? Wir können von ihnen erwarten, dass sie das auch äußerlich in ihrem Leben zum Ausdruck bringen, dass sie es mit der Erde halten. Das bringen sie auch zum Ausdruck. Sie legen sich auf die eine Seite; die wird blass, weiß. Und so stark legen sie sich auf die eine Seite, dass sich der Kopf umdreht und die Augen auf die andere Seite zu liegen kommen. [...] Die linke Seite wird ganz die Nährseite, ist blass und weiß. Die andere Seite nimmt die Farbe vom Himmel und so weiter an, wird bläulich, bräunlich, und die Augen wenden sich sogar von der Nährseite ab, der Kopf dreht sich um. Solch eine Scholle ist ganz einseitig, hat die Augen, alle Organe auf der einen Seite; die andere Seite ist flach und blass. Die Heilbutte entwickeln wirklich in sich viele Nährstoffe, weil sie zur Erde hinneigen. [...] Nun, diese Heilbutte, die zeigen also ganz klar: Ihr Körper, der hält es mit der Erde, der legt sich immer auf die eine Seite. [...] Die machen es also anders als der Lachs. Der Lachs wandert, der geht von der Nordsee in den Rhein, vom Rhein in die Nebenflüsse, um sich fortpflanzen zu können. Die Schollen legen sich auf die eine Seite, damit von der anderen Seite der Himmel wirkt, um Sinne zu haben und um fortpflanzungsfähig zu sein. [...]

Diese Schollen sind ein Beweis, dass das Meer durstig ist nach dem Himmel, weil sein Salzgehalt es vom Himmel abwendet! Man kann sagen, die Schollen drücken aus den Durst des Meeres nach Licht und Luft. [...]

Die Erdenkräfte machen uns muskulös, geben uns die Salze, und die Himmelskräfte geben uns eigentlich diejenigen Kräfte, die dann sowohl Fortpflanzungskräfte wie auch spirituelle Kräfte, Gescheitheitskräfte sind.

Behaarung und Befiederung

Nehmen Sie zum Beispiel im Tierreiche diejenigen Tiere, die behaarte Haut haben. Nun ja, da können Sie sich denken, dass die behaarte Haut dazu gut ist, damit die Tiere im Winter nicht frieren und so weiter. Gewiss, dafür ist sie auch gut. Aber wenn diese Haare in der Haut entstehen sollen, dann muss das Tier einer ganz besonders starken Sonnenwirkung zugänglich sein. Die Haare entstehen nicht anders als dadurch, dass das Tier einer starken Sonnenwirkung zugänglich ist. [...]

Nehmen Sie zum Beispiel den Löwen. Der Löwe, dessen Männchen diese mächtige Mähne hat, ist ein Tier, das außerordentlich stark der Sonnenwirkung ausgesetzt ist. Dadurch hat der Löwe auch die Brustorgane, die unter der Wirkung der Sonne besonders stark werden, stark ausgebildet, hat kurz ausgebildeten Darm und mächtig ausgebildete Lungen. Das unterscheidet ihn von unseren Wiederkäuern, die mehr die Organe des Unterleibes, des Darmes, Magens und so weiter ausgebildet haben. Die Art und Weise, wie ein Tier behaart, befiedert ist und so weiter, hängt also vorzugsweise mit der Sonnenwirkung zusammen.

Aber wiederum, wenn die Sonnenwirkung auf ein Wesen sehr groß ist, dann ist es ja so, dass dieses Wesen die Sonne in sich denken lässt, in sich wollen lässt: Es wird nicht selbständig. Der Mensch hat seine Selbständigkeit dadurch, dass er eben nicht diesen äußeren Schutz hat, sondern dass er mehr oder weniger den Einflüssen der irdischen Umgebung ausgesetzt ist. Es ist sogar interessant zu vernehmen, wie das Tier weniger von der Erde abhängig ist als der Mensch. Das Tier ist großenteils von außerhalb der Erde hereingebildet.

Licht und Tierbildung

Ich habe Ihnen gesagt: Der Schmetterling legt das Ei, aus dem Ei kriecht die Raupe aus, die Raupe verpuppt sich zum Kokon, und aus dem Kokon treibt das Sonnenlicht den Schmetterling aus, der vielfarbig ist. Sehen Sie sich dagegen das Säugetier an, dieses Säugetier entwickelt in seinem Uterus ganz versteckt das neue Tier. Da haben wir wiederum zwei Gegensätze, wunderbare Gegensätze. Schauen Sie sich an: Da ist das Ei unbedeckt. Wenn die Raupe auskriecht, kommt schon das Licht. Die Raupe, sagte ich Ihnen, geht zum Licht, spinnt ihren Kokon, die Hülle, dass sie zur Puppe wird, nach dem Licht, und das Licht ruft wiederum den Schmetterling hervor. Und das Licht ruht nicht und rastet nicht, gibt dem Schmetterling seine Farben. Die Farben sind durch das Licht hervorgerufen; das Licht behandelt den Schmetterling.

Nehmen Sie dagegen die Kuh, den Hund. Ja, das kleine Junge, das da drinnen ist im mütterlichen Uterus, in der Gebärmutter, das kann nicht das äußere Licht haben, ist dem Äußeren gegenüber ganz in der Finsternis eingeschlossen. Also das muss sich da drinnen entwickeln, in der Finsternis.

Aber nichts, was lebt, kann sich in der Finsternis entwickeln. Das ist einfach Unsinn, wenn man glaubt, dass sich etwas in der Finsternis entwickeln kann. Doch wie ist denn das eigentlich hier mit der Geschichte? Ich will Ihnen einen Vergleich sagen. [...] Die Kohlen sind auch nichts anderes als Sonnenwärme, nur Sonnenwärme, die vor vielen, vielen Tausenden von Jahren zur Erde hergeströmt ist, im Holz sich verfangen hat und aufbewahrt wurde als Kohle. Heizen wir, so bringen wir aus der Kohle die vor Jahrtausenden und Jahrtausenden in der Erde angesammelte Sonnenwärme wieder heraus.

Glauben Sie nicht, dass nur die Kohle sich gegenüber der Sonne so verhält, wie ich eben geschildert habe! So wie ich es eben beschrieben habe, verhalten sich auch andere Wesen zur Sonne, nämlich alle lebenden Wesen. Wenn Sie nun ein Säugetier anschauen, dann müssen Sie sagen: Jedes kleine junge Tier hat ein Muttertier, dieses wieder ein Muttertier und so weiter. Die haben immer Sonnenwärme aufgenommen; die ist noch drinnen im Tier selber, die wird vererbt. Und gerade so wie wir die Sonnenwärme aus der Kohle herausbringen, so nimmt das kleine Kind in der mütterlichen Gebärmutter das Sonnenlicht, das dort aufgespeichert ist, jetzt aus dem Inneren. – Jetzt haben Sie den Unterschied von dem, was im Hund oder in der Kuh entsteht, und dem, was im Schmetterling entsteht. Der Schmetterling geht gleich mit seinem Ei in das äußere Sonnenlicht, lässt es ganz von dem äußeren Sonnenlicht bearbeiten, bis es der bunte Schmetterling wird. Der Hund oder die Kuh sind innerlich ebenso bunt, aber man sieht es nicht. Wie man in der Kohle noch nicht die Sonnenwärme wahrnimmt – man muss sie erst herauslocken –, so muss man mit der höheren Anschauung aus Hund und Kuh erst herauslocken, was da drinnen an aufgespeichertem Licht ist. Da drinnen ist aufgespeichertes Licht! Der Schmetterling ist von außen bunt; da hat das Sonnenlicht von außen gearbeitet. Ja, beim Hund oder bei der Kuh ist innerlich, möchte ich sagen, unsichtbares Licht überall drinnen.

Sehen Sie noch einmal auf das zurück: Raupe, Puppe. Denken Sie sich einmal, es gäbe ein Tier, das noch nicht in der Lage wäre, aus seinem eigenen Körper heraus Seidenfäden zu spinnen. Nehmen wir an, es gäbe solch eine besondere Art von Raupe, die wollte, wenn sie eben Raupe geworden ist, nun auch ins Licht, aber ihr Körper ist nicht fähig, Fäden zu spinnen, kann es nicht. Sie kann ihren Körper nicht so machen, dass sie ihn nach außen spinnt. Die Raupe spinnt sich wirklich zu Tode. Sie hört ganz auf, ihr ganzer Körper geht auf in dieses Gespinst. Es bleibt nur noch ein totes Gerüst in ihr. Aber nehmen Sie an, Sie hätten solch ein tierisches Wesen, das eben in sich Materie hat, Stoff hat, der nicht gesponnen werden kann. Was tut dieses Wesen, wenn es in dieselbe Lage kommt, wenn es stark dem Licht ausgesetzt ist? Nun, einen Kokon kann es nicht um sich herum spinnen. Was tut es? Es spinnt in sich selber – die Blutadern! Bei diesem Tier, wenn es in die Luft kommt, wird innerlich das Blut so gesponnen, wie die Raupe außen den Kokon spinnt. [...]

Denken Sie sich, es gibt also ein Tier, das atmet, wie es in der Feuchtigkeit muss, durch Kiemen, bewegt sich in der

Feuchtigkeit, im Wasser so, dass es einen Schwanz hat; da gehen seine Blutadern so, dass sie sich in die Kiemen und in den Schwanz hinein erstrecken. So kann das Tier schwimmen im Wasser und auch atmen im Wasser. Der Fisch hat Kiemen. Mit Kiemen kann man im Wasser atmen. Aber denken Sie sich, das Tier tritt öfter heraus an die Luft, geht ans Ufer, oder der Teich selber wird trockener: Da ist es mehr dem Licht ausgesetzt, die Feuchtigkeit verliert sich. Es kommt in diese Gegenden, wo es Licht und Luft, nicht Wasser und Luft haben muss. Was tut das Tier?

Ich will Ihnen das jetzt so mit Punkten aufzeichnen: Dieses Tier zieht aus den Kiemen die Adern zurück, die werden immer mehr verkümmert, und es spinnt diese Adern hier ein. Das Tier spinnt seine eigenen Adern, die es zuerst in die Kiemen hinausgeschickt hat, hier ein. Und die Adern, die in den Schwanz gegangen sind, die zieht es zurück: es wachsen hier Füße; dieselben Adern, die in den Schwanz gegangen sind, die gehen in die Füße […].

Der Frosch ist zuerst eine Kaulquappe mit Schwanz und Kiemen und kann im Wasser leben. Wenn er nun aber an die Luft kommt, so macht er das innerlich, was die Raupe äußerlich macht. Die Kaulquappe, die ein Frosch ist, der im Wasser leben kann, spinnt aus ihrem eigenen Blutnetz ein Netz, das dann innerlich verläuft, und aus dem, was in Adern und Kiemen, gegangen ist, wird jetzt eine Lunge. Da waren es Kiemen, und indem das Tier es jetzt eingesponnen hat, wird es eine Lunge; da war Schwanz, und da werden jetzt Füße, die durch die Blutzirkulation, die sich in die Lunge hineinbegibt und durch diese Schwingung vorher ein eigentliches Herz entwickelt, bewegt werden. Also dieser selbe Weg von Wasser-Luft zu Luft-Licht, der durchgemacht wird von der Raupe zur Puppe, den macht der Frosch durch, der in Luft-Wasser lebt; das aber durchdringt da die Luft, indem er sich herausbegeben muss an Luft-Licht. Luft-Licht ist es, was eine Lunge erschafft und Beine erschafft, während Wasser-Luft Fischschwänze erschafft und Kiemen. Also es ist so, dass da fortwährend nicht nur das wirkt, was im Inneren eines Tieres ist, sondern immer die ganze Weltumgebung.

Sonne, Kohle und Goldfische

Sie werden ja zugeben, dass dasjenige, was lange Zeit unter einem gewissen Zwang gelebt hat in Bezug auf sein Leben, wenn es wiederum zu freiem Leben kommt, ganz besonders stark zappelt und sich entwickelt. Denken Sie nur einmal, wie es wäre, wenn Sie einen Menschen lange angebunden hätten. Er kann kein Glied bewegen, wenn man ihn einsperrt. Wenn er wiederum frei wird, da erfreut er sich seines Lebens, da genießt er sein Leben ganz besonders. Und jetzt denken Sie an das Wasser, das von der Darmstädter Fabrik in den Teich hineinfließt. Dieses Wasser, das hat seine Sonnenwirkung auf ganz besondere Art bekommen. Diese Darmstädter Fabrik ist ja zunächst auch mit Kohle betrieben, es geht ja alles auf die Kohle zurück. Diese Wärme, die da drinnen ist, die ist aus der Kohle. Die Kohle hat jahrtausende- und aberjahrtausendealte Sonnenkräfte aufbewahrt. Diese Sonnenkräfte fließen nun als warmes Wasser in den Teich hinein. Und es ist schon so, dass diese Sonnenkräfte, die wieder herausgeholt werden aus der Kohle, nachdem sie Jahrtausende in dem Gefängnis der Kohle gesessen haben, ganz besonders wirksam sind. Sie können also nichts Besseres tun, als diese wirksamen Sonnenkräfte mit dem warmen Wasser in den Teich hineinfließen zu lassen. Ja, man könnte das sogar ganz künstlich ausbilden. Man könnte es so künstlich ausbilden, dass man überhaupt in die Bassins, in denen man die Goldfische zieht, gewärmtes Wasser hineingießt. Und namentlich wenn man es strömen lässt, wenn also die Sonnenkräfte in Bewegung kommen, dann wirken sie besonders anregend auf die Goldfische, und die bekommen die lebendigste Farbe.

Sie können folgenden Versuch machen. Denken Sie sich einmal, Sie nehmen ein großes Bassin; da lassen Sie zuerst langsam warmes Wasser einfließen unten, ruhig stehend, und dann das gewöhnliche Wasser drüber; und dann geben Sie Goldfische hinein. Dann nehmen Sie ein zweites Bassin, lassen warmes Wasser hinein, aber lassen ständig einen Strom von Wasser hineinfließen, und dann probieren Sie, welche Fische lebhaftere goldgelbe Farbe bekommen haben: nicht diejenigen, die im ruhigen Wasser sind, sondern die, welche das ständig durchgehende warme Wasser haben, denn das hält die Kräfte lebendig.

Das wirkt ja alles bei dem Industrieunternehmen auf selbständige Weise, denn da fließen immer neue warme Wasser hinein. Es ist also gar nicht wunderbar, dass da die Goldfische ganz besonders gedeihen. So sind eben einmal diese Naturwirkungen. Nur wenn man diese Dinge wirklich richtig versteht, kommt man auf diese Naturwirkungen drauf.

Sie werden sich jetzt sagen: Ja, was ist es denn eigentlich, was da in den Sonnenstrahlen wirkt? – Ja, das ist eben gerade der Äther, der auch in unserem eigenen Ätherleib wirkt! Was in den Sonnenstrahlen wirkt, das ist der Äther. Und wie bei uns der Äther erst das Astralische anregt, so ist es auch da draußen in der Natur.

Ich und Schmetterling

SIE ALLE SAGEN IMMER zu sich: Ich. – Was bedeutet das, wenn Sie zu sich Ich sagen? Sehen Sie, jedes Mal, wenn Sie zu sich Ich sagen, glänzt in Ihrem Hirn eine kleine Flamme auf, die nur mit gewöhnlichen Augen nicht gesehen werden kann. Das ist Licht. Sage ich zu mir Ich, so rufe ich das

Licht in mir auf. Dieses selbe Licht, das den Schmetterling in Farben färbt, das rufe ich in mir auf, wenn ich zu mir Ich sage. Es ist das wirklich außerordentlich interessant, draußen in der Natur zu beobachten, dass man sich sagen kann: Ich sage zu mir Ich; könnte ich dieses Ich ausstrahlen in alle Welt, so wäre es Licht. Ich habe es nur durch meinen Körper eingesperrt, dieses Ich. Könnte ich es ausstrahlen, so könnte ich mit diesem Licht lauter Schmetterlinge erschaffen. – Das Ich des Menschen hat eben die Macht, lauter Schmetterlinge zu schaffen, überhaupt Insekten und so weiter zu schaffen. Sehen Sie, da stellen sich die Menschen vor, dass alles so einfach ist. Aber in älteren Zeiten, wo man solche Sachen gewusst hat, da haben die Menschen auch in dem Sinne gesprochen. Im ganz alten Judentum, da gab es ein Wort: «Jahve», was dasselbe bedeutet wie «Ich». Dieses Wort, in der hebräischen Sprache Jahve, durfte nur der Priester aussprechen, weil der Priester dazu vorbereitet war, sich zu sagen, was das bedeutet. Denn der Priester sah in dem Momente, wo er Jahve aussprach, überall die Bilder von herumfliegenden Schmetterlingen. Und da wusste er: Hat er das Wort Jahve ausgesprochen so, dass er nichts sah, so hat er es nicht mit der inneren richtigen Herzhaftigkeit ausgesprochen. Er stand aber in der richtigen inneren Herzhaftigkeit, wenn er lauter Schmetterlinge sah.

Von der Bildung des Nervensystems und vom Tierskelett

Gehen Sie zu ganz kleinen Tieren, wie es solche auch gibt. Es gibt ganz kleine Tiere, die bestehen überhaupt nur aus einer weichen, schleimigen Masse. Diese weiche, schleimige Masse, die kann, wenn in der Nähe irgendein Körnchen ist, aus der Masse so etwas wie einen Fühlfaden herausstrecken. Da wird ein Arm erst aus der Masse herausgebildet. Der kann wiederum zurückgenommen werden. Aber sehen Sie, solche Tiere sondern von sich Kalk- oder Kieselschalen ab, so dass sie mit Kalk- oder Kieselschalen umgeben sind. [...] Es gibt dann etwas vollkommenere Tiere [...], die bestehen auch aus einer solchen schleimigen Masse, aber da drinnen ist etwas, was, wenn man genau hinschaut, sich wie kleine Strahlen ausnimmt; und dann haben sie ringsherum wiederum eine Schale, und an der Schale sind Stacheln. Alles dasjenige, was sich dann zu den Korallen auswächst, schaut ja so aus.

Nehmen Sie solch ein Tier, das eine Schale hat mit Stacheln und innerlich in seiner weichen Masse solche strahligen Gebilde. Was ist das? Wenn man nun wirklich nachforscht, so findet man, dass diese Strahlen im Innern nicht von der Erde bewirkt sind, sondern von der Umgebung der Erde, von den Sternen bewirkt sind. Diese weiche Masse, die ist aus dem Himmel herein bewirkt, und die harte Masse, oder die Masse mit den Stacheln, die ist vom Innern der Erde bewirkt. [...]

Das da drinnen [...] ist der Anfang einer Nervenmasse; das, was sich da draußen bildet, ist der Anfang einer Knochenmasse. So dass man bei diesen niederen Tieren sieht: Nerven bilden sich unter dem Einfluss der äußeren Weltumgebung, des Außerirdischen. Alles [...Knochige ...] bildet sich unter der Einwirkung der Erde.

Je mehr man nun vollkommenere Tiere betrachtet, desto mehr ist es so, dass die Schalenbildung aufhört und die Skelettbildung eintritt, die dann am vollkommensten beim Menschen vorhanden ist. Aber sehen Sie doch das menschliche Skelett an. Wenn Sie das menschliche Skelett ansehen, dann kommen Sie dazu, eigentlich den Kopf vergleichen zu können mit einem niederen Tier, denn der hat eine Art Schale. Innerlich ist er weich. Das ist ein großer Unterschied gegenüber dem übrigen Knochenbau des Menschen. Ihre Beinknochen, die tragen Sie innerlich, und das Fleisch bedeckt sie. Da ist die weiche Masse äußerlich.

Da hat der Mensch das Knochenskelett in sich hineingenommen. Nun, dieses, dass das äußerliche Knochenskelett nicht wie beim Kopf, sondern wie beim übrigen Menschen in sich hineingenommen wird, das hängt damit zusammen, dass sich das Blut bei diesen höheren Tieren und auch beim Menschen in einer gewissen Weise ausbildet. Wenn Sie solche niederen Tiere betrachten, so ist alles eine weiße Masse. Auch dasjenige, was in ihnen als Blut rinnt, ist weiß. Diese niederen Tiere haben also eigentlich weißes und gar nicht warmes Blut. Je höher die Tiere werden und je mehr wir uns von der tierischen Organisation herauf dem Menschen nähern, desto mehr wird der Mensch, der ja hell bleibt, durchsetzt von der Blutmasse. Und je mehr der Nerv von der Blutmasse durchsetzt wird, desto mehr zieht sich das Skelett, das vorher nur eine äußere Schale ist, auch in das Innere des Organismus hinein zurück.

So dass man sagen kann: Warum hat der Mensch innerlich gestaltete Knochen wie an seinen Armen und an seinen Beinen? Weil er seine Nervenmasse durchsetzt hat von der Blutmasse. So dass man sagen kann: Innerlich brauchen die höheren Tiere und der Mensch das Blut, damit sie äußerlich die Schale in sich hereinnehmen können. [...]

Solch ein niederes Tier, das weiß ja nichts von sich. Der Mensch aber und die höheren Tiere, die wissen von sich. Wodurch weiß man von sich? Dadurch, dass man in sich das Knochengerüst hat, dadurch weiß man von sich. Wenn man also frägt: Ja, wodurch hat denn der Mensch eigentlich sein Selbstbewusstsein, wodurch weiß er von sich?, dann muss man nicht auf die Muskeln, dann muss man nicht auf Weichteile hinweisen, sondern da muss man gerade auf sein festes Knochengerüst hinweisen.

Siphonophoren

Was beim Tier innerlich ist, was es als Lust und Leid, Freude und Schmerz, Trieb, Begierde und Instinkt innerlich erlebt, das ist bei der Pflanze nicht innerlich, das senkt sich aber fortwährend von außen auf die Pflanze hernieder. Das ist durchaus etwas Seelenhaftes. Und während das Tier seine Augen nach außen wendet, seine Freude an der Umgebung hat und seine Geschmackswahrnehmung nach außen richtet und sich an einem ihm zukommenden Genuss erquickt, also die Lust im Innern empfindet, [hat] diese astralische Wesenheit der Pflanze auch Freude und Schmerz, Lust und Leid [...], aber in der Art, dass sie herunterschaut auf das, was sie bewirkt. Sie freut sich über die rote Rosenfarbe und über alles, was ihr entgegenkommt. Und wenn die Pflanzen Blätter und Blüten bilden, dann durchzieht das und schmeckt das die Pflanzenseele, die da heruntersieht. Da kommt es zu einem Austausch zwischen dem sich heruntersenkenden Pflanzenseelenteil und den Pflanzen selber. Die Pflanzenwelt ist in ihrer Seelenhaftigkeit zur Freude, zuweilen auch zum Leide da. So sehen wir wirklich eine Austauschempfindung zwischen der Pflanzendecke unserer Erde und der die Pflanzen einhüllenden Astralität der Erde, welche die Seelenhaftigkeit der Pflanzen darstellt. Was als Astralität auf die Pflanzen äußerlich wirkt, ergreift die Seelenhaftigkeit des Tieres innerlich und macht es erst zum Tiere. Aber es ist ein wichtiger Unterschied zwischen der wirkenden Seelenhaftigkeit in der Astralität der Pflanzenwelt und in der Astralität des tierischen Lebens.

Wenn Sie hellseherisch prüfen, was als Astralität auf die Pflanzendecke wirkt, dann finden Sie in der Seelenhaftigkeit der Pflanzen [...] nämlich gewisse Kräfte, und alle diese Kräfte haben die Eigenschaft, dass sie dem Mittelpunkt des Planeten zuströmen. [...] Untersuchen wir die

Pflanzenseelenhaftigkeit, so finden wir also, dass ihre wichtigste Eigentümlichkeit die ist, dass sie durchstrahlt wird von Kräften, die alle dem Mittelpunkt der Erde zustreben.

Anders ist es, wenn wir im Allgemeinen jene Astralität im Umkreis unserer Erde betrachten, welche dem Tierischen angehört, die das Tierische hervorruft. Was Pflanzenseelenhaftigkeit ist, würde als solche noch nicht tierisches Leben hervorrufen können. Zum Tierischen ist notwendig, dass noch andere Kräfte das Astralische durchziehen. [...] Alles, was nur Kräfte zeigt, die dem Mittelpunkt der Erde oder eines andern Planeten zustreben, wird Veranlassung geben zum Pflanzenwachstum. Wenn dagegen Kräfte auftreten, die zwar senkrecht darauf stehen, aber wie fortwährende Kreisbewegungen mit außerordentlicher Beweglichkeit in jeder Richtung um den ganzen Planeten herumgehen, dann ist das eine andere Substanzialität, die Veranlassung gibt zum tierischen Leben. In jedem Punkt, wo Sie Beobachtungen anstellen, finden Sie, dass die Erde in jeder Lage und in jeder Richtung und Höhe umzogen wird von Strömungen, die, wenn man ihre Richtung fortsetzt, Kreise bilden, welche die Erde umfließen. [...]

So haben sich aus der astralischen Welt die Kräfte in Sie hineingesenkt, aber diese Kräfte können von ganz verschiedenen Seiten zusammenströmen. Die eine astralische Kraftmasse hat Ihnen das eine, die andere hat Ihnen das andere gegeben, und sie finden sich zusammen in Ihrem physischen Leib, weil Ihr physischer Leib ein räumlich zusammenhängendes Physisches sein muss. Das hängt von den Gesetzen der physischen Welt ab. Die verschiedenen Kraftmassen, die von außen sich zusammenfinden, müssen da ein Einheitliches bilden. Sie bilden nicht gleich von Anfang an ein Einheitliches. [...]

Da gibt es gewisse Tiere, die Siphonophoren, die sehr merkwürdig leben als Meerestiere. Wir sehen bei ihnen etwas wie einen gemeinschaftlichen Stamm, der eine Art hohler Schlauch ist. Daran bildet sich oben etwas aus, was eigentlich keine andere Fähigkeit hat, als sich mit Luft zu füllen und sich wiederum zu leeren; und dieser Vorgang bewirkt, dass das ganze Gebilde aufrecht steht. Wäre dieses glockenförmige Gebilde nicht da, so würde das Ganze, was daran hängt, sich nicht aufrecht erhalten können. Es ist das also eine Art Gleichgewichtswesen, das dem Ganzen das Gleichgewicht gibt. Das könnte uns vielleicht nicht als etwas Besonderes erscheinen. Aber es ist etwas Besonderes für uns, wenn wir uns klar werden, dass das Gebilde, das da oben ist und dem ganzen Wesen das Gleichgewicht gibt, nicht ohne Nahrung sein kann. Es ist etwas Tierisches, und Tierisches muss sich ernähren. Es hat dazu aber nicht die Möglichkeit, weil es gar keine Werkzeuge zur Nahrungsaufnahme hat. Damit sich nun dieses Gebilde ernähren kann, sind an ganz andern Stellen dieses Schlauches, und zwar verteilt, gewisse Auswüchse vorhanden, die einfach echte Polypen sind. Die würden fortwährend umpurzeln und sich nicht im Gleichgewicht halten können, wenn sie nicht an einem gemeinsamen Stamm angewachsen wären. Sie können aber jetzt von außen die Nahrung in sich aufnehmen. Die geben sie dem ganzen Schlauch, der sie durchzieht, und dadurch wird auch das Luft-Gleichgewichtswesen ernährt. So ist da schon auf der einen Seite ein Wesen, das nur das Gleichgewicht erhalten kann, und auf der andern Seite ein Wesen, welches das Ganze dafür ernähren kann.

Jetzt haben wir ein Gebilde, bei dem es aber doch mit der Nahrungsaufnahme sehr hapern kann: Wenn die Nahrung aufgenommen ist, ist nichts mehr da. Das Tier muss andere Stellen aufsuchen, wo es neue Nahrung findet. Dazu muss es Bewegungsorgane haben. [...] Diese Gebilde können sich zusammenziehen, dadurch das Wasser auspressen und damit im Wasser einen Gegenstoß verursachen, so dass, wenn das Wasser ausgestoßen ist, das ganze

Gebilde sich nach der entgegengesetzten Seite bewegen muss. Und damit hat es die Möglichkeit, andere Tiere zur Nahrung zu erlangen. Die Medusen bewegen sich durchaus so vorwärts, dass sie Wasser herauspressen und dadurch den Gegenstoß verursachen. […]

So haben Sie nun hier ein Konglomerat von verschiedenen tierischen Gebilden: eine Art, die nur das Gleichgewicht erhält, eine andere Art, die nur ernährt, dann andere Wesen, die die Bewegung vermitteln. Solch ein Wesen würde aber, wenn es nur für sich wäre, absolut zugrunde gehen, es könnte sich nicht fortpflanzen. Aber auch dafür ist gesorgt. Wiederum wachsen dafür an anderen Stellen des Schlauches kugelartige Gebilde hervor, die gar keine andere Fähigkeit haben als die der Fortpflanzung. In diesen Wesen bilden sich innerlich in einem Hohlraum männliche wie weibliche Befruchtungsstoffe aus, die sich im Innern gegenseitig befruchten; und dadurch werden Wesen ihrer Art hervorgebracht. […]

Außerdem finden Sie noch gewisse Auswüchse an diesem Schlauch, an diesem gemeinsamen Stamm: Das sind andere Wesen, bei denen alles verkümmert ist. Sie sind nur dazu da, dass das, was darunter liegt, einen gewissen Schutz hat. Da haben sich gewisse Gebilde geopfert, haben alles andere hingegeben und sind nur Deckpolypen geworden. Jetzt sind noch gewisse lange Fäden zu bemerken, die man Tentakel nennt, die wiederum umgewandelte Organe sind. Die haben alle die Fähigkeiten der andern Gebilde nicht, aber wenn das Tier einen Angriff von irgendeinem feindlichen Tier erfährt, wehren sie den Angriff ab. Das sind Verteidigungsorgane. Und noch eine andere Art von Organen ist da, die man Taster nennt. Das sind feine, bewegliche und sehr empfindliche Fühl- und Tastorgane, eine Art Sinnesorgan. Der Tastsinn, der beim Menschen über den ganzen Leib verbreitet ist, ist hier in einem besonderen Glied vorhanden.

Eine solche Siphonophore [...], was ist sie für den, der die Dinge mit dem Blick eines Okkultisten betrachten kann? Da sind die verschiedensten Gebilde astralisch zusammengeströmt: Gebilde der Ernährung, der Bewegung, der Fortpflanzung und so weiter. Und weil sich diese verschiedenen Tugenden der astralischen Substanzialität physisch verkörpern wollten, mussten sie sich auffädeln auf eine gemeinsame Substanzialität. So sehen Sie hier eine Wesenheit, die auf eine höchst merkwürdige Art uns den Menschen vorherverkündet. Denken Sie sich alle die Organe, die hier als selbständige Wesen auftreten, in einem innerlichen Kontakt miteinander, verwachsen miteinander, so haben Sie den Menschen, und auch die höheren Tiere, in physischer Beziehung. [...] Auch im Menschen [strömen] die verschiedensten astralischen Kräfte zusammen [...], die er dann durch sein Ich zusammenhält, und die, wenn sie nicht mehr zusammenwirken, den Menschen auseinanderstreben lassen als ein Wesen, das sich nicht mehr als eine Einheit fühlt.

In Dinosaurierzeiten

Ich werde jetzt damit anfangen, Ihnen einen Zustand der Erde zu schildern, der in sehr früher Zeit, vor vielen Tausenden von Jahren einmal auf der Erde war. [...] Das war so. [...] Diese Erde, die hat noch nicht solche festen Gebirge gehabt wie heute, sondern diese Erde war eigentlich so, wie es an der äußersten Oberfläche der Erde ist, wenn es heutzutage wochenlang geregnet hat, ja, noch viel schlammiger. [...] Es war ein ganz merkwürdiger Schlamm, aus dem dieser Erdboden bestand. Und über diesem Erdboden, da war nicht schon eine Luft, wie die heutige ist, nicht eine Luft, in der bloß Sauerstoff und Stickstoff enthalten war, sondern in der allerlei Säuren in gasförmigem

Zustande waren. Sogar Schwefelsäure war darin, Schwefelsäuredünste und Salpetersäuredünste; das war alles in dieser Luft drinnen. [...]

Nun, da drüber aber war noch eine andere Luft. Die war noch etwas wärmer als diejenige, die da drunter war, und die hat Wolken gebildet. Diese Wolken, die da gebildet worden sind, die haben fortwährend, weil sie auch allerlei, Schwefelsäure und Salpetersäure und allerlei andere Stoffe in sich enthielten, Blitze erzeugt und riesigen Donner. So dass es da drinnen fortwährend von riesigen Blitzen gezuckt hat. [...]

Da oben in der Feuerluft, da haben allerlei Tiere gelebt. Die haben so ausgeschaut, dass man sagen kann: Sie haben so einen ganz beschuppten Schwanz gehabt, der aber flach war, so dass der Schwanz ihnen gut zum Fliegen in der Feuerluft diente. Und dann hatten sie solche Flügel wie die Fledermaus, hatten auch solch einen Kopf. Und da flogen sie, als die Feuerluft nicht mehr solche ganz schädlichen Dünste in sich gehabt hat, da oben in der Luft herum. Gerade diese Tiere waren merkwürdig geeignet dazu – natürlich, wenn die Stürme ganz besonders groß geworden sind, wenn es furchtbar gedonnert und geblitzt hat, dann wurde es ihnen auch ungemütlich; aber wenn die Sache sanfter geworden ist, wenn nur so ein bisschen Knistern da oben war und so ein leises Wetterleuchten, da lebten sie gerne in diesem Wetterleuchten, in diesem leisen Blitzen drinnen. Da flogen sie herum, und sie waren sogar geeignet, so etwas wie eine elektrische Ausströmung um sich zu verbreiten und weiter auf die Erde herunterzuschicken. So dass dabei, hätte ein Mensch da unten sein können, er sogar wahrgenommen hätte an diesen elektrischen Ausstrahlungen: Da ist wiederum so ein Vogelschwarm oben. Es waren kleine Drachenvögel, welche elektrische Ausstrahlungen um sich verbreiteten und eigentlich in der Feuerluft da drinnen ihr Dasein hatten.

Sehen Sie, diese Vögel, diese Drachenvögel, die da waren, die waren wirklich ganz ausgezeichnet fein organisiert. Ganz ausgezeichnet feine Sinne hatten sie. Die Adler, die Geier, die aus ihnen später entstanden sind, nachdem sich diese Kerle da umgewandelt haben, die Adler und die Geier, die haben sich von dem, was diese alten Kerle da hatten, nur die starken Augen bewahrt. Aber diese Kerle spürten alles, namentlich mit ihren fledermausartigen Flügeln, die furchtbar empfindlich waren, fast so empfindlich wie unsere Augen. Mit diesen Flügeln konnten sie wahrnehmen; da verspürten sie alles, was da vorging. Wenn also zum Beispiel der Mond schien, da hatten sie ein solches Wohlgefühl in ihren Flügeln, bewegten sie die Flügel; so wie der Hund, wenn er Freude hat, mit dem Schwanz wedelt, so bewegten diese Kerle da die Flügel. Wohlig war es ihnen im Mondschein. Da zogen sie so herum, und da gefiel es ihnen ganz besonders, so kleine Feuerwolken um sich zu machen, wie es sich heute nur die Leuchtkäferchen im Grase bewahrt haben. Wenn der Mond schien, so waren die da oben wie leuchtende Wolken. Und wenn es dazumal Menschen gegeben hätte, hätte man solche Schwärme von leuchtenden Kugeln und leuchtenden Wölkchen da oben gesehen. […]

Nun, die [Tiere damals, die] Plesiosaurier waren faule Kerle. Aber wissen Sie, das hatte einen Grund. Die Erde war dazumal selber fauler als heute. Heute dreht sich die Erde in vierundzwanzig Stunden um ihre Achse herum. Dazumal brauchte sie viel länger dazu; sie selber war fauler, die Erde. Sie bewegte sich langsamer um sich selber, und dadurch kam überhaupt alles andere. Denn dass heute die Luft so rein ist, das hängt ganz davon ab, dass unsere Erde in vierundzwanzig Stunden sich um sich selber dreht, dass sie also fleißiger geworden ist im Laufe der Zeit.

Am ungemütlichsten – wenn Sie das vom heutigen Menschenstandpunkte aus beurteilen –, am ungemütlichsten müsste es eigentlich diesen Drachenvögeln geworden sein dazumal, denn denen ging es schlecht. Sie fassten das nicht auf als schlechtgehend, sondern sie hatten eine Riesenlust und Begierde zu dem, was Sie eigentlich, wenn Sie es heute erzählt hören, so auffassen könnten, als ob es diesen Drachenvögeln sehr schlecht gegangen wäre. Das war nämlich so. Denken Sie sich den Ichthyosaurus mit seinem Riesenauge durch die sehr warme Luft dahinkrabbelnd, fliegend, schwimmend, alles mögliche; aber das Auge, das leuchtete sehr stark. Dieses leuchtende Auge, das zog diese Vögel da oben an, wie eine Lampe eine Mücke anzieht. Sie haben da im Kleinen dieselbe Erscheinung. Wenn Sie eine Lampe anzünden und eine Mücke im Zimmer ist, fliegt sie hin und verbrennt sich gleich. Nun, diese Vögel da oben, die wurden ganz hypnotisiert durch dieses Riesenauge der Ichthyosaurier, und sie stürzten sich herunter, und der Ichthyosaurus konnte sie fressen. So dass die Ichthyosaurier von dem lebten, was da über ihnen in der Luft herumschwirrte.

Wenn ein Mensch dazumal auf dieser kuriosen Erde hätte herumgehen können, hätte er gesagt: Das sind Riesenviecher und die fressen Feuer. – Denn so hat es ausgeschaut, richtig so hat es ausgeschaut, wie wenn da Riesenviecher herumgesaust, herumgeflogen wären und Feuer gefressen hätten, das ihnen aus der Luft zugeflogen wäre. [...] Aber ich sagte, Sie werden denken: Den Vögeln da oben, diesen schönen, leuchtenden Vögeln – denn sie waren schön –, diesen schönen leuchtenden Vögeln, denen erging es ungemütlich. Aber die hatten das gerade gern, und sie hatten ein Wohlgefühl, wenn sie sich in den Rachen eines Ichthyosaurus stürzen konnten. Das haben sie als ihre Seligkeit betrachtet. [...]

Die Feuervögel, die stürzten sich hinein wie in ihre Seligkeit; aber dem Ichthyosaurus, dem wurde es ganz ungemütlich da drinnen in seinem Bauch, weil sich da drinnen allerlei Elektrizität entwickelte. Und unter dem Einfluss dieser Feuerfresserei und dieser Elektrizität, die sich in dem Riesenmagen entwickelte, der fast den ganzen Ichthyosaurus ausfüllte – er hatte fast gar nichts anderes an der Oberfläche, hauptsächlich war er ausgefüllt von einem Riesenmagen –, wurden die Ichthyosaurier nach und nach schwach. […] Ihre Augen leuchteten nicht mehr so stark. Die Vögel wurden nicht mehr so stark angezogen. Und das Fressen tat ihnen immer mehr und mehr weh. Immer mehr und mehr Bauchweh bekamen diese Ichthyosaurier. Was bedeutete denn das? In der Welt bedeutet alles etwas.

Sehen Sie, während da diese Ichthyosaurier auf der Erde sich entwickelten und dieses Feuer fraßen und in ihrem Magen drinnen dieses Feuer verdaut wurde, da gestaltete sich dieser Magen um; er war schließlich kein richtiger Magen mehr. Und zum Schlusse kam es dahin, dass diese ganzen Ichthyosaurier selber eine andere Gestalt annahmen. Sie verwandelten sich. […]

Also vom Feuerfresser sind die Tiere zum Pflanzenfresser übergegangen. Es gab diese Tiere hier, die so ganz bedeckt waren wie von Frauenhaaren, die Riesenköpfe hatten, Köpfe wie plumpe Seehundköpfe. […] Da fraßen sie mit ihrem Riesenmaul recht viel von dem, was man heute als Nahrung nicht eben zu einer Mahlzeit hätte auffressen können; sie fraßen hauptsächlich viel weg von diesen Riesenwäldern. Das sind die Tiere, die, wie gesagt, heute durchaus noch erhalten sind und die man heute Seekühe nennt.

Und wodurch sind denn diese Tiere eigentlich entstanden? Ja, sehen Sie, dadurch, dass die früheren Tiere die Lufttiere gefressen haben. Und durch die elektrischen Kräfte hat sich ihr Körper umgestaltet. Nicht gerade aus den Ichthyosauriern, die ich beschrieben habe, aber aus ähnlichen Tieren sind die Seekühe entstanden. Dasjenige, was sie früher gefressen haben, ist zu ihrer äußeren Gestalt geworden. Das, was sie innerlich in sich aufgenommen haben, ist ihre äußere Gestalt geworden. Durchs Fressen haben sich diese Tiere verwandelt. [...]

Und diese Drachenvögel, die haben ihrerseits wiederum ihre Form ändern müssen, weil ja in der Luft auch nicht mehr diejenigen Stoffe waren wie früher. Sie sind näher zur Erde heruntergefallen, und da sind allmählich die späteren Vögel entstanden.

Aber unten ist durch Fressen immer eine andere Gestalt herausgekommen. So zum Beispiel ist aus solch einem Tier, wie ja dieser Plesiosaurus war, ein Tier entstanden, das hat vier Beine gehabt, so wie vier riesige Säulen, allerdings darauf auch einen Riesenbauch, einen Kopf, der auch so ähnlich war wie ein Seehundskopf, plump, einen Schwanz hat es gehabt. Es war auch noch ein Riesentier. [...] Man nennt dieses Tier Megatherium. [...]

Diese Tiere, die da unten waren, Ichthyosaurier, Plesiosaurier – Seekühe später, Megatherien – na, das waren ziemlich dumme Tiere. [...] Aber intelligent waren diese Vögel. [...]

Nun, diese Tiere empfanden Sonne und Mond; den Mond so, wie ich schon erzählt habe, dass sie um sich herum so etwas wie eine elektromagnetische Hülle machten, die leuchtend war. Und wenn der Mond so auf diese Feuerluft draufschien, dann fingen die auch an, mit ihrer eigenen Leuchtkraft so wie ein Johanniswürmchen in der Luft zu erglänzen, zu schimmern, zu flimmern. Aber das spürten sie alles. [...] Sie haben sich beim Sternenhimmel so empfunden, dass sie sich in ihren Flügeln sehr wohlgefühlt haben, wenn die Sterne drauf schienen, und dadurch sind diese Flügel gesprenkelt geworden. [...] Die haben das gespürt, ob es Tag war oder Nacht.

Jetzt brauche ich Ihnen nicht mehr viel zu beschreiben, so werden Sie sich selber sagen: Ja, die ganze Geschichte hier, die sieht verteufelt ähnlich dem, was ich Ihnen neulich beschrieben habe von der Leber und den Nieren! – Der Mensch trägt in seinem heutigen Bauch noch immer eine Art von Nachbildung in sich, wie es auf der ganzen Erde zugegangen ist. Und diese Drachenvögel, die waren so wie die Augen, die die Erde selber gehabt hat. Das heißt [...], die ganze Erde war ein Fisch, ein Tier, und diese ganzen Riesentiere, die haben in der Erde gelebt und sind herumgegangen und herumgewatschelt, wie in uns die weißen Blutkörperchen. Wir sind noch eine solche Erde. Die weißen Blutkörperchen, die übrigens, wenn sie auch klein sind, in ihrer Gestalt denen nicht einmal unähnlich sind, sie schauen in ihrer Kleinheit manchmal fast so aus wie diese Tiere dazumal ausgeschaut haben. So dass also die ganze Erde ein Riesenfisch, ein Riesentier war, und diese Drachenvögel, die waren die beweglichen Augen, mit denen die Erde in den Sternenraum, in den Sonnenraum, in den Weltenraum hinausgeguckt und ihn wahrgenommen hat.

Dass die Erde heute tot ist, das ist ja nur später entstanden. Ursprünglich war die Erde lebendig, wie wir lebendig sind. Und was ich Ihnen da als Megatherien, Seekühe, Plesiosaurier, Ichthyosaurier und so weiter beschrieben habe, ja, das sah aber verteufelt ähnlich, nur in Riesengrößen dem ähnlich, was heute als weiße Blutkörperchen in unserem Körper herumgeht. Und das, was ich als Drachenvögel beschrieben habe, sieht wieder verteufelt ähnlich demjenigen, was in unserem Auge vorgeht, nur ist es unbeweglich.

Und so kann man also sagen: Die Erde war einmal ein Riesentier, das seiner Größe gemäß ziemlich faul war, sich langsam nur um die Achse gedreht hat im Weltenraum, das aber hinausgeguckt hat in den Weltenraum durch diese Drachenvögel, die nur bewegliche Augen waren und sich das alles angeschaut hat. Und das, was ich Ihnen da beschrieben habe, dieses Feuerfressen und so weiter, das sieht nämlich auch ganz verteufelt ähnlich demjenigen, was ja noch im Magen und in den Gedärmen vor sich geht. Und die Drachenvögel, die sehen wieder verteufelt ähnlich dem Gegensatze von den weißen Blutkörperchen, den Gehirnzellen, wie ich sie beschrieben habe, die sich ja in die Augen hinein erstrecken.

Kurz, Sie können die Erde verstehen, wenn Sie sie auffassen als ein gestorbenes Tier. Die Erde ist ein gestorbenes Tier. Und erst als die Erde ihr eigenes Leben verloren hatte, da konnten die anderen Wesen, zu denen [...] auch der Mensch kam, auf der Erde wohnen.

Quellenverzeichnis

Erwähnte und zitierte Bände der Rudolf Steiner Gesamtausgabe (GA), Rudolf Steiner Verlag, Basel (in Klammern aktuelle Auflage):

1 *Einleitungen zu Goethes Naturwissenschaftlichen Schriften* (1987)

2 *Grundlinien einer Erkenntnistheorie der Goetheschen Weltanschauung, mit besonderer Rücksicht auf Schiller* (2003)

4 *Die Philosophie der Freiheit* (1995)

9 *Theosophie. Einführung in übersinnliche Welterkenntnis und Menschenbestimmung* (2013)

11 *Aus der Akasha-Chronik* (1986)

13 *Die Geheimwissenschaft im Umriss* (2013)

26 *Anthroposophische Leitsätze* (2013)

28 *Mein Lebensgang* (2000)

30 *Methodische Grundlagen der Anthroposophie* (1989)

53 *Ursprung und Ziel des Menschen* (1981)

56 *Die Erkenntnis der Seele und des Geistes* (1985)

60 *Antworten der Geisteswissenschaft auf die großen Fragen des Daseins* (1983)

67 *Das Ewige in der Menschenseele. Unsterblichkeit und Freiheit* (1992)

93 *Die Tempellegende und die Goldene Legende* (2014)

93a *Grundelemente der Esoterik* (2014)

98 *Natur- und Geistwesen – ihr Wirken in unserer sichtbaren Welt* (1996)

100 *Menschheitsentwicklung und Christus-Erkenntnis* (2006)

102 *Das Hereinwirken geistiger Wesenheiten in den Menschen* (2001)

104 *Die Apokalypse des Johannes* (2006)

105 *Welt, Erde und Mensch* (1983)

106 *Ägyptische Mythen und Mysterien* (1992)

107 *Geisteswissenschaftliche Menschenkunde* (2011)

110 *Geistige Hierarchien und ihre Widerspiegelung in der physischen Welt* (1991)

120 *Die Offenbarungen des Karma* (1992)

123 *Das Matthäus-Evangelium* (1988)

136 *Die geistigen Wesenheiten in den Himmelskörpern und Naturreichen* (2009)

174a *Mitteleuropa zwischen Ost und West* (1982)
175 *Bausteine zu einer Erkenntnis des Mysteriums von Golgatha* (1996)
181 *Erdensterben und Weltenleben. Anthroposophische Lebensgaben. Bewusstseins-Notwendigkeiten für Gegenwart und Zukunft* (1991)
188 *Der Goetheanismus, ein Umwandlungsimpuls und Auferstehungsgedanke* (1982)
214 *Das Geheimnis der Trinität* (1999)
223 *Der Jahreskreislauf als Atmungsvorgang der Erde und die vier großen Festeszeiten. Die Anthroposophie und das menschliche Gemüt* (1990)
229 *Das Miterleben des Jahreslaufes in vier kosmischen Imaginationen* (1999)
230 *Der Mensch als Zusammenklang des schaffenden, bildenden und gestaltenden Weltenwortes* (1993)
232 *Mysteriengestaltungen* (1998)
235 *Esoterische Betrachtungen karmischer Zusammenhänge. Erster Band* (1994)
273 *Geisteswissenschaftliche Erläuterungen zu Goethes «Faust», Bd. II: Das Faust-Problem* (1981)
291 *Das Wesen der Farben* (1991)
293 *Allgemeine Menschenkunde als Grundlage der Pädagogik (I)* (1992)
300c *Konferenzen mit den Lehrern der Freien Waldorfschule 1919 bis 1924. Band III: 1923–1924* (1995)
301 *Die Erneuerung der pädagogisch-didaktischen Kunst durch Geisteswissenschaft* (1991)
306 *Die pädagogische Praxis vom Gesichtspunkte geisteswissenschaftlicher Menschenerkenntnis* (1989)
307 *Gegenwärtiges Geistesleben und Erziehung* (1986)
309 *Anthroposophische Pädagogik und ihre Voraussetzungen* (1981)
311 *Die Kunst des Erziehens aus dem Erfassen der Menschenwesenheit* (1989)
317 *Heilpädagogischer Kurs* (1995)
327 *Geisteswissenschaftliche Grundlagen zum Gedeihen der Landwirtschaft* (1999)
347 *Die Erkenntnis des Menschenwesens nach Leib, Seele und Geist. Über frühe Erdzustände* (1995)
348 *Über Gesundheit und Krankheit. Grundlagen einer geisteswissenschaftlichen Sinneslehre* (1997)

350 *Rhythmen im Kosmos und im Menschenwesen. Wie kommt man zum Schauen der geistigen Welt?* (1991)
351 *Mensch und Welt. Das Wirken des Geistes in der Natur. Über das Wesen der Bienen* (1999)
352 *Natur und Mensch in geisteswissenschaftlicher Betrachtung* (1981)
354 *Die Schöpfung der Welt und des Menschen. Erdenleben und Sternenwirken* (2000)

Nachweise und Anmerkungen

Die ersten Wörter eines neuen Textauszugs sind jeweils in Kapitälchen gesetzt, Auslassungen sind durch [...], längere inhaltlich bedeutsame Auslassungen in einem zusammenhängenden Text durch eine Leerzeile gekennzeichnet. Folgt ein Auszug aus einem anderen Text, ist er durch eine Leerzeile vom vorangehenden getrennt und der Anfang erneut durch Kapitälchen hervorgehoben. Die Herausgeberkommentare sind durch Groteskschrift und Einzug markiert.

Seite

Einleitung:

13 *Der Mensch kennt nur sich selbst:* Johann Wolfgang Goethe: Bedeutende Fördernis durch ein einziges geistreiches Wort, in: *Schriften zur Morphologie*, hrsg. von Dorothea Kuhn. Sämtliche Werke Bd. 24, Frankfurt/M. 1987, S. 595–599, hier S. 595 f. – *Ihre Offenbarungen anthropomorph:* Vgl. GA 1, Kapitel XVIII: «Goethes Weltanschauung in seinen ‹Sprüchen in Prosa›», S. 330–344.

15 *Auffassung, die Lebewesen würden erworbene Eigenschaften vererben:* Siehe hierzu insbesondere Steiners Aufsatz «Haeckel und seine Gegner» (GA 30, S. 152–200). – *Solche Anschauungen sind wieder erwacht:* Vortrag Leipzig, 13. September 1908, GA 106, S. 154.

17 *Deren Produktionsweise zu Bodenaufbau:* Nachgewiesen ist diese Vitalisierung etwa durch den Therwiler Langzeit-DOK-Versuch des Forschungsinstituts für biologischen Landbau. Siehe hierzu z. B. P. Maeder et al.: Soil Fertility and Biodiver-

sity in Organic Farming, in: *Science* 296/2002, S. 1694–1697. – *Jede Erkenntnis beruht auf Distanznahme:* Vgl. dazu das Kapitel «Die Idee der Freiheit» in Rudolf Steiner: *Die Philosophie der Freiheit*, GA 4, S. 145–173.

18 *Die Kraft, welche:* GA 13, S. 69 f.

Kapitel I:

24 *Auch der Mensch zeigt:* Siehe hierzu die ausführlicheren Darstellungen in Rudolf Steiners *Theosophie* (GA 9).

25 *Wie der Mensch heute vor uns steht:* Vortrag Nürnberg, 27. Juni 1908, GA 104, S. 213.

26 *Der Mensch trägt ätherisch:* Vortrag München, 20. März 1916, GA 174a, S. 133. – *Der Mensch muss die Dinge:* GA 1, S. 335.

27 *Von den untersten Formen:* Vortrag Dornach, 9. November 1923, GA 230, S. 161. – *Es ist in unseren Betrachtungen:* Vortrag Dornach, 19. Oktober 1923, GA 230, S. 11–21.

34 *Beachten Sie einmal:* a.a.O., S. 22–25.

36 *Der Schmetterling schaut:* Vortrag Dornach, 27. Oktober 1923, GA 230, S. 85–88.

39 *Gerade so wie der Adler:* Vortrag Dornach, 28. Oktober 1923, GA 230, S. 97 f.

42 *Der Mensch ist:* Vortrag Berlin, 29. Mai 1905, GA 93, S. 164 f.

43 *Wir haben als:* Vortrag Dornach, 28. Juli 1922, GA 214, S. 30–39.

50 *Ich möchte nun:* Vortrag Dornach, 16. Februar 1924, GA 235, S. 13 f.

51 *Und gehen wir jetzt weiter:* a.a.O., S. 16 f.

52 *Ich will Ihnen dafür ein Schema aufschreiben:* a.a.O., S. 19–22; 23 f.; 26.

56 *Beim Tier kann:* Vortrag Dornach, 2. November 1923, GA 230, S. 111. – *Es muss also:* Vortrag Koberwitz, 15. Juni 1924, GA 327, S. 191; Hervorhebung durch den Herausgeber.

57 *Niemand wird verfehlen:* Vortrag Dornach, 6. Mai 1921, GA 291, S. 29–36.

60 *Nehmen wir das Gelbe:* Vortrag Dornach, 7. Mai 1921, GA 291, S. 43–46.

61 *Rot, Gelb und Blau:* a.a.O., S. 48. – *Wir können nicht:* Vortrag Dornach, 8. Mai 1921, GA 291, S. 67–69.

63 *Wenn wir uns vorstellen:* Vortrag Düsseldorf, 13. April 1909, GA 110, S. 70–72.

64 *Wenn also diese Cherubim:* a.a.O., S. 73–76.

65 *Richten wir nun einmal:* Vortrag Helsingfors, 13. April 1912, GA 136, S. 160–164.

68 *Tief verkettet:* Vortrag Dornach, 17. Februar 1924, GA 235, S. 39. – *Ebenso wenig wie:* Vortrag Helsingfors, 11. April 1912, GA 136, S. 150–153.

70 *Eben deshalb, weil:* a.a.O., S. 153.

71 *Wir haben ausgeführt:* Vortrag Helsingfors, 13. April 1912, GA 136, S. 158; die nachfolgende Abbildung S. 149.

72 *Es fällt dem unbefangenen Betrachter:* a.a.O., S. 160.

Kapitel II:

73 *Erde, ist es nicht dies:* Rainer Maria Rilke: Die neunte Elegie, in: Die Gedichte, Frankfurt/M. 1986, S. 661–664, hier S. 664.

74 *Zusammengehalten ... von einem Gewebe:* So Steiner in den *Grundlinien einer Erkenntnistheorie der Goethe'schen Weltanschauungen,* GA 2, S. 94.

76 *Erdengeschöpfe als «Versuche»:* Vgl. z. B. den Vortrag Berlin, 1. Oktober 1905, GA 93a, S. 50–55. – *Der Mensch hat bis zuletzt:* Vortrag Nürnberg, 21. Juni 1908, GA 104, S. 101–103.

77 *Im Laufe meiner Menschwerdung:* Vortrag Stuttgart, 11. August 1908, GA 105, S. 113 f.

78 *Es stammt der Mensch:* Vortrag Dornach, 9. Juli 1924, GA 354, S. 66–68.

79 *Die Wesen des warmblütigen Tierreiches:* Vortrag Berlin, 12. April 1917, GA 175, S. 236–240.

80 *Rings um uns her:* Röm 8, 19–22, hier wiedergegeben in der Übersetzung von Emil Bock.

81 *Den Tieren verdanke ich:* Vortrag Hamburg, 17. Mai 1910, GA 120, S. 54.

82 *Denken wir uns einmal:* Vortrag Stuttgart, 6. August 1908, GA 105, S. 56 f. – *Alle Kreatur seufzet:* Röm 8, 22. – *So wie wir zurückgehen:* Vortrag Dornach, 30. Juni 1924, GA 354, S. 13.

83 *Was liegt nun allem:* a.a.O., S. 15–19.

86 *Nun, schauen wir:* a.a.O., S. 26.

87 *Der Mensch ist:* Vortrag Dornach, 28. Oktober 1923, GA 230, S. 92–96.

91 *Wenn nun der Mensch:* GA 11, S. 191–193.

93 *Es soll nunmehr:* a.a.O., S. 111 f. – *Nun folgt:* a.a.O., S. 117–119.

95 *Nun, wenn wir uns:* Vortrag Dornach, 3. Juli 1924, GA 354, S. 32–36.

99 *Es ist aus dem alten Mondenzustand:* a.a.O., S. 37–42.

101 *Als die Erde:* Vortrag Kassel, 26. Juni 1907, GA 100, S. 143 f.

102 *Damals konnte noch nicht:* a.a.O., S. 146–148.

103 *Im Okkultismus:* a.a.O., S. 149 f.

104 *Wenn nun aus dem Schlafzustand:* GA 11, S. 198–204.

107 *Noch viel dichter:* a.a.O., S. 62 f.

108 *Neben dem Menschen waren:* a.a.O., S. 94–97.

109 *Wäre der Löwe nicht:* Vortrag Nürnberg, 21. Juni 1908, GA 104, S. 103 f.

111 *Wenn man sich ein Bild:* Vortrag Berlin, 9. Februar 1905, GA 53, S. 217–220.

113 *Dadurch, dass der Mensch:* a.a.O., S. 222 f.

114 *Es muss und klar sein:* Vortrag Nürnberg, 21. Juni 1908, GA 104, S. 102 f.

115 *Was läge denn näher:* Vortrag Hamburg, 17. Mai 1910, GA 120, S. 34–41.

119 *Nicht möglich gewesen:* a.a.O., S. 45 f.

120 *Fragen wir uns jetzt:* Vortrag Hamburg, 17. Mai 1910, GA 120, S. 50–54.

124 *Das Tier als Gattung:* Vortrag Berlin, 20. Oktober 1904, GA 53, S. 88.

125 *Frage:* Fragenbeantwortung Düsseldorf, 21. April 1909, GA 110, S. 180. – *Überall, wo wir hinschauen:* Vortrag Bern, 1. September 1910, GA 123, S. 29 f.

126 *Die Fußwaschung:* Christian Morgenstern: Wir fanden einen Pfad, München 1914, S. 57.

Kapitel III:

127 *Wie kann man überhaupt:* Vortrag Berlin, 10. November 1910, GA 60, S. 88 f.

129 *Der gesamte Seinsgrund:* So Steiner in den *Grundlinien einer Erkenntnistheorie der Goethe'schen Weltanschauungen,* GA 2, S. 84. – *So müssen wir sagen:* Vortrag Berlin, 10. November 1910, GA 60, S. 79. – *Alles, was am Tier:* a.a.O., S. 84. – *Sehen wir ein einzelnes:* a.a.O., S. 74.

131 *Das einzelne Tier:* Vortrag Köln, 7. Juni 1908, GA 98, S. 97. – *Sie müssen sich klar bewusst sein:* Vortrag Nürnberg, 1. Dezember 1907, GA 98, S. 116.

132 *Wenn wir geisteswissenschaftlich:* Vortrag Berlin, 10. November 1910, GA 60, S. 68; 70; 72–76.

135 *So sind wir sozusagen:* a.a.O., S. 77–82; 84 f.

138 *Sehen wir nur einmal:* a.a.O., S. 86 f.

139 *Was wir aber:* a.a.O., S. 90–92.

141 *Das Tier weint nicht:* Vortrag Berlin, 27. April 1909, GA 107, S. 280–283.

142 *Jedes Mal, wenn:* a.a.O., S. 284–287.

143 *Sehen wir auf die Pflanzenfresser:* Vortrag Dornach, 10. November 1923, GA 230, S. 189–191.

145 *Wenn man mit:* Vortrag Dornach, 3. Januar 1919, GA 188, S. 19 f.; 24 f.; 28.

147 *Es kann aber:* a.a.O., S. 26–28. – *Sehen denn heute:* a.a.O., S. 29 f.

148 *Sie wissen:* Vortrag Dornach, 18. Juli 1923, GA 350, S. 196–198.

150 *Noch leichter als:* GA 13, S. 62–64.

152 *Wir sehen, wie:* Vortrag Berlin, 23. Januar 1908, GA 56, S. 167–171.

154 *Da man die Dinge:* Vortrag Berlin, 10. November 1910, GA 60, S. 76 f.

155 *In dem, was das Tier:* Vortrag Berlin, 17. November 1910, GA 60, S. 95 f. – *Die Insekten haben:* Vortrag Dornach, 5. Januar 1923, GA 348, S. 203–205.

157 *Es ist der Verstand:* Vortrag Dornach, 10. Januar 1923, GA 348, S. 243 f.

158 *Sie müssen nur einmal achtgeben:* Vortrag Dornach, 10. September 1923, GA 350, S. 277. – *Wenn Sie sich:* Vortrag Stuttgart, 23. August 1919, GA 293, S. 48 f.

159 *Denn ebenso wie Tier und Mensch:* Vortrag Berlin, 15. April 1918, GA 67, S. 277–280.

160 *Das tierische Leben:* Vortrag Berlin, 16. April 1918, GA 181, S. 217.

161 *Können wir:* Vortrag Nürnberg, 1. Dezember 1907, GA 98, S. 116. – *Die geistigen Wesenheiten:* Vortrag Helsingfors, 6. April 1912, GA 136, S. 76.

162 *Diejenigen Eigenschaften:* Vortrag Berlin, 23. Januar 1908, GA 56, S. 178–182.

165 *Nun betrachten wir eines:* a.a.O., S. 183–185; 187.

167 *So erblicken wir:* a.a.O., S. 188–190.

168 *Diese Tier-Iche sind:* Vortrag Köln, 7. Juni 1908, GA 98, S. 93 f.

169 *Nehmen wir nun:* a.a.O., S. 96 f. – *Nehmen wir zum Beispiel:* Vortrag Berlin, 16. Mai 1908, GA 102, S. 180 f. Vgl. zu den Abschnürungen von der Gruppenseele auch den Vortrag in Köln vom 7. Juni 1908, wo es heißt: «Ähnliches haben wir bei gewissen Amphibien, bei gewissen Vogelarten [...]» (GA 98, S. 97).

Kapitel IV:

171 *Ich konnte nicht stehen bleiben:* GA 28, S. 98 f.

172 *Worauf es ankommt:* Vortrag Dornach, 2. April 1923, GA 223, S. 50. – *Die Dreigliederung möge menschliche Seelenverfassung:* a.a.O., S. 54.

173 *Das ganze Tierreich:* Vortrag Torquay, 14. August 1924, GA 311, S. 52. – *Goetheanistische Forschungsgemeinschaft:* Insbesondere Wolfgang Schad: *Säugetier und Mensch,* Stuttgart 2013; Andreas Suchantke: *Metamorphose,* Stuttgart 2002.

174 *Wenn man eine Kuh:* Vortrag Bern, 16. April 1924, GA 309, S. 71 f.

175 *Und so stellt man:* Vortrag Ilkley, 13. August 1923, GA 307, S. 167–172.

180 *Bei dieser Gelegenheit:* Konferenz Stuttgart, 12. Juli 1923, GA 300c, S. 78 f.

182 *Und die Tiere:* Vortrag Dornach, 18. April 1923, GA 306, S. 93 f.

183 *Man lacht heute darüber:* Vortrag Basel, 3. Mai 1920, GA 301, S. 127–129.

Kapitel V:

185 *In der Natur:* Vortrag Koberwitz, 15. Juni 1924, GA 327, S. 178 f.

186 *Innerliche oder auch spirituelle Ökologie:* Siehe hierzu u.a. Rudolf Steiner: Spirituelle Ökologie, Dornach 2009; Rudolf Steiner: Die Welt der Vögel, Dornach 2007, v. a. Kapitel VII; Hans-Christian Zehnter: Vögel – Mittler zweier Welten, Dornach 2008, bes. Kapitel VIII. – *Das Allerwichtigste besteht:* Vortrag Koberwitz, 10. Juni 1924, GA 327, S. 51.

188 *Im Jahreslaufkontext baut Steiner:* Vortrag Dornach, 12. Oktober 1923, GA 229, S. 57–68. – *Der Adler entnimmt der Erde:* Vortrag Dornach, 21. Oktober 1923, GA 230, S. 52; 58. – *Krankheiten der Erde:* Vortrag Dornach, 3. Januar 1919, GA 188, S. 31.

189 *Weil das Tier nicht wirklich:* Siehe Kapitel III, das zeigt, dass jedes Tier in seiner eigenen Welt lebt.

190 *Der Erdboden ist:* Vortrag Koberwitz, 10. Juni 1924, GA 327, S. 44 f.

191 *Nun handelt es sich:* a.a.O., S. 51 f.

192 *Nun aber dasjenige:* a.a.O., S. 59–62.

196 *Beim Tier haben wir:* Vortrag Koberwitz, 16. Juni 1924, GA 327, S. 197 f. – *Haben Sie schon einmal:* Vortrag Koberwitz, 12. Juni 1924, GA 327, S. 96–102.

200 *In der anschließenden Fragenbeantwortung:* a.a.O., S. 104–118, hier S. 109, 113 f.

201 *Nun schauen wir uns:* Vortrag Koberwitz, 15. Juni 1924, GA 327, S. 179–182; 184–190.

207 *Jetzt ist auch noch die Zeit:* a.a.O., S. 190–193; Hervorhebung durch den Herausgeber.

210 *Im Tier-Entstehen:* Vortrag Dornach, 2. Dezember 1923, GA 232, S. 99. – *So dass einmal:* Vortrag Dornach, 15. Dezember 1923, GA 351, S. 237 f.

211 *In die mineralische Grundlage:* GA 26, S. 198 f. – *Wir können gut unterscheiden:* Vortrag Dornach, 26. Oktober 1923, GA 230, S. 67 f.

212 *Der Kosmos schenkt der Erde:* a.a.O., S. 70; 73 f.

214 *Bedenken Sie nur:* Vortrag Koberwitz, 16. Juni 1924, GA 327, S. 195 f.

215 *Nun, alles dasjenige:* a.a.O., S. 198–200

217 *Was ist denn nun eigentlich:* a.a.O., S. 200–202

220 *Sehen wir uns die Wurzel:* a.a.O., S. 203–207.

223 *Warum sind denn die Menschen:* a.a.O., S. 209 f.

224 *Frage:* Fragenbeantwortung Koberwitz, 16. Juni 1924, GA 327, S. 218. – *Ist es überhaupt:* a.a.O., S. 220; 222.

225 *Was sagt die Geisteswissenschaft:* a.a.O., S. 223 f.

226 *Aber dadurch, dass:* Vortrag Dornach, 5. Dezember 1923, GA 351, S. 185 f.

227 *Sie wissen ja:* Vortrag Dornach, 13. Januar 1923, GA 348, S. 256–258.

229 *Man kommt nicht zurecht:* Vortrag Dornach, 21. Oktober 1923, GA 230, S. 45–50.

233 *Da ist es dann:* a.a.O., S. 51–58.

237 *Indem das Schmetterlingswesen:* Vortrag Dornach, 27. Oktober 1923, GA 230, S. 77–81.

238 *Was macht nun:* a.a.O., S. 89–91.

239 *Die Tierwelt hat:* GA 26, S. 160 f.

240 *Es gibt, wenn man:* Vortrag Dornach, 7. Juli 1924, GA 317, S. 182 f.

241 *Wenn man das Tier:* Vortrag Dornach, 3. Januar 1919, GA 188, S. 31.

Kapitel VI:

243 *Interessant ist es:* Vortrag Dornach, 27. Januar 1917, GA 273, S. 75.

244 *Es gab auch eine Zeit:* Vortrag Berlin, 4. November 1905, GA 93a, S. 241.

245 *Vor einiger Zeit:* Vortrag Dornach, 1. Dezember 1923, GA 351, S. 175–177.

247 *Wenn Sie einen Hund haben:* Vortrag Dornach, 16. Dezember 1922, GA 348, S. 113–118.

250 *Nun, sehen Sie:* Vortrag Dornach, 20. Dezember 1922, GA 348, S. 129 f.

251 *Sehen Sie, der Hund:* a.a.O., S. 132 f.

253 *Dass das Wasser:* Vortrag Dornach, 9. Februar 1924, GA 352, S. 82–89.

256 *Es gibt einen Fisch:* a.a.O., S. 92–94; 96.

257 *Nehmen Sie zum Beispiel:* Vortrag Dornach, 13. Februar 1924, GA 352, S. 102 f.

258 *Ich habe Ihnen gesagt:* Vortrag Dornach, 24. Oktober 1923, GA 351, S. 90–92.

260 *Sehen Sie noch einmal:* Vortrag Dornach, 8. Oktober 1923, GA 351, S. 25 f.

262 *Sie werden ja zugeben:* Vortrag Dornach, 16. Februar 1924, GA 352, S. 134 f.

263 *Sie alle sagen immer:* Vortrag Dornach, 8. Oktober 1923, GA 351, S. 23 f.

264 *Gehen Sie zu ganz kleinen:* Vortrag Dornach, 7. Januar 1924, GA 352, S. 22–26.

267 *Was beim Tier innerlich:* Vortrag Berlin, 21. Oktober 1908, GA 107, S. 39–41, 43–46.

271 *Ich werde jetzt:* Vortrag Dornach, 20. September 1922, GA 347, S. 117–120; 123–125; 127–131.